非线性系统控制设计与分析

宋永端 主 编

赵 凯 周淑燕 副主编

科 学 出 版 社

北 京

内 容 简 介

本书围绕非线性系统数学模型、控制器设计与分析、相关研究热点三个方面展开。全书共 10 章，第 1 章简要介绍控制理论进展，第 2 章介绍李雅普诺夫稳定性理论，第 3 章介绍系统典型设计和分析方法，第 4 章介绍标准型非线性系统控制，第 5 章介绍严格反馈型非线性系统状态反馈控制，第 6 章与第 7 章分别概述非线性观测器设计方法与输出反馈控制器设计方法，第 8 章介绍严格反馈非线性系统预设性能控制，第 9 章为有限/预设时间控制，第 10 章介绍多输入多输出非线性系统控制。此外，第 3～10 章均配备有习题。

本书可作为高等学校自动化、电气工程、机械工程、电子信息工程等相关专业的"非线性系统控制"课程教材，同时也为研究生及工程技术人员提供参考。本书配套有电子课件、部分习题答案或解答思路等教学资源，欢迎向该教材人员索取。

图书在版编目〔CIP〕数据

非线性系统控制设计与分析/宋永端主编. —北京：科学出版社，2022.8

ISBN 978-7-03-072560-8

Ⅰ. ①非… Ⅱ. ①宋… Ⅲ. ①非线性控制系统－系统设计－高等学校－教材 Ⅳ. ①TP273

中国版本图书馆 CIP 数据核字（2022）第 103456 号

责任编辑：孟 锐 / 责任校对：彭 映
责任印制：罗 科 / 封面设计：义和文创

科 学 出 版 社 出版
北京东黄城根北街 16 号
邮政编码：100717
http://www.sciencep.com
成都锦瑞印刷有限责任公司印刷
科学出版社发行 各地新华书店经销

*

2022 年 8 月第 一 版 开本：787×1092 1/16
2022 年 8 月第一次印刷 印张：14 1/2
字数：344000
定价：96.00 元
（如有印装质量问题，我社负责调换）

前　言

在实际工程系统控制中，各种工业生产过程、生产设备以及其他众多被控对象，均呈现高度非线性特性。事实上，非线性现象几乎存在于所有工程系统中。因此，非线性系统控制理论受到了科研工作者以及工程人员的广泛重视，已成为控制科学与工程相关领域的专业人员、学生及工程师必须掌握的知识。

本书是编者结合多年来的教学内容、科研工作及工程经验，根据高等学校硕博研究生教材编写要求，综合考虑学生需求及课程发展历程，并广泛参考国内外相关优秀教材内容，细心编写而成。在整个编写过程中，力求内容完备无误，结构紧凑，概念清晰，意在夯实读者的专业知识基础，拓展读者的研究领域。此外，为便于读者了解相关理论的应用，加深对控制理论及方法的理解和掌握，书中配有相应实例和习题。

本书系统介绍非线性系统的控制器设计及稳定性分析方法。结合作者近年来的研究工作，介绍标准型非线性系统、严格反馈型非线性系统以及纯反馈型非线性系统的状态反馈和输出反馈控制方法，同时介绍当前的一些热点问题，包括预设性能控制、有限时间控制、预设时间控制等。

本书得到国家自然科学基金项目支持，同时得到星际（重庆）智能装备技术研究院和迪比（重庆）智能科技研究院的大力支持。本书由重庆大学宋永端教授任主编，赵凯、周淑燕任副主编，黄秀财、张智容、曹晔参加了编写工作。感谢李泽强、叶合夫、孙丽贝、李臻辉等同学在收集和整理资料方面所做的工作。

编者努力将非线性系统控制的最新研究成果反映在本书中，但限于篇幅，书中所包含的内容仅仅是非线性系统控制新近研究成果的一部分。由于编者水平所限，书中难免存在不妥之处，恳请广大读者不吝指正。

编　者

2022 年 1 月于重庆

目　　录

第1章 引 言

许多实际工程系统本质上是高度非线性系统，如机器人、高速列车和飞行器等，因此，近年来，非线性系统控制问题受到极大关注，并有大量研究成果[1-10]。本章将围绕自动控制理论进展、非线性模型、非线性现象、典型非线性系统举例以及非线性系统常见形式等几方面展开。

1.1 自动控制理论进展

自动控制理论经历了三个发展阶段：经典控制理论、现代控制理论和智能控制理论。其从属性上分为线性系统理论和非线性系统理论，下面将对这两大类理论做简要介绍。

1.1.1 线性系统理论

线性系统理论的发展经历了经典控制理论和现代控制理论两个阶段。

经典控制理论是在 1932 年美国物理学家奈奎斯特（H. Nyquist）提出的频率响应法和 1948 年美国学者伊文思（W. R. Evans）提出的根轨迹法基础上发展起来的一套理论，其主要研究对象是单输入单输出线性时不变系统，以传递函数作为系统数学模型，以时域分析法、根轨迹法和频域分析法作为分析设计的主要工具[11]。经典控制理论在第二次世界大战中获得了巨大应用，为工程技术人员提供了一种有效的反馈控制方法，满足了设计者对控制系统准确跟踪与补偿能力的需求。

虽然经典控制理论的发展已经很成熟，且形成了相对完整的体系，但仍存在诸多缺陷和局限性。其一，经典控制理论主要研究线性时不变系统，难以处理更具一般性的非线性时变系统；其二，经典控制理论的应用仅限于单输入单输出系统，只能揭示系统输入-输出的外部特性，对于大多数具有动态耦合的多输入多输出系统而言，经典控制方法难以揭示其系统内部结构特征；其三，当系统存在非线性及不确定性因素时，经典控制理论采用"试凑法"设计系统控制器，主要依赖于设计人员的先前经验，无法从理论上给出最佳的设计方案[11]。在 20 世纪 50 年代蓬勃兴起的航天技术及计算机技术的推动下，现代控制理论应运而生，其中一个重要标志是美国学者卡尔曼（R. E. Kalman）系统性地将状态空间概念引入控制领域。

现代控制理论的本质是基于状态空间模型在时域中对系统进行设计和分析。状态空间模型不仅可以反映系统的输入-输出外部特性，而且可以揭示系统的内部结构特性，因此，基于状态空间模型的现代控制理论是一种既适用于单输入单输出系统又适用于多输入多输出系统、既可用于线性定常系统又可用于线性时变系统的有效分析方法。

线性系统理论对于解决线性系统的控制问题非常有效，但是对于解决模型具有高度不确定性、强非线性的系统控制问题有其局限性。随着大量学者的深入研究，针对非线性系统的各种控制方法不断涌现，并形成一套较为完整的非线性系统控制理论。

1.1.2　非线性系统理论

非线性系统控制是自动控制理论中研究非线性系统运动规律及分析方法的一门分支学科。对于复杂非线性系统，线性系统理论方法难以适用。近年来，基于李雅普诺夫（Lyapunov）稳定性理论的控制方法有了突破性发展，主要包括鲁棒控制、自适应控制、神经网络控制和有限时间控制等，这些控制方法不仅跨越了传统线性控制理论与实际工业应用之间的鸿沟，而且为解决具有强非线性、强耦合性以及强不确定性的复杂系统控制问题打开了大门。接下来简要介绍上述提到的几种控制方法。

1. 鲁棒控制

基于传递函数的经典控制理论以及基于状态空间描述的现代控制理论存在的重大缺陷为被控对象的数学模型精确已知。然而，由于建模方法的局限性以及被控系统自身参数摄动现象的存在，系统数学模型不可避免地存在着各种形式的不确定性，从而使得获取被控对象的精确数学模型难度极大。因此，为了处理系统模型的不确定性并保证系统稳定，鲁棒控制理论应运而生。鲁棒控制是指设计一种控制器，使得当系统存在一定程度的参数不确定性及一定限度的未建模动态特性时，确保闭环系统稳定，并保持一定动态性能的方法。

鲁棒控制研究始于20世纪50年代，其早期主要处理单变量系统在微小摄动下的不确定性问题，具有代表性的是Zames提出的微分灵敏度分析[12]。然而在实际工业过程中，参数变化不可能永远无穷小，有可能变化波动比较大，因此，1987年Norton提出了鲁棒辨识方法[13]，用于研究有界扰动刻画参数不确定性情形。过去一段时期中，鲁棒控制一直是国际控制领域的研究热点，主要方法有Kharitonov区间控制理论[14]、H_∞控制理论[15]和结构奇异值理论[12]。此外，通过将鲁棒控制与其他方法结合，也形成了一大批具有代表性的理论成果[16, 17]。

2. 自适应控制

实际系统不可避免地会受到各种不确定性和/或干扰的影响，例如，无人机飞行过程中会受到阵风的影响，工业设备的零部件老化或损坏导致参数突变，机器人运动过程中面临运行环境不确定性等问题，这些问题难以用传统的方法和技术来解决[18]。针对具有"不确定性"的被控系统，如何设计具有自适应能力的控制器，一直是控制领域的研究热点，由此催生了自适应控制方法。"自适应"的概念最初起源于生物系统，是指生物变更自己的习性以适应新环境的一种特征。自适应控制是指设计一种控制策略，自动修正自身特性以适应被控对象及扰动动力学特征的变化[19]。自适应控制的研究对象是具有不确定性参数的系统（"不确定参数"多指系统参数为常数且未知）。与鲁棒控制不同的是，自适应控制所依据的是系统结构信息，设计的控制器在系统运行过程中不断提取可利用信息，从而不断更新控制器相关参数。

正是由于辨识/补偿机制赋予的在线估计/学习能力，自适应控制在处理不确定性问题以及外部干扰方面具有较强的能力。常见的自适应控制方法包括基于参数估计的自适应控制方法[20]和基于动态（高）增益的自适应控制方法[21]。

（1）基于参数估计的自适应控制方法。该方法的主要思想是基于系统量测信息设计在线动态更新律估计系统不确定性，进而设计自适应控制器。为了更清楚地阐明该思想，考虑如下不确定性系统：

$$\dot{x} = u + \theta x \qquad (1.1)$$

其中，θ 是未知常数。若 θ 已知，控制器 $u = -\theta x - x$ 可实现系统（1.1）的全局渐近稳定。于是，引入 $\hat{\theta}$ 估计 θ，设计可执行的控制器 $u = -\hat{\theta} x - x$。由文献[20]可知，选取 $\hat{\theta}$ 的更新律为 $\dot{\hat{\theta}} = x^2$，可确保 $\lim_{t \to +\infty} x(t) = 0$，$\sup_{t \geqslant 0} (\hat{\theta}(t) - \theta) < +\infty$。

（2）基于动态（高）增益的自适应控制方法。该方法的主要思想是基于系统量测信息引入动态（高）增益以捕获系统不确定性，进而直接设计控制器。例如，对于系统（1.1），设计动态高增益控制器 $u = -Lx$，其中 $\dot{L} = x^2$。直观地讲，动态增益 L 可以变得足够大以捕获未知参数 θ，从而确保闭环系统 $\dot{x} = -(L - \theta)x$ 的状态收敛到零[21]。值得强调的是，引入的动态增益既需要变得充分大以发挥补偿作用，也要保证有界性以确保控制器的可执行性。本质上，基于动态（高）增益的自适应控制方法是通过在线调整控制器参数直接补偿系统不确定性，因而也称为"直接自适应控制方法"。基于参数估计的自适应控制方法是对系统不确定性进行估计后设计控制器来抵消不确定性，而不是直接补偿不确定性，相应也称为"间接自适应控制方法"。

在 21 世纪初，随着计算机技术的飞速发展，自适应控制方法取得重大突破，被广泛应用到航海、化工、电网和医疗等领域[22-24]。此外，自适应方法结合其他控制技术，形成了一系列综合控制方法，如鲁棒自适应控制方法、神经网络自适应控制方法和模糊自适应控制方法等。文献[25]采用自适应控制方法解决了线性系统中的执行器故障问题；文献[26]将自适应控制方法用到比例积分（proportional plus integral，PI）控制中，解决了高阶标准型非线性系统的保性能控制问题。

3. 神经网络控制

人工神经网络简称神经网络，是由大量处理单元经广泛互联而组成的人工网络，用来模拟脑神经系统的结构和功能。其发展大致分为四个阶段：启蒙、低谷、复兴、高潮。

启蒙阶段：1943 年，McCulloch 和 Pitts 提出了 M-P 模型[27]，此模型虽然简单，但却为神经网络的发展提供了理论基础。1949 年，Hebb 在文献[28]中提出了突触连接强度可变的假设，后来发展成为神经网络中有名的 Hebb 规则，为建立有学习能力的神经网络模型奠定了基础。1960 年，Widrow 和 Hoff 提出了 W-H 学习规则来修正权值矢量的学习规则[29]，训练一定网络的权值和偏差使之线性地近似一个函数，并将其应用到了实际问题中。

低谷阶段：1969 年，Minsky 和 Papert 从数学角度对以感知器为代表的网络系统的功能及其局限性做了分析，指出简单线性感知器的功能非常有限，它不能处理线性不可分的二分类问题。该结论给当时的研究者带来了严重打击，于是人工神经网络的研究陷入了长达 10 年的低谷期。

复兴阶段：1982 年，Hopfield 教授提出了一种单层反馈神经网络，即 Hopfield 网络[30]。它是由非线性元件构成的反馈系统，并且首次把李雅普诺夫函数引入其中，证明了网络的稳定性。1986 年，McClelland 和 Rumelhart 在多层神经网络模型基础上，提出了 BP 神经网络[31]。1989 年和 1991 年，文献[32]和文献[33]分别证明了多层前馈神经网络和径向基函数（radial basis function，RBF）神经网络都具有万能逼近能力。1995 年，Cortes 和 Vapnik 提出了支持向量机和维数的概念[34]。经过多年研究发展，已经有上百种神经网络模型被相继提出并应用。

高潮阶段：21 世纪以来，随着云计算、大数据等新兴技术的崛起，各式各样行之有效的神经网络模型被相继提出，并在各个领域被广泛应用。例如，在 2006 年，深度学习由 Hinton 等提出[35]，它是机器学习的一个新领域。近年来，很多学者把神经网络与自适应控制、PID 控制和鲁棒控制相结合，解决了非线性系统的状态约束、执行器故障和控制方向未知等问题[36-38]。

神经网络控制是指在控制系统中采用神经网络对难以精确描述的复杂非线性对象进行建模，或充当控制器，或进行优化计算、推理和故障诊断的控制方式。与传统控制相比，神经网络控制具有如下优势。

（1）非线性：神经网络能在紧凑集合内对任意连续非线性函数进行充分逼近。

（2）并行分布处理：神经网络具有高度的并行处理能力，这使其具有强大的容错能力和较强的数据处理能力。

（3）学习和自适应性：能对知识环境提供的信息进行学习和记忆。

（4）多变量：神经网络可以处理多输入信号，非常适用于多变量系统。

4. 有限时间控制

相较于前三种控制方法，有限时间控制因其具有更好的鲁棒性、更强的抗干扰性和更快的收敛速度等优点，近年来备受关注[39]。

收敛性能是评估控制算法优劣的一个关键性能指标。大多数控制算法往往只能保证渐近收敛，少数控制方法能取得指数收敛的结果，但是这两类方法均基于无穷时间区间对闭环系统进行控制器设计和稳定性分析。然而，实际系统复杂多变，控制任务要求苛刻，特别是某些控制精度较高的系统（如导弹拦截系统），往往对收敛时间、控制精度等要求更高（要求系统状态在有限时间内达到给定精度或平衡点）。常规的渐近稳定或一致最终有界稳定的结果，显然不能满足这类控制需求[40-42]。有限时间控制是指系统状态在合适的控制算法（控制协议/控制律）下能够在有限时间内达到平衡点。相较于渐近稳定和一致最终有界稳定控制，有限时间稳定控制不仅保证系统拥有更快的收敛速度，同时可以保证系统存在外部扰动时具有更好的抗干扰能力和更强的鲁棒性[39, 43-45]。因此，研究有限时间控制不仅具有重要的理论意义，同时具有广泛的工程应用价值。

在实际系统中，由于模型不确定性和外界扰动的存在，有限时间控制往往不能使系统状态精确收敛到平衡点，只能保证状态在有限时间内收敛到系统平衡点附近的邻域内。针对这类情况，虽然最终一致有界稳定控制（如 PID 控制[46]）同样能实现状态在有限时间里收敛到某个界内，但大量研究结果表明，相比该类控制，有限时间控制依然可以显著提高控制系统的稳态精度和收敛速度。因此在实际工程中，有限时间控制方法也为工程师提供了一种提高系统性能的选择。近年来，有限时间控制引起了各国学者的广泛关注，相关论文检索（Web of Science）情况如图 1.1 所示，柱状图上数字表示文章发表数量（篇）（搜索关键词：finite time control）。

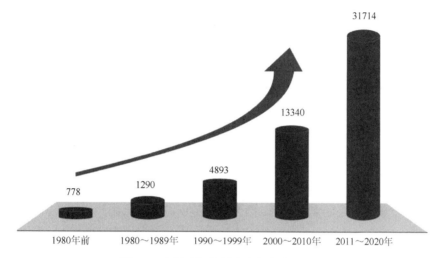

图 1.1　有限时间控制论文发表情况统计

有限时间稳定是 20 世纪 60 年代提出的一个稳定性概念，但早期的有限时间控制缺乏系统性设计思路，直到 20 世纪 90 年代末，有限时间理论才逐渐完善。Bhat 建立了有限时间稳定性和系统齐次度之间的关联性，给出了有限时间稳定的齐次判据，该判据的核心内容是，如果系统渐近稳定且有负的齐次度，则该系统也是有限时间稳定的[43-45]。一阶系统的有限时间控制器设计方法简单，直接使用有限时间 Lyapunov 稳定性理论或齐次理论即可设计出有限时间状态反馈（state feedback，SF）控制器；然而，有限时间控制的主要难点在于如何针对二阶、三阶以及更高阶非线性系统设计控制器。目前，有限时间控制器的设计方法主要分为三类，分别是齐次方法、加幂积分方法以及终端滑模方法。其中，齐次方法基于有限时间齐次理论，后两种方法基于有限时间 Lyapunov 稳定性理论，以下对这三种方法做简要介绍。

齐次方法设计的有限时间控制器形式简单，设计过程简洁，适用于多种非线性系统模型，因此有系列成果[43-45, 47]。一般来说，用齐次方法证明控制系统有限时间稳定性时，需要系统模型精确已知（否则系统不存在齐次度），因此，以上齐次控制方法大多没有考虑干扰或模型不确定性。文献[48]给出了齐次积分终端滑模控制方法，该方法近几年被广泛应用于各类考虑干扰的系统中[49, 50]。

加幂积分方法能对受扰动系统进行稳定性分析，而齐次方法无法做到。此外，相比之后介绍的终端滑模控制器，加幂积分控制器不仅不存在奇异问题，而且能够给出系统收敛时间上界的完整表达式。加幂积分方法相比其他两种方法更适合研究高阶系统，因此在一般高阶系统有限时间控制问题上取得了不少成果[51-53]。虽然加幂积分方法在理论上能获得比齐次方法和终端滑模方法更严谨与优越的结论,例如,对受扰动系统进行稳定性分析、无奇异问题和收敛时间上界可计算等,但加幂积分方法对设计参数的约束比较大,从而导致其在实际应用中反而不如齐次方法和终端滑模方法广泛。加幂积分方法由于在稳定性分析中使用了不等式放缩性质,其控制增益只有在足够大的情况下才能保证系统有限时间稳定,因此,如何降低参数选取的保守性,是加幂积分方法未来研究的热点及难点。

终端滑模方法[1, 9, 54, 55]在有限时间控制领域成果最多,主要得益于该方法设计相对简单且能对系统干扰进行分析,另一个原因是从创新和灵活应用角度来说,齐次和加幂积分控制器的设计方法相对固定、难以改变,但终端滑模方法往往能扩展成"快速终端滑模"、各种非奇异终端滑模、固定时间终端滑模以及它们之间的线性组合对应的控制方法等;此外,终端滑模有限时间控制还能与自适应技术结合,形成自适应终端滑模有限时间控制方法[56]。所以,终端滑模方法受到的关注远大于其他两种方法。终端滑模方法自 20 世纪 90 年代被提出以来,如今已发展二十余年,但其"奇异与时间矛盾性"的问题至今仍未被完全解决,这是终端滑模控制领域亟待解决的难题。

以上方法均为传统有限时间控制方法,其设定时间受系统初始状态影响,从某种程度上来说,阻碍了该类方法的实际应用,因为并不是所有实际系统的初始状态都可以提前获悉。文献[57]~文献[62]给出了一种全新的设计方法,称为固定时间控制。固定时间稳定是一个相对较新的概念,所以针对二阶或二阶以上系统,固定时间控制取得的成果相对较少。以上介绍的所有有限时间控制方法都可以用于设计固定时间控制器,近几年来,固定时间控制研究骤然增多,但有限时间控制具有的问题在固定时间控制中依然存在,因此,如何解决这些问题也是固定时间控制研究的重点。

预设时间控制是一种更加新颖的有限时间控制方法,由华人学者宋永端教授及其团队于 2016 年首次提出[63]。它的主要思想是构造一个在预设时间可以增长到无穷大的时变函数,若能证明该函数与系统状态乘积有界,则系统状态在有限的预设时间严格收敛为零。该方法的主要优点包括:①系统状态的收敛时间可以提前任意给定,完全做到与初始条件无关;②控制信号光滑;③控制器结构简单;④能够适用于复杂非线性系统。目前,此类方法的研究成果不是很多,但由于其上述优势,获得国内外学者的密切关注,如美国加利福尼亚大学[64,65]和纽约大学[66]、中国哈尔滨工业大学[67]等高校,均对该方法进行了丰富和拓展。

1.2　非线性模型

1.2.1　一般非线性问题

非线性系统是指系统中有非线性元件,输入和输出之间不满足叠加性与均匀性的系统。非线性特性包含非本质非线性和本质非线性两种,非本质非线性是指能够用小偏差线性化方法进行线性化处理的非线性;本质非线性是指用小偏差线性化方法不能解决的非线性。典型的非线性特性有中继器特性、饱和特性、死区特性、量化特性、滞环特性和间隙特性。

图 1.2 所示为四个典型的无记忆非线性问题，非线性系统在任一时刻的输出只由该时刻的输入决定，而与历史输入无关[68]，其中图 1.2（a）所示的是由符号函数

$$y = \text{sgn}(u) = \begin{cases} 1, & u > 0 \\ 0, & u = 0 \\ -1, & u < 0 \end{cases} \qquad (1.2)$$

描述的理想中继器，这种非线性特性可用机电中继器、晶闸管电路和其他开关设备实现。

图 1.2（b）所示为理想的饱和非线性特性。饱和非线性特性普遍存在于实际放大器、电动机及其他设备，也常用于限幅器来限制变量的范围。饱和函数

$$y = \text{sat}(u) = \begin{cases} u, & |u| \leqslant 1 \\ \text{sgn}(u), & |u| > 1 \end{cases} \qquad (1.3)$$

表示归一化的饱和非线性特性，即图 1.2（b）中 $\delta = k = 1$。

图 1.2（c）所示为理想的死区非线性特性，这是典型的电子管和其他某些放大器在输入信号较小时的特性。

图 1.2（d）所示为量化非线性特性，是模数转换的典型例子。

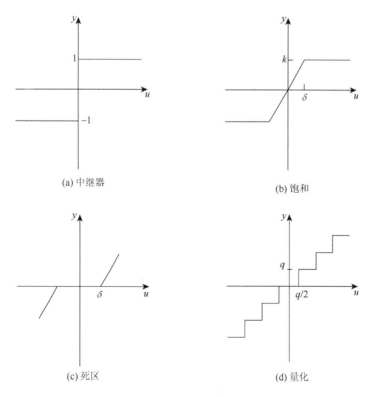

(a) 中继器　(b) 饱和　(c) 死区　(d) 量化

图 1.2　典型的无记忆非线性特性

此外，还有一些输入-输出具备记忆功能的非线性元件，如图 1.3 所示，其任一时刻的输出与全部历史输入有关。

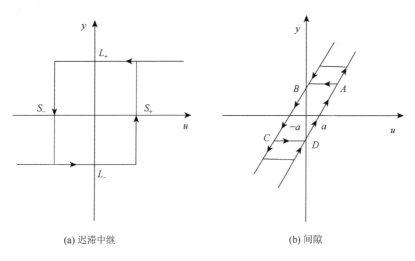

(a) 迟滞中继　　　　　　　　(b) 间隙

图1.3　典型的有记忆非线性特性

图 1.3（a）为迟滞中继，当输入为较高的负电压时，输出处于低电平 L_-，随着输入增大，输出保持在 L_-，直到输入达到 S_+；当输入高于 S_+ 时，输出转换到高电平 L_+，当输入电压持续升高时保持不变；如果将输入减小，输出将保持在 L_+，直到输入低于 S_- 时，输出才转换到低电平 L_-，且当输入电压为低电平时保持不变。

另一类迟滞非线性是间隙特性，常见的是齿轮转动曲线，其中驱动轮 u 和从动轮 y 的角度关系如图 1.3（b）所示。

1.2.2　非线性系统模型

本小节讨论由有限个耦合的一阶常微分方程组成的动力学系统：

$$\begin{cases} \dot{x}_1 = f_1(t,x_1,x_2,\cdots,x_n,u_1,u_2,\cdots,u_p) \\ \dot{x}_2 = f_2(t,x_1,x_2,\cdots,x_n,u_1,u_2,\cdots,u_p) \\ \vdots \\ \dot{x}_n = f_n(t,x_1,x_2,\cdots,x_n,u_1,u_2,\cdots,u_p) \end{cases} \tag{1.4}$$

其中，$\dot{x}_i(i=1,2,\cdots,n)$ 表示 x_i 相对于时间变量 t 的导数；u_1，u_2，$\cdots$，u_p 称为输入变量，x_1，x_2，$\cdots$，x_n 称为系统（1.4）的状态变量，表示动力学系统对其过去状态的记忆。用向量符号可以把式（1.4）写成：

$$\dot{x} = f(t,x,u) \tag{1.5}$$

其中，$x=[x_1,x_2,\cdots,x_n]^{\mathrm{T}}$，$u=[u_1,u_2,\cdots,u_p]^{\mathrm{T}}$，$f(t,x,u)=[f_1(t,x,u),f_2(t,x,u),\cdots,f_n(t,x,u)]^{\mathrm{T}}$，即 n 个一阶微分方程写为一个 n 维一阶向量微分方程。式（1.5）称为以 x 为状态、u 为输入的非线性状态方程，与之相对应的输出方程为

$$y = h(t,x,u) \tag{1.6}$$

通常将式（1.5）和式（1.6）称为状态空间模型，简称状态模型[68]。

注意到，在方程（1.5）中，u 是显式表示。然而，在处理状态方程时，u 经常无须显式表示，即无激励状态方程：

$$\dot{x} = f(t,x) \tag{1.7}$$

无激励状态方程并不一定意味着系统输入为零，而是可以把输入指定为一个给定时间的函数 $u = \alpha(t)$，或者给定状态的反馈函数 $u = \alpha(x)$，或者同时包含两者的函数 $u = \alpha(t,x)$。当函数 f 与 t 没有明显关系时，会出现特例：

$$\dot{x} = f(x) \tag{1.8}$$

此时，系统（1.8）称为自治系统或时不变系统[68]。如果系统不是自治的，则称为非自治系统或时变系统。

状态方程涉及的一个重要概念就是平衡点。对于状态空间中的点 $x = x^*$，只要系统状态从 x^* 开始，在未来任何时刻都将保持在 x^* 不变，则该点称为方程（1.7）的平衡点。

1.3　非线性现象

非线性系统的动力学特性比线性系统复杂很多，会发生一些只有在非线性系统中才会发生的现象，这些现象不能用线性模型来描述或预测。

1. 多孤立平衡点

线性系统只有一个孤立的平衡点，而非线性系统可以有多个孤立的平衡点。例如，一阶系统：

$$\dot{x} = -x + x^2 \tag{1.9}$$

其初始条件为 $x(t_0) = x_0$，该非线性系统有两个平衡点分别为 $x_1 = 0$ 和 $x_2 = 1$。当 $x_0 < 1$ 时，随着 t 的增大，$x(t)$ 逐渐趋于 x_1，故 x_1 是一个稳定的平衡点；当 $x_0 > 1$ 且 $t < \ln(x_0/(x_0 - 1))$ 时，$x(t)$ 随着 t 的增大而增大，当 t 趋于 $\ln(x_0/(x_0 - 1))$ 时，$x(t)$ 趋于无穷，由此可见，x_2 是一个不稳定的平衡点。这也说明非线性系统平衡状态的稳定性与初始条件有关。

2. 有限逃逸时间

不稳定线性系统的状态只有在时间趋于无穷时才会达到无穷，因此其逃逸时间是无穷大的。而非线性系统的状态可以在有限时间内达到无穷，如系统（1.9），如果 $x_0 > 1$，t 趋于 $\ln(x_0/(x_0 - 1))$，系统状态 $x(t)$ 就会达到无穷。

3. 极限环

对于振荡的线性时不变系统而言，一定有一对位于虚轴上的特征值，如果存在扰动，这种情况几乎不可能维持运行，即使可以，其振荡幅值也与系统初始状态有关。对于一些非线性系统而言，可以产生一个与初始状态无关的固定幅值和频率的稳定振荡，这种振荡称为极限环。下面以一个例子说明这种现象。

考虑如下二阶系统：

$$m\ddot{x} + 2c(x^2 - 1)\dot{x} + kx = 0 \tag{1.10}$$

其中，m、c、k 为正的常数，可以将其视为一个质量-弹簧-阻尼器系统，可变阻尼系数为 $2c(x^2 - 1)$，当 $x > 1$ 时，阻尼系数为正，阻尼器会吸收系统的能量，使系统运动收敛。当 $x < 1$ 时，阻尼系数为负，阻尼器会释放能量给系统，使系统运动发散。由此可见，该系统的运动既不可能无限增长，也不会衰减到零。实际上，该系统的持续振荡与初始条件无关，其振荡频率为 $\omega = \sqrt{k/m}$，振荡幅度为 $A = 1$。这个极限环的产生借助于阻尼项周期性地吸收和释放能量，以保持系统的持续振荡。

4. 分频振荡、倍频振荡和殆周期振荡

稳定线性系统的输出信号频率与输入信号频率相同，而非线性系统在周期信号激励下，可以产生具有输入信号频率的分频或倍频振荡，甚至能产生殆周期振荡，其中一个例子就是周期振荡频率之和，而不是每个振荡频率的倍频[68]。

5. 混沌

非线性系统的稳态特性可能更为复杂，它既不是平衡点，也不是周期振荡或非周期振荡，这种特性通常称为混沌[68]。有些混沌运动表现出随机性，尽管系统本质上是确定的。

6. 特性的多模式

一个非线性系统可以有多种模式；无激励系统可能同时有多个极限环；具有周期激励的系统可能会显示倍频、分频或更复杂的稳态特性，这取决于输入信号的幅值和频率；甚至可能在激励的幅值和频率光滑改变的情况下，非线性系统也会出现不连续的跳跃性能模式。

1.4　典型非线性系统举例

1.4.1　单摆

考虑图 1.4 所示的单摆，其中 l 表示摆杆的长度，摆锤的质量为 m。假设摆杆是硬质的且质量为零，θ 表示摆杆与通过中心点的垂直轴间的夹角。单摆在竖直平面内自由摆动，摆锤在半径为 l 的圆周上运动。由牛顿第二运动定律，摆锤沿切线方向的运动方程为

$$ml^2\ddot{\theta} + mgl\sin(\theta) + b\dot{\theta} = 0 \tag{1.11}$$

其中，mg 是摆锤的重力；b 是摩擦系数；m 是摆锤质量。为了得到单摆的状态模型，取 $x_1 = \theta$，$x_2 = \dot{\theta}$，则状态方程为

$$\begin{cases} \dot{x}_1 = x_2 \\ \dot{x}_2 = -\dfrac{g}{l}\sin(x_1) - \dfrac{b}{ml^2}x_2 \end{cases} \tag{1.12}$$

为了求平衡点，设 $\dot{x}_1 = \dot{x}_2 = 0$，得知平衡点位于 $(n\pi, 0)$，$n = 0, \pm 1, \pm 2, \cdots$。从单摆的物理描述可知，其仅有两个平衡点，分别是 $(0,0)$ 和 $(\pi, 0)$，其他平衡点均与这两个平衡点重合。单摆方程非常重要，用与其相似的方程可以对一些毫无关系的物理系统建模，如 Josephson Junction 电路模型和 Phase-locked Loop 模型[68]。

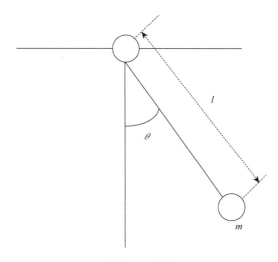

图 1.4 单摆

1.4.2 质量-弹簧系统

在图 1.5 所示的质量-弹簧系统中，在水平面上滑动并通过弹簧连接到竖直表面的物体 m 受到一个外力的作用，定义物体距离参考点的位移为 x，根据牛顿运动定律可得

$$m\ddot{x} = F - c\dot{x} - F_f \tag{1.13}$$

其中，$-c\dot{x}$ 为摩擦阻力，负号表示阻力方向与速度方向相反；F_f 是弹簧的回复力，只与位移 x 有关，即 $F_f = g(x)$。当位移相对较小时，可用线性函数 $g(x) = kx$ 建模，其中 k 是弹性系数；当位移较大时，回复力 $g(x)$ 与 x 是非线性关系。对于软化弹簧，$g(x) = k(1 - a^2x^2)x$，对于硬化弹簧，$g(x) = k(1 + a^2x^2)x$。在一个周期外力 $F = A\cos(\omega t)$ 作用下，考虑硬化弹簧，式（1.13）可写为

$$m\ddot{x} + c\dot{x} + kx + ka^2x^3 = A\cos(\omega t) \tag{1.14}$$

这是研究具有周期激励的非线性系统的典型例子。

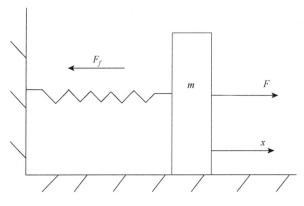

图 1.5　质量-弹簧系统

对于线性弹簧，考虑静态摩擦力、库仑摩擦力和线性黏滞摩擦力，当外力为零时可得

$$m\ddot{x} + c\dot{x} + kx + \gamma(x,\dot{x}) = 0 \tag{1.15}$$

其中

$$\gamma(x,\dot{x}) = \begin{cases} \mu_k mg\,\text{sign}(\dot{x}), & \text{当} |\dot{x}| > 0 \text{时} \\ -kx, & \text{当} \dot{x} = 0 \text{ 且 } |x| \leqslant \mu_s mg/k \text{时} \\ -\mu_s mg\,\text{sign}(x), & \text{当} \dot{x} = 0 \text{ 且 } |x| > \mu_s mg/k \text{时} \end{cases} \tag{1.16}$$

式中，μ_k 是动摩擦系数；μ_s 是静摩擦系数。当 $\dot{x} = 0$ 且 $|x| \leqslant \mu_s mg/k$ 时，可由平衡条件 $\ddot{x} = \dot{x} = 0$ 得到 $\gamma(x,\dot{x})$。若令 $x_1 = x$，$x_2 = \dot{x}$，则式（1.15）的状态方程可写为

$$\begin{cases} \dot{x}_1 = x_2 \\ \dot{x}_2 = -\dfrac{k}{m}x_1 - \dfrac{c}{m}x_2 - \dfrac{\gamma(x,\dot{x})}{m} \end{cases} \tag{1.17}$$

1.5　非线性系统常见形式

不同于线性系统，非线性系统形式多样，在控制系统研究中，常常以典型系统作为研究对象。本节主要介绍几类典型的非线性系统，包括标准型非线性系统、严格反馈非线性系统、Lagrange 非线性系统、可控型非线性系统和观测型非线性系统。

1. 标准型非线性系统

n 阶标准型非线性系统：

$$\begin{cases} \dot{x}_j = x_{j+1}, \ j = 1, 2, \cdots, n-1 \\ \dot{x}_n = f(\overline{x}_n, p) + g(\overline{x}_n)u \\ y = x_1 \end{cases} \tag{1.18}$$

其中，$\overline{x}_i = [x_1, x_2, \cdots, x_i]^T \in \mathbb{R}^i (i = 1, 2, \cdots, n)$ 是系统状态矢量；$u \in \mathbb{R}$，$y \in \mathbb{R}$ 分别是系统输入和输出；$g(\overline{x}_n) \in \mathbb{R}$ 是系统控制增益；$f(\overline{x}_n, p) \in \mathbb{R}$ 是未知不确定非线性函数，$p \in \mathbb{R}^r$ 是

未知常数参数矢量。此类系统形式代表了一大类含有非线性项的非线性系统，如倒立摆模型[69]、单关节机器人系统模型[1]等（ℝ 代表实数集）。

2. 严格反馈非线性系统

n 阶严格反馈非线性系统[70]：

$$\begin{cases} \dot{x}_j = f_j(\overline{x}_j, p_j) + g_j(\overline{x}_j)x_{j+1}, \ j = 1,2,\cdots,n-1 \\ \dot{x}_n = f_n(\overline{x}_n, p_n) + g_n(\overline{x}_n)u \\ y = x_1 \end{cases} \tag{1.19}$$

其中，$\overline{x}_i = [x_1, x_2, \cdots, x_i]^T \in \mathbb{R}^i (i = 1,2,\cdots,n)$ 是系统状态矢量；$u \in \mathbb{R}$，$y \in \mathbb{R}$ 分别是系统输入和输出；$g_i(\cdot)$ 是系统控制增益；$f_i(\overline{x}_i, p_i) \in \mathbb{R}$ 是未知不确定非线性函数，$p_i \in \mathbb{R}^r$ 是未知参数矢量。根据式（1.18）可以看出，相较于高阶标准型非线性系统而言，严格反馈非线性系统更具一般性。

3. Lagrange 非线性系统

Lagrange 系统的动态模型描述为[71]

$$H(q,p)\ddot{q} + N_g(q,\dot{q},p)\dot{q} + G_g(q,p) = u \tag{1.20}$$

其中，$q \in \mathbb{R}^n$，$\dot{q} \in \mathbb{R}^n$，$\ddot{q} \in \mathbb{R}^n$ 分别代表关节位移、速度和加速度；$H(q,p) \in \mathbb{R}^{n\times n}$ 是系统的正定对称惯性矩阵；$N_g(q,\dot{q},p) \in \mathbb{R}^{n\times n}$ 是系统的未知科氏力矩阵；$G_g(q,p) \in \mathbb{R}^n$ 代表重力项；u 是系统输入。目前已知的大量刚性机械系统都可用系统（1.20）描述，如机械臂系统和轮式移动机器人。

4. 可控型非线性系统

若非线性系统用以下形式给出：

$$\dot{x} = Ax + B(\psi(x) + \gamma(x)u) \tag{1.21}$$

其中，x 是系统状态，A 是状态矩阵，B 是输入矩阵，且矩阵 (A,B) 是能控的，$\psi(x)$ 是非线性函数，$\gamma(x)$ 是非奇异矩阵，则这种形式称为可控型[68]。

通过状态反馈 $u = \gamma^{-1}(x)(-\psi(x) + v)$，把系统（1.21）转换为能控的线性系统：

$$\dot{x} = Ax + Bv \tag{1.22}$$

因此，任何能以可控形式表示的系统都是可反馈线性化的。例如，考虑非线性系统（1.20），取 $x_1 = q$，$x_2 = \dot{q}$，再令

$$A = \begin{bmatrix} 0 & 1 \\ 0 & 0 \end{bmatrix}, \quad B = \begin{bmatrix} 0 \\ 1 \end{bmatrix}, \quad \psi = -H^{-1}(N_g x_2 + G_g), \quad \gamma = H^{-1} \tag{1.23}$$

则 Lagrange 系统为可控型。

5. 观测型非线性系统

若非线性系统用以下形式给出:

$$\begin{cases} \dot{x} = Ax + \psi(u, y) \\ y = Cx \end{cases} \tag{1.24}$$

其中, x 是系统状态, A 是状态矩阵, C 是输出矩阵, 且 (A,C) 是能观测的, $\psi(u,y)$ 是非线性函数, 则这种形式称为观测型[68]。假设矩阵 A、C 以及非线性函数 $\psi(u,y)$ 已知, 状态 x 未知, 利用以下非线性状态观测器

$$\dot{\hat{x}} = A\hat{x} + \psi(u, y) + H(y - C\hat{x}) \tag{1.25}$$

来估计状态 x, 其中 H 为观测器输出反馈(output feedback, OF)矩阵,则估计误差 $\tilde{x} = x - \hat{x}$ 满足线性方程:

$$\dot{\tilde{x}} = (A - HC)\tilde{x} \tag{1.26}$$

由于 (A,C) 是能观测的, 通过设计 H 保证 $A - HC$ 的特征值在左半开平面, 从而实现观测误差趋于零, 即 $\lim_{t \to \infty} \tilde{x}(t) = 0$。

例如, 考虑如下的倒立摆模型:

$$\begin{cases} \dot{x}_1 = x_2 \\ \dot{x}_2 = a[\sin(x_1) + u\cos(x_1)] \end{cases} \tag{1.27}$$

令 $y = x_1$ 作为系统输出, 定义:

$$A = \begin{bmatrix} 0 & 1 \\ 0 & 0 \end{bmatrix}, \quad \psi = \begin{bmatrix} 0 \\ a(\sin(y) + u\cos(y)) \end{bmatrix}, \quad C^{\mathrm{T}} = \begin{bmatrix} 1 \\ 0 \end{bmatrix} \tag{1.28}$$

则系统 (1.27) 为观测型。

1.6 章 节 安 排

本书以非线性系统为主要研究对象, 从控制对象、控制目标和控制方法三个角度介绍非线性系统控制的相关问题。控制对象涉及一阶系统和高阶系统、单输入单输出系统和多输入多输出系统、标准型非线性系统和严格反馈非线性系统; 控制目标涉及控制速度和控制精度; 控制方法涉及基于系统模型控制、鲁棒控制、自适应控制、神经网络控制、输出反馈控制和有限时间控制。

全书共有 10 章, 第 1 章、第 2 章是非线性系统控制的基础知识, 第 3~10 章用不同的控制方法对非线性系统进行了控制器设计、稳定性分析和数值仿真验证, 其中, 第 6 章和第 7 章主要介绍输出反馈控制, 第 8 章主要研究预设性能控制, 第 9 章是有限/预设时间控制, 第 10 章是多输入多输出非线性系统控制。

图 1.6 展示了本书的内容安排结构图。

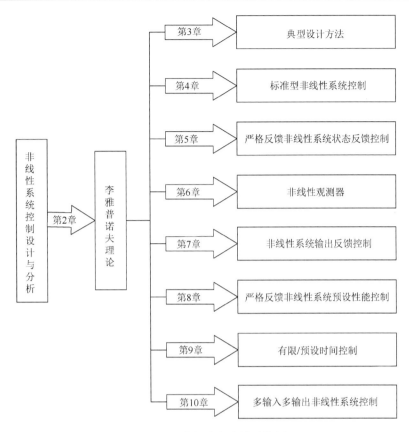

图 1.6　本书的内容安排结构图

参 考 文 献

[1]　Galicki M. Finite-time control of robotic manipulators[J]. Automatica，2015，51：49-54.

[2]　Su H，Qi W，Yang C G，et al. Deep neural network approach in robot tool dynamics identification for bilateral teleoperation[J]. IEEE Robotics and Automation Letters，2020，5（2）：2943-2949.

[3]　Na J，Jing B R，Huang Y B，et al. Unknown system dynamics estimator for motion control of nonlinear robotic systems[J]. IEEE Transactions on Industrial Electronics，2020，67（5）：3850-3859.

[4]　Song Q，Song Y D. Data-based fault-tolerant control of high-speed trains with traction/braking notch nonlinearities and actuator failures[J]. IEEE Transactions on Neural Networks，2011，22（12）：2250-2261.

[5]　Song Q，Song Y D，Tang T，et al. Computationally inexpensive tracking control of high-speed trains with traction/braking saturation[J]. IEEE Transactions on Intelligent Transportation Systems，2011，12（4）：1116-1125.

[6]　Chang L N，Liu Z，Shen Y，et al. Novel multistate fault diagnosis and location method for key components of high-speed trains[J]. IEEE Transactions on Industrial Electronics，2021，68（4）：3537-3547.

[7]　Chen Q，Xie S Z，Sun M X，et al. Adaptive nonsingular fixed-time attitude stabilization of uncertain spacecraft[J]. IEEE Transactions on Aerospace and Electronic Systems，2018，54（6）：2937-2950.

[8]　Sun L，Huo W，Jiao Z X. Adaptive backstepping control of spacecraft rendezvous and proximity operations with input saturation and full-state constraint[J]. IEEE Transactions on Industrial Electronics，2017，64（1）：480-492.

[9]　Jin E D，Sun Z W. Robust controllers design with finite time convergence for rigid spacecraft attitude tracking control[J]. Aerospace Science and Technology，2008，12（4）：324-330.

[10] Weng L G，Li B，Cai W C，et al. Human memory/learning inspired approach for attitude control of crew exploration vehicles （CEVs）[C]. Proceedings of the 2007 American Control Conference，New York，2007：3843-3848.

[11] 俞立. 现代控制理论[M]. 北京：清华大学出版社，2006.

[12] Zames G. Feedback and optimal sensitivity：Model reference transformations，multiplicative seminorms，and approximate inverses[J]. IEEE Transactions on Automatic Control，1981，26（2），301-320.

[13] Norton J P. Identification and application of bounded-parameter models[J]. Automatica，1987，23：497-507.

[14] Kharitonov V L. Asymptotic stability of an equilibrium position of a family of systems of linear differential equations[J]. Differential，Uraven，1978，14：2086-2088.

[15] Doyle J. Analysis of feedback systems with structured uncertainties[J]. IEE Proceedings-D Control Theory and Applications，1982，129（6）：242-250.

[16] Song Y D，He L，Wang Y J. Globally exponentially stable tracking control of self-restructuring nonlinear systems[J]. IEEE Transactions on Cybernetics，2021，51（9），4755-4765.

[17] Wang Y J，Song Y D，Lewis F L. Robust Adaptive fault-tolerant control of multiagent systems with uncertain nonidentical dynamics and undetectable actuation failures[J]. IEEE Transactions on Industrial Electronics，2015，62（6）：3978-3988.

[18] 黄亚欣. 不确定非线性系统的自适应事件触发控制[D]. 济南：山东大学，2019.

[19] 杨承志，孙棣华，张长胜. 系统辨识与自适应控制[M]. 重庆：重庆大学出版社，2003.

[20] Krstic M，Kanellakopoulos I，Kokotovic P V. Adaptive nonlinear control without overparametrization[J]. Systems & Control Letters，1992，19（3）：177-185.

[21] Lei H，Lin W. Universal adaptive control of nonlinear systems with unknown growth rate by output feedback[J]. Automatica，2006，42（10）：1783-1789.

[22] 刘楚辉. 自适应控制的应用研究综述[J]. 组合机床与自动化加工技术，2007，1：1-4.

[23] Wang W，Huang J S，Wen C Y，et al. Distributed adaptive control for consensus tracking with application to formation control of nonholonomic mobile robots[J]. Automatica，2014，50（4）：1254-1263.

[24] Lu X N，Sun K，Guerrero J M，et al. State-of-charge balance using adaptive droop control for distributed energy storage systems in DC microgrid applications[J]. IEEE Transactions on Industrial Electronics，2014，61（6）：2804-2815.

[25] Yang G H，Ye D. Reliable H_∞ control for linear systems with adaptive mechanism[J]. IEEE Transactions on Automatic Control，2010，55（1）：242-247.

[26] Song Y D，Wang Y J，Wen C Y. Adaptive fault-tolerant PI tracking control with guaranteed transient and steady-state performance[J]. IEEE Transactions on Automatic Control，2017，62（1）：481-487.

[27] McCulloch W S，Pitts W. A logical calculus of the ideas immanent in nervous activity[J]. The Bulletin of Mathematical Biophysics，1943，5（4）：115-133.

[28] Hebb D O. Neurology，4th edition[J]. Canadian Journal of Psychology，1949，3（4）：241-242.

[29] Widrow B，Hoff M E. Adaptive switching circuits[J]. Neurocomputing，1960，4：126-134.

[30] Hopfield J J. Neural networks and physical systems with emergent collective computational abilities[J]. Proceedings of the National Academy of Sciences，1982，79（8）：2554-2558.

[31] McClelland J L，Rumelhart D E. Explorations in Parallel Distributed Processing：A Handbook of Models，Programs，and Exercises[M]. Cambridge：The MIT Press，1989.

[32] Hornik K，Stinchcombe M，White H. Multilayer feedforward networks are universal approximators [J]. Neural Networks，1989，2（5）：359-366.

[33] Park J，Sandberg I W. Universal approximation using radial basis function networks[J]. Neural Computation，1991，3（2）：246-257.

[34] Cortes C，Vapnik V. Support-vector networks[J]. Machine Learning，1995，20（3）：273-297.

[35] Hinton G E，Osindero S，Teh Y W. A fast learning algorithm for deep belief nets[J]. Neural Computation，2006，18（7）：1527-1554.

[36] Sanner R M，Slotine J E E. Gaussian networks for direct adaptive control[J]. IEEE Transactions on Neural Networks，1992，3（6）：2153-2159.

[37] Huang X C，Song Y D，Lai J F. Neuro-adaptive control with given performance specifications for strict feedback systems under full-state constraints[J]. IEEE Transactions on Neural Networks and Learning Systems，2018，30（1）：25-34.

[38] Song Y D，Guo J X，Huang X C. Smooth neuroadaptive PI tracking control of nonlinear systems with unknown and nonsmooth actuation characteristics[J]. IEEE Transactions on Neural Networks and Learning Systems，2016，28（9）：2183-2195.

[39] Wang Y J，Song Y D. Fraction dynamic-surface-based neuroadaptive finite-time containment control of multiagent systems in nonaffine pure-feedback form[J]. IEEE Transactions on Neural Networks and Learning Systems，2017，28（3）：678-689.

[40] 丁世宏，李世华. 有限时间控制问题综述[J]. 控制与决策，2011，26（2）：161-169.

[41] 姜博严. 二阶系统有限时间控制问题研究[D]. 哈尔滨：哈尔滨工业大学，2018.

[42] 刘洋，井元伟，刘晓平，等. 非线性系统有限时间控制研究综述[J]. 控制理论与应用，2020，37（1）：4-15.

[43] Bhat S P，Bernstein D S. Lyapunov analysis of finite-time differential equations[C]. Proceedings of the American Control Conference，Washington，1995：1831-1832.

[44] Bhat S P，Bernstein D S. Finite-time stability of homogeneous systems[C]. Proceedings of the American Control Conference，Albuquerque，New Mexico，1997：2513-2514.

[45] Bhat S P，Bernstein D S. Finite-time stability of continuous autonomous systems[J]. SIAM Journal on Control and Optimization，2000，38（3）：751-766.

[46] Zhang H，Shi Y，Saadat Mehr A. Robust static output feedback control and remote PID design for networked motor systems[J]. IEEE Transactions on Industrial Electronics，2011，58（12）：5396-5405.

[47] Haimo V T. Finite time controllers[J]. SIAM Journal of Control and Optimization，1986，24（4）：760-770.

[48] Meng Z Y，Ren W，You Z. Distributed finite-time attitude containment control for multiple rigid bodies[J]. Automatica，2010，46（12）：2092-2099.

[49] Yu S H，Long X J. Finite-time consensus for second-order multi-agent systems with disturbances by integral sliding mode[J]. Automatica，2015，54：158-165.

[50] Qiao L，Zhang W D. Trajectory tracking control of AUVs via adaptive fast nonsingular integral terminal sliding mode control[J]. IEEE Transactions on Industrial Informatics，2020，16（2）：1248-1258.

[51] Zavala-Río A，Fantoni I. Global finite-time stability characterized through a local notion of homogeneity[J]. IEEE Transactions on Automatic Control，2014，59（2）：471-477.

[52] Qian C J，Lin W. A continuous feedback approach to global strong stabilization of nonlinear systems[J]. IEEE Transactions on Automatic Control，2001，46（7）：1061-1079.

[53] Huang X，Lin W，Yang B. Global finite-time stabilization of a class of uncertain nonlinear systems[J]. Automatica，2005，41（5）：881-888.

[54] Man Z H，Paplinski A P，Wu H R. A robust MIMO terminal sliding mode control scheme for rigid robotic manipulators[J]. IEEE Transactions on Automatic Control，1994，39（12）：2464-2469.

[55] Yu X H，Man Z H. Multi-input uncertain linear systems with terminal sliding-mode control[J]. Automatica，1998，34（3）：389-392.

[56] Van M，Mavrovouniotis M，Ge S S. An adaptive backstepping nonsingular fast terminal sliding mode control for robust fault tolerant control of robot manipulators[J]. IEEE Transactions on Systems Man Cybernetics：Systems，2019，49（7）：1448-1458.

[57] Polyakov A. Nonlinear feedback design for fixed-time stabilization of linear control systems[J]. IEEE Transactions on Automatic Control，2012，57（8）：2106-2110.

[58] Parsegov S，Polyakov A，Shcherbakov P. Nonlinear fixed-time control protocol for uniform allocation of agents on a segment[C]. Proceedings of IEEE Conference on Decision Control，Maui，2013：7732-7737.

[59] Espitia N，Polyakov A，Efimov D，et al. Boundary time-varying feedbacks for fixed-time stabilization of constant-parameter

reaction-diffusion systems[J]. Automatica，2019，103：398-407.

[60]　Lopez-Ramirez F，Polyakov A，Efimov D，et al. Finite-time and fixed-time observer design：Implicit Lyapunov function approach[J]. Automatica，2018，87：52-60.

[61]　Polyakov A，Coron M，Rosier L. On homogeneous finite-time control for evolution equation in Hilbert space[J]. IEEE Transactions on Automatic Control，2017，63（9）：3143-3150.

[62]　Polyakov A，Efimov D，Perruquetti W. Finite-time and fixed-time stabilization：Implicit Lyapunov function approach[J]. Automatica，2015，51（1）：332-340.

[63]　Song Y D，Wang Y J，Holloway J，et al. Time-varying feedback for regulation of normal-form nonlinear systems in prescribed time[J]. Automatica，2017，83：243-251.

[64]　Holloway J，Krstic M. Prescribed-time observers for linear systems in observer canonical form[J]. IEEE Transactions on Automatic Control，2019，64（9）：3905-3912.

[65]　Holloway J，Krstic M. Prescribed-time output feedback for linear systems in controllable canonical form[J]. Automatica，2019，107：77-85.

[66]　Krishnamurthy P，Khorrami F，Krstic M. A dynamic high-gain design for prescribed-time regulation of nonlinear systems[J]. Automatica，2020，115：108860.

[67]　Zhou B. Finite-time stabilization of linear systems by bounded linear time-varying feedback[J]. Automatica，2020，113：108760.

[68]　Khalil H K. Nonlinear Systems[M]. 3rd ed. Upper Saddle River：Prentice-Hall，2002.

[69]　Yang C G，Li Z J，Li J. Trajectory planning and optimized adaptive control for a class of wheeled inverted pendulum vehicle models[J]. IEEE Transactions on Cybernetics，2013，43（1）：24-36.

[70]　Zhao K，Song Y D. Removing the feasibility conditions imposed on tracking control designs for state-constrained strict-feedback systems[J]. IEEE Transactions on Automatic Control，2019，64（3）：1265-1272.

[71]　Zhao K，Song Y D，Ma T D，et al. Prescribed performance control of uncertain Euler-Lagrange systems subject to full-state constraints[J]. IEEE Transactions on Neural Networks and Learning Systems，2018，29（8）：3478-3489.

第 2 章　李雅普诺夫理论

对任何控制系统而言，系统稳定运行是最基本也是最重要的要求。不稳定的系统一般不可用，而且存在潜在风险。定性地说，如果系统从所需要的工作点附近启动后，一直在该点周围运行，那么称该系统在此工作点附近是稳定的。对于飞行器控制系统，典型的稳定性问题可直观地叙述如下：由一阵风引起的轨线干扰是否会引起此后飞行轨线的显著偏差？这里，系统期望的工作点就是它在无干扰时的飞行轨线。每一个系统，无论是线性的还是非线性的，都会遇到系统稳定性问题，都必须认真研究。

非线性控制系统稳定性最有用也是最一般的方法是由 19 世纪末俄国数学家李雅普诺夫（Aleksandr Mikhailovich Lyapunov）提出的稳定性理论。李雅普诺夫的论文《运动稳定性的一般问题》首次发表于 1892 年，它包括两种稳定性分析方法：线性化方法和直接方法。线性化方法根据非线性系统在平衡点附近线性化系统的稳定性来判别自身的局部稳定性。直接方法不限于局部运动，通过对系统构造一个类似"能量"的标量函数，然后根据该函数对时间的变化来判断稳定性。然而，在此后近半个世纪的时间里，李雅普诺夫关于稳定性的开创性工作在俄国以外几乎未引起重视。尽管由于庞加莱的推动，它在 1908 年被译为法文，并在 1947 年由普林斯顿大学出版社重印，但直到 20 世纪 60 年代初，Lur'e、LaSalle 和 Lefschetz 的一本书的出版，才使李雅普诺夫的工作得到大量控制工程界人士的重视。此后，将李雅普诺夫工作细化和发展的工作大量涌现。时至今日，李雅普诺夫线性化方法已成为线性系统控制的理论依据，而李雅普诺夫直接方法则成为非线性系统分析和设计最重要的工具。线性化方法和直接方法统称为李雅普诺大稳定性理论。

本章侧重于介绍非线性系统的基础知识、主要数学工具以及非线性系统稳定性分析方法。本章结构如下：2.1 节给出关于非线性系统、平衡点及稳定性概念；2.2 节介绍自治系统的稳定概念；2.3 节介绍李雅普诺夫第一方法，即线性化方法；2.4 节介绍更为普遍的李雅普诺夫直接方法；2.5 节介绍不变集理论；2.6 节介绍非自治系统的稳定概念；2.7 节拓展非自治系统的李雅普诺夫分析；2.8 节介绍 Barbalat 引理；2.9 节介绍非线性系统解的存在性与唯一性；2.10 节介绍一些重要的不等式。

2.1　非线性系统基础知识

2.1.1　非线性系统概念

动力学系统通常可用以下非线性微分方程描述：

$$\dot{x} = f(x,t) \tag{2.1}$$

其中，$f \in \mathbb{R}^n$ 是非线性函数向量；$x \in \mathbb{R}^n$ 是状态向量；t 是时间变量。需要注意的是，本章侧重分析非线性系统的特性，而不是设计控制器，因此，系统（2.1）不显含控制变量。它可以表示无控制信号的动态系统，也可表示状态反馈控制后的闭环系统（由于控制输入是关于状态和（或）时间的函数，所以控制变量已被合并到闭环系统的动态方程）。具体来说，如果系统动态方程为

$$\dot{x} = f(x,u,t) \tag{2.2}$$

控制器设计为

$$u = g(x,t) \tag{2.3}$$

则闭环动态系统为

$$\dot{x} = f(x,g(x,t),t) \tag{2.4}$$

进而可以改写为式（2.1）的形式。

一类特殊的非线性系统是线性系统，其动态方程为

$$\dot{x} = A(t)x \tag{2.5}$$

其中，$A(t)$ 为一个 $n \times n$ 的矩阵。

2.1.2 自治系统与非自治系统

根据系统矩阵 A 是否随时间变化，线性系统可分为时不变与时变系统。在一般的非线性系统研究中，这两个概念通常被称作"自治"与"非自治"。

定义 2.1[1] 非线性系统（2.1）显含时间变量 t，称其为非自治系统。如果系统方程不显含时间变量 t，则式（2.1）可改写为

$$\dot{x} = f(x) \tag{2.6}$$

则称系统（2.6）为自治系统。

显然，常见的线性时不变系统是自治的，而线性时变系统是非自治的。严格地说，所有物理系统都是非自治的，因为它们的动态特征不可能严格不变。自治系统是一种理想概念，就像线性系统一样。但是，在实际系统中，许多特征变化非常缓慢，因此，忽略它们的时变性不会引起任何本质上的误差。

值得一提的是，上述定义只适用于闭环控制系统。因为控制系统包括控制器和装置（包括传感器以及执行器动态），而控制系统的非自治性可能来自控制器。设有一个时不变的动力学模型为

$$\dot{x} = f(x,u) \tag{2.7}$$

如果所选控制器是时变的，它可能导致一个非自治的闭环系统。例如，如果控制是非线性非自治的（如 $u = -x^2 \sin(t)$），则 $\dot{x} = -x + u$ 就会成为一个非线性非自治系统。事实上，线性时不变装置的自适应控制器往往使闭环系统变为非线性和非自治的。

自治系统和非自治系统的基本区别在于：自治系统的状态轨线不依赖于初始时刻，而非自治系统一般不是如此。因此，这种区别使得在非自治系统稳定性的定义中要明显地考虑初始时刻，这使得非自治系统稳定性分析比自治系统困难。

2.1.3 平衡点

定义 2.2[1] 对于非线性时不变系统（2.6），如果状态 x^* 满足

$$\dot{x}^* = f(x^*) \equiv 0 \tag{2.8}$$

则称 x^* 为系统的一个平衡点（平衡态）。

系统的平衡点可通过求解方程（2.8）得到。需要说明的是，系统的平衡点可能是单一的，也可能有多个。

对于线性时不变系统 $\dot{x} = Ax$，其中 $x \in \mathbb{R}^n$ 代表系统状态，A 为 $n \times n$ 的矩阵。当 A 非奇异时，系统只有唯一的平衡点（原点 0）；当 A 奇异时，系统有无数平衡点。这表明平衡点不是唯一的。下面以单摆为例进行说明。

如图 1.4 所示，单摆系统的动态可用以下非线性自治方程表示：

$$ml^2\ddot{\theta} + mgl\sin(\theta) + b\dot{\theta} = 0 \tag{2.9}$$

其中，l 表示摆杆的长度；m 是摆杆质量；g 是重力加速度。令 $x_1 = \theta$ 和 $x_2 = \dot{\theta}$，则式（2.9）可改写为

$$\begin{cases} \dot{x}_1 = x_2 \\ \dot{x}_2 = -\dfrac{b}{ml^2}x_2 - \dfrac{g}{l}\sin(x_1) \end{cases} \tag{2.10}$$

根据定义 2.2，平衡点需满足 $x_2 = 0$ 和 $\sin(x_1) = 0$。因此，平衡点为 $(n\pi, 0)$，$n = 0, \pm1, \pm2, \cdots$。

从单摆的物理描述可明显看出，单摆只有两个平衡点，即 $(0,0)$ 和 $(\pi,0)$，其他平衡点均是重复这两个位置。从物理意义上讲，其分别对应单摆垂直向下和垂直向上的位置。

在线性系统的分析与设计中，为了记录和分析的方便，通常将线性系统作变换，使得其平衡点变成状态空间零点。对于非线性系统（2.6），也可以针对某个特定的平衡点做这样的变换。假设系统平衡点为 x^*，通过引入新变量：

$$y = x - x^* \tag{2.11}$$

将 $x = y + x^*$ 代入方程（2.6），可得到关于变量 y 的方程：

$$\dot{y} = f(y + x^*) \tag{2.12}$$

容易验证方程（2.6）与方程（2.12）的解一一对应，并且 $y = 0$ 对应于 $x = x^*$，是方程（2.12）的一个平衡点。因此，若需研究方程（2.6）在平衡点 x^* 附近的性态，只要研究方程（2.12）在原点邻域的性态即可。

2.2 自治系统的稳定概念

2.2.1 稳定与不稳定

稳定性是系统最基本的运动特性。对于大多数情形，稳定是控制系统能够正常运行的

前提。接下来，本节主要介绍一些稳定性的概念，如渐近稳定、指数稳定、全局渐近稳定等。为了方便，下面仅分析平衡点是原点的情况。对于平衡点非原点的情况，可以通过平移将平衡点转移到原点位置。先定义一些简化符号。记 B_R 为状态空间的球形区域 $\|x\| < R$，S_R 为球面 $\|x\| = R$，且无特定强调时，初始时刻 t_0 设定为 0，即 $t_0 = 0$。

　　定义 2.3[2]　　如果对于任意给定 $Z > 0$，总存在 $r > 0$，使得当 $\|x(0)\| < r$ 时，$\|x(t)\| < Z$，则称平衡点 $x = 0$ 为稳定的。数学标记为 $\forall Z > 0$，　$\exists r > 0$，　$\|x(0)\| < r \Rightarrow \|x(t)\| < Z$，$\forall t \geqslant 0$。反之，如果不论 $Z > 0$ 取值多大，都不存在对应的实数 $r > 0$，使得初始时刻 $\|x(0)\| < r$ 的运动 $x(t)$，满足 $\|x(t)\| < Z$，则称 $x = 0$ 为不稳定平衡点。

　　本质上，稳定（也称李雅普诺夫意义下的稳定或李雅普诺夫稳定）表示只要系统初始状态与原点足够接近，则系统轨线也可以任意接近原点。更严格地说，"原点是稳定的"表示：如果想让轨线 $x(t)$ 保持在任意指定的半径为 B_Z 的球内，可以找到一个值 $r(Z)$，使得当初始状态从球 B_r 出发时，整条轨线都会留在 B_Z 球内。图 2.1 描述了稳定性的几何意义。

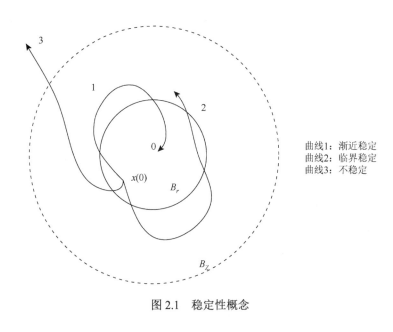

曲线1：渐近稳定
曲线2：临界稳定
曲线3：不稳定

图 2.1　稳定性概念

接下来，介绍渐近稳定和指数稳定的定义。

2.2.2　渐近稳定与指数稳定

　　在许多工程应用中，李雅普诺夫稳定是不够的。例如，当卫星的姿态角偏离其正常位置时，设计人员不仅要求卫星姿态偏离能保持在一定的幅值范围内，即李雅普诺夫稳定，而且要求其姿态角能逐渐回归到原来的初始值，这需要由渐近稳定来描述。

　　定义　2.4[1]　　如果系统的平衡点是稳定的，且存在 $r > 0$ 使得当 $\|x(0)\| < r$ 时，$\lim\limits_{t \to \infty} \|x(t)\| = 0$，则称平衡点为渐近稳定的。

渐近稳定不仅意味着平衡点是稳定的，而且意味着从邻近平衡点出发的轨线，当时间 t 趋向于无穷时，将会收敛到 0。然而在实际工程项目中，仅知道系统在无限时间后收敛为零远远不够，还需要知道系统轨线趋向于 0 的速度，所以接下来提出了指数收敛的概念。

定义 2.5[1]　　如果存在两个正数 α 和 λ 使得

$$\|x(t)\| \leqslant \alpha \|x(0)\| \exp(-\lambda t), \quad \forall t > 0 \tag{2.13}$$

则称平衡点为指数稳定的，其中，$\exp(\cdot)$ 代表指数函数。

概而言之，式（2.13）表示指数稳定系统的状态向量收敛于原点的速度比某个指数函数快，其中，正数 λ 称为指数收敛率。例如，系统

$$\dot{x} = -(1 + \sin^2(x))x \tag{2.14}$$

求解可得

$$x(t) = x(0) \exp\left(-\int_0^t (1 + \sin^2(x(\tau)))\mathrm{d}\tau\right) \tag{2.15}$$

因此

$$|x(t)| \leqslant |x(0)| \exp(-t) \tag{2.16}$$

表明 $x(t)$ 以收敛率 $\lambda = 1$ 指数收敛于 $x = 0$。注意，指数稳定蕴含渐近稳定，但渐近稳定却不保证指数稳定。例如，以下渐近稳定系统：

$$\dot{x} = -x^2, \quad x(0) = 1 \tag{2.17}$$

它的解是 $x = 1/(1+t)$，比任何指数函数 $\exp(-\lambda t), \lambda > 0$ 都收敛得慢。

2.2.3　半全局稳定与全局稳定

值得注意的是，上述稳定性定义都是表征系统的局部特征，不能反映初始状态离开平衡点较远地方的特征，所以引入全局稳定的概念。

定义 2.6[1]　　如果对任意初始状态，渐近（指数）稳定都成立，则称平衡点为大范围渐近（指数）稳定，也称全局渐近（指数）稳定。

例如，从系统（2.17）的解可以看出，该系统是全局渐近稳定的。

对于线性系统，不管时不变系统还是时变系统，连续时间系统还是离散时间系统，基于叠加原理可知，若平衡点 $x^* = 0$ 为渐近稳定的，则其必为大范围渐近稳定的。

2.3　李雅普诺夫线性化方法

李雅普诺夫线性化方法（即李雅普诺夫第一方法）是关于非线性系统局部稳定的分析方法。基本思路为：将非线性自治系统运动方程在足够小的邻域内进行泰勒展开，推导得到一次近似线性化系统，再根据线性化系统特征值在复平面上的分布，推断非线性系统在邻域内的稳定性。由于一切物理系统本质上都是非线性的，因此，李雅普诺夫线性化方法

成为工程实践利用线性控制技术的基本依据。经典控制理论中稳定性的讨论也是建立在李雅普诺夫线性化方法基础之上的。

对于自治系统（2.6），假设函数 $f(x)$ 连续可微，平衡点是原点，根据泰勒展开式，其动力学模型可写为

$$\dot{x} = \left(\frac{\partial f}{\partial x}\right)_{x=0} x + f_{\text{h.o.t.}}(x) \tag{2.18}$$

其中，$f_{\text{h.o.t.}}(x)$ 表示 x 的高阶项。值得注意的是，上述泰勒展开式从一阶项开始，由于原点是平衡点，故 $f(0) = 0$。记常数矩阵 A 为 f 对 x 在 $x=0$ 处的雅可比矩阵（即以 $\partial f_i / \partial x_i$ 为元素的 $n \times n$ 矩阵）：

$$A = \left(\frac{\partial f}{\partial x}\right)_{x=0} \tag{2.19}$$

则如下系统：

$$\dot{x} = Ax \tag{2.20}$$

为原始非线性系统（2.6）在平衡点处的线性化系统，即忽略高阶项后的近似系统。在实际操作中，要找到一个系统的线性化系统，最简单的方法就是忽略动态系统中阶数高于 1 的项。为便于理解，用以下例子进行说明。

例 2.1 考虑如下系统：

$$\begin{cases} \dot{x}_1 = x_2^2 + x_1 \cos(x_2) \\ \dot{x}_2 = x_2 + (x_1 + 1)x_1 + x_1 \sin(x_2) \end{cases} \tag{2.21}$$

此系统关于 $x = [x_1, x_2]^{\mathrm{T}} = 0$ 的线性逼近为

$$\begin{aligned} \dot{x}_1 &\approx \left(\frac{\partial\left(x_2^2 + x_1 \cos(x_2)\right)}{\partial x_1}\right)_{x_1=0, x_2=0} x_1 + \left(\frac{\partial\left(x_2^2 + x_1 \cos(x_2)\right)}{\partial x_2}\right)_{x_1=0, x_2=0} x_2 \\ &= (\cos(x_2))_{x_1=0, x_2=0} x_1 + (2x_2 - x_1 \sin(x_2))_{x_1=0, x_2=0} x_2 \\ &= x_1 \end{aligned} \tag{2.22}$$

类似的，计算可得

$$\begin{aligned} \dot{x}_2 &\approx \left(\frac{\partial\left(x_2 + (x_1+1)x_1 + x_1 \sin(x_2)\right)}{\partial x_1}\right)_{x_1=0, x_2=0} x_1 + \left(\frac{\partial\left(x_2 + (x_1+1)x_1 + x_1 \sin(x_2)\right)}{\partial x_2}\right)_{x_1=0, x_2=0} x_2 \\ &= (2x_1 + \sin(x_2) + 1)_{x_1=0, x_2=0} x_1 + (1 + x_1 \cos(x_2))_{x_1=0, x_2=0} x_2 \\ &= x_1 + x_2 \end{aligned} \tag{2.23}$$

因此，其线性化系统可写成：

$$\dot{x} = \begin{pmatrix} 1 & 0 \\ 1 & 1 \end{pmatrix} x \tag{2.24}$$

以下定理给出线性化系统与原系统稳定性之间的关系。

定理 2.1[1]　基于李雅普诺夫线性化方法，线性化系统与原系统稳定性之间的关系如下：

（1）如果线性化系统是严格稳定的（即 A 的特征值在复平面的左半开平面），则非线性系统的平衡点是渐近稳定的；

（2）如果线性化系统是不稳定的（即 A 的特征值至少有一个在右半开平面），则非线性系统的平衡点是不稳定的；

（3）如果线性系统是临界稳定的（即 A 的所有特征值均在左半闭平面，且至少有一个在虚轴上），则由线性化系统得不到原系统的任何信息（即非线性系统的平衡点可能是稳定的、渐近稳定或不稳定的）。

以上结论说明，如果线性化系统是严格稳定或者不稳定的，那么在邻近平衡点逼近方法是有效的，即原非线性系统也相应稳定或不稳定。但是，如果线性化系统属于临界稳定，则式（2.18）中的高阶项 $f_{\text{h.o.t.}}$ 将会对原非线性系统的稳定性起到决定性作用，因此，不能分析出原非线性系统的稳定性情况。

例 2.2　考虑如下一阶系统：

$$\dot{x} = ax + bx^5 \tag{2.25}$$

原点是这个系统的平衡点之一，所以在 $x = 0$ 平衡点进行线性化，可得

$$\dot{x} = ax \tag{2.26}$$

根据李雅普诺夫线性化方法，可以总结得到系统的以下性质：

（1）如果 $a < 0$，则系统（2.25）渐近稳定；

（2）如果 $a > 0$，则系统（2.25）不稳定；

（3）如果 $a = 0$，则线性化方法失效。

如果是第三种情况，非线性系统（2.25）简化为

$$\dot{x} = bx^5 \tag{2.27}$$

线性化方法不再有效，但是利用李雅普诺夫直接方法却很容易解决这个问题，下面将着重介绍更具普遍性的李雅普诺夫直接方法。

2.4　李雅普诺夫直接方法

李雅普诺夫直接方法的基本原理是一个基本物理现象的数学表达：如果一个力学（或电力）系统的全部能量连续耗散，则系统（无论是线性的还是非线性的）都将最终停止在一个平衡点处。因此，可由一个与能量相关的标量函数的变化来判断一个系统的稳定性。

具体来说，如图 2.2 所示的质量-阻尼-弹簧系统，其动力学系统为

$$m\ddot{x} + b\dot{x}|\dot{x}| + k_0 x + k_1 x^3 = 0 \tag{2.28}$$

其中，x 表示位移；m 表示质点的质量；$b\dot{x}|\dot{x}|$ 表示非线性耗散阻尼；$k_0 x + k_1 x^3$ 表示弹簧的非线性项。如果质点 m 由弹簧的自然长度拉开一段距离，然后松手，那么质点运动是否稳定？此问题用稳定性的定义和线性化方法都很难得到答案，因此考虑用李雅普诺夫直接方法。

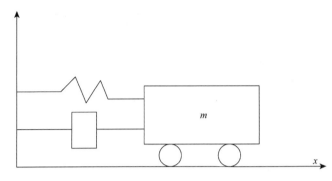

图 2.2　质量-阻尼-弹簧系统

系统的全部机械能是它的动能和势能之和，用 V 表示：

$$V(\dot{x},x)=\frac{1}{2}m\dot{x}^{2}+\int_{0}^{x}\left(k_{0}x+k_{1}x^{3}\right)\mathrm{d}x=\frac{1}{2}m\dot{x}^{2}+\frac{1}{2}k_{0}x^{2}+\frac{1}{4}k_{1}x^{4} \qquad (2.29)$$

比较稳定性定义与上述机械能表达式（2.29），可以看出它们之间的关联：

（1）能量为 0 对应于平衡点 $(x=0,\dot{x}=0)$；

（2）渐近稳定意味着机械能收敛到 0；

（3）不稳定对应于机械能的增长。

这些关系表示系统的稳定性可以通过系统能量的变化来描述。通过对式（2.29）求导，并利用式（2.28）可得系统的能量变化律：

$$\dot{V}(\dot{x},x)=m\dot{x}\ddot{x}+\left(k_{0}x+k_{1}x^{3}\right)\dot{x}=\dot{x}\left(-b\dot{x}|\dot{x}|\right)=-b|\dot{x}|^{3} \qquad (2.30)$$

式（2.30）表示系统的能量不断减少（因为阻尼的存在），直到质点停止运动，即 $\dot{x}=0$。从物理学上分析，质点将最终停在弹簧原始长度的位置上。

综上所述，李雅普诺夫直接方法是构造一个类似能量的标量函数，然后观察它对时间的变化律，若能量是耗散的（李雅普诺夫函数的导数非正），则可得到系统的稳定性结论。此方法不必利用稳定性定义或求解微分方程的准确形式判断系统的稳定性。

下面介绍正定函数和李雅普诺夫函数的定义。

2.4.1　正定函数与李雅普诺夫函数

式（2.29）中的能量函数有两个性质：第一个性质是关于函数本身的，它除了在 x 及 $\dot{x}$ 均为零的点外，严格为正；第二个性质是与动力学方程（2.28）有关的，当 x 及 $\dot{x}$ 依据方程（2.28）变化时，该函数单调下降，其中第一个性质被概括为正定函数，接下来将首先讨论正定函数的概念。

定义 2.7[2]　如果标量连续函数 $V(x)$ 在平衡点满足 $V(0)=0$，且在一个球 $B_{R_{0}}$ 内对于 $x\neq0$ 的点，$V(x)>0$ 成立，则称函数 $V(x)$ 为局部正定函数。如果 $V(0)=0$ 且上述性质在整个状态空间成立（即球 $B_{R_{0}}$ 无穷大），则称 $V(x)$ 为全局正定函数。

由上述定义可知，函数

$$V(x_1, x_2) = \frac{1}{2}ml^2 x_2^2 + mlg(1 - \cos(x_1)) \tag{2.31}$$

是图 1.4 中单摆的机械能，它是局部正定的。函数

$$V(\dot{x}, x) = \frac{1}{2}m\dot{x}^2 + \int_0^x \left(k_0 x + k_1 x^3\right)\mathrm{d}x = \frac{1}{2}m\dot{x}^2 + \frac{1}{2}k_0 x^2 + \frac{1}{4}k_1 x^4 \tag{2.32}$$

是图 2.2 中质量-阻尼-弹簧系统的机械能，它是全局正定的。

上述定义表明函数 V 有唯一的最小点，即原点 0。实际上，在一个球内给定任何一个有唯一最小点的函数，可以通过在这个函数上加一个定常值，使它成为局部正定函数。例如，函数 $V(x_1, x_2) = x_1^2 + x_2^2 - 1$ 是一个有下界函数，它在原点有唯一的最小值，该函数加 1 就成为正定函数。当然，增减一个常数后的函数与原函数导数相同。

接下来，分析局部正定函数的几何意义。对于一个带有两个状态变量 x_1 和 x_2 的正定函数 $V(x_1, x_2)$，将其放在三维空间中，$V(x_1, x_2)$ 是一个曲面，其典型形式像一个开口向上的杯子，杯子的最低点为原点（图 2.3）。

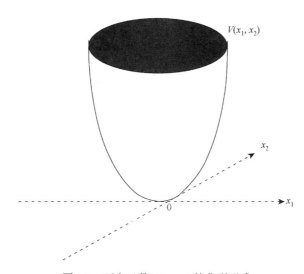

图 2.3　正定函数 $V(x_1, x_2)$ 的典型形式

类似地定义几个相关概念：如果 $-V(x)$ 是局部或者全局正定的，则函数 $V(x)$ 为局部或全局负定的；如果 $V(0) = 0$ 且对一切 $x \neq 0$，$V(x) \geqslant 0$，则 $V(x)$ 是半正定的；如果 $-V(x)$ 是半正定的，则 $V(x)$ 是半负定的。前置"半"用来表示 V 在 $x \neq 0$ 处也可能等于 0，类似于正定函数。

设 x 为系统（2.6）的状态，一个标量函数 $V(x)$ 实际上表示 t 的隐式函数，假定 $V(x)$ 是可微的，它对时间的导数可以用链式法则得到：

$$\dot{V} = \frac{\mathrm{d}V(x)}{\mathrm{d}t} = \frac{\partial V}{\partial x}\dot{x} = \frac{\partial V}{\partial x}f(x) \tag{2.33}$$

通常将这个导数称为"V 沿着系统轨线的导数"。对于系统（2.28），$\dot{V}(x)$ 由式（2.30）表

示，它是非正定的。类似地，此例中的 V 在李雅普诺夫直接方法中十分重要，因此引入如下定义。

定义 2.8[2]　如果函数 $V(x)$ 在球 B_{R_0} 内正定，且其连续偏导数沿系统（2.6）任一状态轨线半负定，即

$$\dot{V}(x) \leqslant 0 \qquad\qquad (2.34)$$

则称 $V(x)$ 为系统（2.6）的李雅普诺夫函数。

接下来，通过图形给李雅普诺夫函数一个简单的几何解释，在图 2.4 中表示 $V(x_1, x_2)$ 的点总是指向碗底。在图 2.5 中状态总是穿过等值线走向 V 值更小的地方。

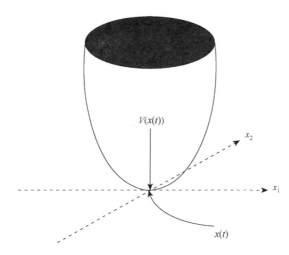

图 2.4　定义 2.8 中李雅普诺夫函数在 $n = 2$ 时的描述

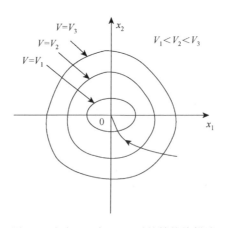

图 2.5　定义 2.8 在 $n = 2$ 时的等值线描述

2.4.2　局部和全局稳定性的李雅普诺夫定理

在李雅普诺夫直接方法中，李雅普诺夫函数与系统的稳定性关系可以用如下定理来表示。

1. 局部稳定性的李雅普诺夫定理

定理 2.2[2]（局部稳定性）　假定存在具有一阶连续偏导数的标量函数 $V(x)$，$V(0) = 0$，且定义域球 B_{R_0} 内所有非零点满足如下条件：

（1）$V(x)$ 正定；

（2）$\dot{V}(x)$ 半负定；

则平衡点 $x = 0$ 是局部稳定的。如果条件（2）中导数 $\dot{V}(x)$ 是负定的，那么平衡点 $x = 0$ 是局部渐近稳定的。

在应用上述定理对非线性系统进行分析时，要经过两个步骤：首先要选定一个正定函数，然后确定它沿非线性系统轨线的导数。下面结合实际例子对局部稳定和局部渐近稳定进一步阐述。

例 2.3　带有黏性阻尼的单摆方程为

$$\ddot{\theta} + \dot{\theta} + \sin(\theta) = 0 \tag{2.35}$$

考虑以下标量函数：

$$V(\theta, \dot{\theta}) = (1 - \cos(\theta)) + \frac{\dot{\theta}^2}{2} \tag{2.36}$$

很容易验证该标量函数是局部正定的。实际上，这个标量函数是由单摆的势能和动能之和构成的能量函数，其关于时间的导数为

$$\dot{V}(\theta, \dot{\theta}) = \dot{\theta}\sin(\theta) + \dot{\theta}\ddot{\theta} = -\dot{\theta}^2 \leqslant 0 \tag{2.37}$$

利用定理 2.2 可得，原点是稳定的平衡点。从物理学上讲，因为阻尼项会吸收能量，$\dot{V} \leqslant 0$ 是必然的，实际上 $\dot{V}$ 是单摆消耗能量的功率。由于式（2.37）只能得出 $\dot{V}$ 半负定，所以从上述推导还不能得到系统渐近稳定的结论。

以下例子阐述渐近稳定的结果。

例 2.4　验证下述非线性系统原点的稳定性：

$$\begin{cases} \dot{x}_1 = x_1\left(x_1^2 + x_2^2 - 2\right) - 4x_1x_2^2 \\ \dot{x}_2 = 4x_1^2x_2 + x_2\left(x_1^2 + x_2^2 - 2\right) \end{cases} \tag{2.38}$$

给定正定函数：

$$V(x_1, x_2) = x_1^2 + x_2^2 \tag{2.39}$$

它沿着系统轨线的导数为

$$\dot{V} = 2\left(x_1^2 + x_2^2\right)\left(x_1^2 + x_2^2 - 2\right) \tag{2.40}$$

因此，$\dot{V}$ 在二维球 $B_2\left(x_1^2 + x_2^2 < 2\right)$ 的区域内局部负定。从而，定理 2.2 保证了该系统原点是渐近稳定的。

2. 全局稳定性的李雅普诺夫定理

前述定理可用于局部稳定性分析。要保证全局稳定性，自然希望将上述局部定理中的 B_{R_0} 放大到整个状态空间，这的确是必要的，但不充分。要给 V 函数一个附加条件：$V(x)$

必须是径向无界的，这指的是，当 $\|x\| \to \infty$ 时（换言之，当 x 沿任何方向趋向无穷时），$V(x) \to \infty$。这样可推广得到以下重要结果。

定理 2.3[1]（全局稳定性）　假定存在具有一阶连续偏导数的标量函数 $V(x)$，$V(0) = 0$，且状态空间中所有非零点满足如下条件：

（1）$V(x)$ 正定；

（2）$\dot{V}(x)$ 负定；

（3）当 $\|x\| \to \infty$ 时，$V(x) \to \infty$；

则平衡点 $x = 0$ 是全局渐近稳定的。

例 2.5　考虑系统：

$$\begin{cases} \dot{x}_1 = x_2 - x_1\left(x_1^2 + x_2^2\right) \\ \dot{x}_2 = -x_1 - x_2\left(x_1^2 + x_2^2\right) \end{cases} \tag{2.41}$$

状态空间原点是它的一个平衡点。假设李雅普诺夫函数 V 为

$$V(x_1, x_2) = x_1^2 + x_2^2 \tag{2.42}$$

则 V 沿任一轨线的导数为

$$\dot{V} = 2x_1\dot{x}_1 + 2x_2\dot{x}_2 = -2\left(x_1^2 + x_2^2\right)^2 \tag{2.43}$$

对于状态空间中所有非零点，$\dot{V} < 0$ 成立。因此，原点是全局渐近稳定平衡点。

对于同一个系统，可能存在多个李雅普诺夫函数，如果对给定的系统，V 是一个李雅普诺夫函数，则

$$V_1 = \rho V^\alpha \tag{2.44}$$

也是一个李雅普诺夫函数。这里 ρ 是任意正数，α 是任一大于 1 的实数。因为由 V 的正定性可知 V_1 的正定性，而 $-\dot{V}$ 的正定性（半正定性）保证了 $-\dot{V}_1$ 的正定性（半正定性）。更重要的是，对一个给定系统，选择适当的李雅普诺夫函数可以得到更精确的结果。回到例 2.3，选取如下函数：

$$V(\theta, \dot{\theta}) = \frac{1}{2}\dot{\theta}^2 + \frac{1}{2}(\dot{\theta} + \theta)^2 + 2(1 - \cos(\theta)) \tag{2.45}$$

它也是系统的一个李雅普诺夫函数，因为

$$\dot{V}(\theta, \dot{\theta}) = -(\dot{\theta}^2 + \theta\sin(\theta)) \leqslant 0 \tag{2.46}$$

更需强调的是 $\dot{V}$ 实际上是局部负定的。由此可见，虽然定义于式（2.45）的李雅普诺夫函数 V 失去了物理意义，但却证明了单摆的渐近稳定性。

由这个例子可以发现一个重要的事实：李雅普诺夫分析中的所有定理都是充分性定理。如果对一个候选的李雅普诺夫函数 V，其导数 $\dot{V}$ 不满足要求，设计者对系统的稳定性或不稳定性得不出任何结果。唯一的结论是，要去寻找另一个候选李雅普诺夫函数。

本节给出了许多定理和例子，或许能让人们对处理非线性问题充满信心。然而，所有的定理都有一个基本的假定，即李雅普诺夫函数已知。因此，关键问题是：对于具体系统，如何找到李雅普诺夫函数。可是，对于非线性系统不存在寻找李雅普诺夫函数的一般方法，这是直接方法的最大缺陷。

2.5　不变集理论

控制系统的渐近稳定性是期望得到的性质,但是在李雅普诺夫函数的导数是半负定的情况下,之前章节介绍的李雅普诺夫稳定性定理难以保证这一性质。对于这种情况,需要借助拉塞尔不变集定理。首先,介绍不变集定义;其次,类似于李雅普诺夫方法的讨论,先研究局部不变集定理,再研究全局的情况。

定义 2.9[1]　如果从集合 G 一个点出发的轨线永远留在 G 中,则称此集合为动态系统的不变集。

例如,任一平衡点是一个不变集,一个平衡点的吸引域也是一个不变集。

定理 2.4[1]（局部不变集定理）　考虑自治系统（2.6）,函数 f 是连续的。设 $V(x)$ 为有连续一阶偏导数的标量函数,并且满足如下条件:

（1）对任何 $l > 0$, $\Omega_l = \{x | V(x) < l\}$ 为有界区域;

（2）对于 $x \in \Omega_l$, $\dot{V}(x) \leqslant 0$ 成立;

记 R 为 Ω_l 内满足 $R = \{x | \dot{V}(x) = 0\}$ 的集合, M 为 R 中的最大不变集,那么当 $t \to \infty$ 时,从 Ω_l 出发的每一个解均趋于 M。

不变集定理 2.4 及其理论可以简单地推广到全局的情况,条件是将 Ω_l 的有界性改变为标量函数 V 径向无界。

定理 2.5[1]（全局不变集定理）　考虑自治系统（2.6）,函数 f 是连续的。设 $V(x)$ 为有连续一阶偏导数的标量函数,并且满足如下条件:

（1）当 $\|x\| \to \infty$ 时, $V(x) \to \infty$;

（2）对所有 x, $\dot{V}(x) \leqslant 0$ 成立;

记 R 为所有满足 $\dot{V}(x) = 0$ 的点的集合, M 为 R 中最大不变集,那么当 $t \to \infty$ 时,所有解全局渐近收敛于 M。

下面结合以下例子说明不变集定理的应用。

例 2.6　对于系统（2.28）,构造能量函数（2.29）,因为 $\dot{V}$ 是半负定的,利用局部平衡点理论只能得到临界稳定的结果。但利用不变集理论可得系统是渐近稳定的。由定理 2.4 可得,集合 R 是满足 $\dot{x} = 0$（零速度）的状态集合,因此原点 $x = 0$ 在集合 M 内。假设集合 M 含非零点 x_1,那么,在点 x_1 处的加速度为 $\ddot{x}_1 = -(k_0/m)x_1 - (k_1/m)x_1^3 \neq 0$。这说明轨线将立即跑出集合 R,也就是离开集合 M,这与集合 M 是不变集的定义矛盾。因此,最大不变集 M 只含有原点,系统是渐近稳定的。

例 2.7[1]　考虑如下二阶系统

$$\ddot{x} + b(\dot{x}) + c(x) = 0 \tag{2.47}$$

其中, $b(\dot{x})$ 为满足 $b(0) = 0$ 的连续函数; $c(x)$ 为满足 $c(0) = 0$ 的连续函数;且满足以下条件:

$$\dot{x}b(\dot{x}) > 0, \quad \dot{x} \neq 0 \tag{2.48}$$

$$xc(x) > 0, \quad x \neq 0 \tag{2.49}$$

需要注意的是,质量-阻尼-弹簧系统可用动态系统（2.47）表示。构造李雅普诺夫函数:

$$V = \frac{1}{2}\dot{x}^2 + \int_0^x c(y)\mathrm{d}y \tag{2.50}$$

此函数可看作系统的动能与势能之和。对函数 V 求导可得

$$\dot{V} = \dot{x}\ddot{x} + c(x)\dot{x} = -\dot{x}b(\dot{x}) - \dot{x}c(x) + c(x)\dot{x} = -\dot{x}b(\dot{x}) \leqslant 0 \tag{2.51}$$

它可看作系统的能量损耗。由条件（2.48）可知，$\dot{x}b(\dot{x}) = 0$ 当且仅当 $\dot{x} = 0$ 时成立。由 $\dot{x} = 0$ 可得

$$\ddot{x} = -c(x) \tag{2.52}$$

由条件（2.49）可得，当 $x \neq 0$ 时，$\ddot{x}$ 是非零的，因此系统不可能"停"在 $x = 0$ 外的任何一个点。也就是说，最大不变集 M 只含原点 $x = 0$，$\dot{x} = 0$。另外，当 $|x| \to \infty$ 时，若积分 $\int_0^x c(r)\mathrm{d}r$ 无界，则 V 为径向无界函数。由全局不变集定理可知，原点是全局渐近稳定点。

2.6　非自治系统的稳定概念

前面的章节介绍了自治系统的李雅普诺夫稳定性分析方法。但是，很多实际工程遇到的往往是非自治系统。例如，火箭起飞就是一个典型的非自治系统，因为其动态方程中的参数（如空气的温度和压力）会随着时间的变化而变化。因此，需要进一步研究非自治系统的稳定性分析方法。

2.6.1　平衡点和不变集

非自治系统的稳定性概念非常类似于自治系统的稳定性概念。但是，由于非自治系统性态对初始时间 t_0 的依赖性，这些稳定性概念需显含 t_0；鉴于非自治系统性态对不同的初始时间 t_0 有不同值，因此，必须有一个新的概念来表征。本节将把自治系统的稳定性概念简洁地推广到非自治系统，并且介绍一致性概念。

对于以下形式

$$\dot{x} = f(x, t) \tag{2.53}$$

的非自治系统，x^* 称为它的一个平衡点，如果式（2.54）成立：

$$f(x^*, t) \equiv 0, \quad \forall t \geqslant t_0 \tag{2.54}$$

注意到对 $\forall t \geqslant t_0$，此方程都成立，这意味着系统（2.53）在所有时间内都能够停留在点 x^*。

例如，线性时变系统：

$$\dot{x} = A(t)x \tag{2.55}$$

显然，当 $A(t)$ 不恒为奇异矩阵时，该系统有唯一平衡点，即原点 0。

此外，非自治系统的不变集定义与自治系统的不变集定义是一样的。

2.6.2　稳定性概念拓展

现在将自治系统的稳定性、不稳定性、渐近稳定性和指数稳定性概念扩展到非自治系统，这样做的关键在于定义中要适当地包含初始时间 t_0。

定义 2.10　平衡点 0 在 t_0 是稳定的，如果对于任意的 $Z > 0$，存在一个正数 $r(Z, t_0)$，使得

$$\|x(t_0)\| < r \Rightarrow \|x(t)\| < Z, \quad \forall t \geq t_0 \tag{2.56}$$

否则，平衡点 0 是不稳定的。

定义 2.11　平衡点 0 在 t_0 是渐近稳定的，如果：

（1）它是稳定的；

（2）$\exists r(t_0) > 0$，使得 $\|x(t_0)\| < r(t_0) \Rightarrow \|x(t)\| \to 0, t \to \infty$。

定义 2.12[1]　如果平衡点是稳定的，且存在两个正数 α 和 λ，使得对充分小的 $x(t_0)$，$\|x(t)\| \leq \alpha \|x(t_0)\| \exp(-\lambda(t - t_0))$ 对于所有 $t \geq t_0$ 成立，则称平衡点是指数稳定的。

定义 2.13[1]　如果对于任意初始状态 $x(t_0)$，$\lim\limits_{t \to \infty} \|x(t)\| = 0$ 成立，则称平衡点是全局渐近稳定的。

2.6.3　稳定性概念中的一致性

以上讨论的皆是非自治系统的稳定性概念，其对初始时间 t_0 有依赖性，所以稳定性概念中含有 t_0。除此之外，通常希望对于不同初始时间，系统性态有一定的一致性，这就促使人们考虑与一致性相关的稳定性定义。

定义 2.14[2]　如果对于任意 $Z > 0$，存在一个正数 $r(Z, t_0)$，使得当 $\|x(t_0)\| < r(Z, t_0)$ 时，对于任意 $t > t_0$，$\|x(t)\| < Z$ 成立，则称平衡点在 t_0 是稳定的。如果可以选择与 t_0 无关的 $r(Z)$，则称平衡点是一致稳定的。

定义 2.15[1]　如果平衡点是稳定的，且存在 $r(t_0) > 0$，使得当 $\|x(t_0)\| < r(t_0)$ 时，$\lim\limits_{t \to \infty} \|x(t)\| = 0$ 成立，则称平衡点在 t_0 是渐近稳定的。如果可以选择与 t_0 无关的 r，则称平衡点是一致渐近稳定的。一致渐近稳定蕴含渐近稳定，反之则不然。

定义 2.16　如果存在常数 $B > 0$，$a > 0$ 和独立于 t_0 的时刻 $T = T(a) > 0$，使得当 $\|x(t_0)\| < a$ 时，对于任意 $t \geq t_0 + T$，$\|x(t)\| < B$ 成立，则称平衡点是一致最终有界的。

例 2.8　考虑一阶系统：

$$\dot{x} = -\frac{x}{1+t} \tag{2.57}$$

它有通解：

$$x(t) = \frac{1 + t_0}{1 + t} x(t_0) \tag{2.58}$$

这个解渐近收敛于零，但不是一致收敛。直观上是因为对于更大的 t_0，此解要经过更长的时间才能接近于原点。

2.7 非自治系统的李雅普诺夫分析

前几节讨论的是自治系统的李雅普诺夫直接方法，现在将其结果推广到非自治系统。虽然前几节的思想大都可以类似地应用到非自治系统，但是处理非自治系统要求的条件更复杂。

李雅普诺夫直接方法的基本思想是利用标量李雅普诺夫函数来判别非线性系统的稳定性，该方法可以类似地用于非自治系统。除了在数学描述上更复杂之外，主要不同之处在于非自治系统不能应用拉塞尔定理。这个不足之处可以用 2.8 节的 Barbalat 引理弥补。

2.7.1 时变正定函数和具有无穷大上界的函数

利用李雅普诺夫直接方法研究非自治系统时，要用到显含时间的标量函数 $V(x,t)$，而在自治系统中，运用时不变函数 $V(x)$ 就足够了。现在，对标量函数 $V(x,t)$ 给出其正定性定义。

定义 2.17[2] 对于标量时变函数 $V(x,t)$，如果 $V(0,t)=0$ 且存在一个时不变正定函数 $V_0(x)$，使得

$$V(x,t) \geqslant V_0(x), \quad \forall t \geqslant t_0 \tag{2.59}$$

则 $V(x,t)$ 是局部正定的。换句话说，如果标量时变函数 $V(x,t)$ 大于一个时不变局部正定函数，则该时变函数是局部正定的。全局正定函数可以类似地定义。

用同样的方法可以定义其他局部的或者全局的相关概念。如果 $-V(x,t)$ 是正定的，则函数 $V(x,t)$ 是负定的；如果 $V(x,t)$ 控制住一个时不变半正定函数，则称 $V(x,t)$ 是半正定的；如果 $-V(x,t)$ 是半正定的，则 $V(x,t)$ 是半负定的。

在非自治系统的李雅普诺夫稳定性理论分析中，掌握无穷大上界函数的概念也是必需的。

定义 2.18 标量函数 $V(x,t)$ 具有无穷大上界，如果 $V(0,t)=0$，且存在一个时不变正定函数 $V_1(x)$，使得

$$V(x,t) \leqslant V_1(x), \quad \forall t \geqslant 0 \tag{2.60}$$

换句话说，如果标量函数 $V(x,t)$ 受一个时不变正定函数的控制，则称 $V(x,t)$ 具有无穷大上界。

2.7.2 非自治系统稳定的李雅普诺夫定理

定义 2.19[2] 如果连续函数 $\alpha(x): [0,p) \to [0,\infty)$ 严格递增且满足 $\alpha(0)=0$，则称函数 $\alpha(x)$ 是 K 类函数；进一步地，如果 $p=\infty$，且当 $p \to \infty$ 时，$\alpha(x) \to \infty$，则称函数 $\alpha(x)$ 为 K_∞ 类函数。

定义 2.20[2] 如果连续函数 $\gamma(s,t): [0,p) \times [0,\infty) \to [0,\infty)$ 满足：①对于任意固定的 t，

函数 $\gamma(s,t)$ 是关于变量 s 的 K 类函数；②对于任意固定的 s，函数 $\gamma(s,t)$ 关于变量 t 单调递减，且当 $t \to \infty$ 时，$\gamma(s,t) \to 0$，则称函数 $\gamma(s,t)$ 为 KL 类函数。

非自治系统的李雅普诺夫稳定性结果可以概括为以下定理。

定理 2.6[2]（非自治系统稳定的李雅普诺夫定理）　如果在平衡点 $x = 0$ 的邻域球 B_{R_0} 内，存在具有连续偏导数的标量函数 $V(x,t)$，$V(0,t) = 0$，且状态空间中所有非零点满足如下条件：

（1）$V(x,t)$ 是正定的 $\Leftrightarrow$ 存在 K 类函数 α 使得 $V(x,t) \geqslant \alpha(\|x\|) > 0$；

（2）$\dot{V}(x,t)$ 是半负定的 $\Leftrightarrow$ $\dot{V}(x,t) \leqslant 0$；

（3）$\dot{V}(x,t)$ 是负定的 $\Leftrightarrow$ 存在 K 类函数 γ 使得 $\dot{V}(x,t) \leqslant -\gamma(\|x\|) < 0$；

（4）$V(x,t)$ 具有无穷大上界 $\Leftrightarrow$ 存在 K 类函数 β 使得 $V(x,t) \leqslant \beta(\|x\|)$；

（5）$V(x,t)$ 是径向无界的 $\Leftrightarrow$ $\lim\limits_{\|x\| \to \infty} V(x,t) = \infty$。

如果满足条件（1）（2），则平衡点 $x = 0$ 是李雅普诺夫意义下稳定的；

如果满足条件（1）（2）（4），则平衡点 $x = 0$ 是一致稳定的；

如果满足条件（1）（3）（4），则平衡点 $x = 0$ 是一致渐近稳定的；

如果满足条件（1）（3）（4）（5），则平衡点 $x = 0$ 是全局一致渐近稳定的。

例 2.9　考虑系统：

$$\begin{cases} \dot{x}_1(t) = -x_1(t) - \exp(-2t)x_2(t) \\ \dot{x}_2(t) = x_1(t) - x_2(t) \end{cases} \tag{2.61}$$

选择标量函数：

$$V(x_1, x_2, t) = x_1^2 + (1 + \exp(-2t))x_2^2 \tag{2.62}$$

因为存在 K 类函数 $x_1^2 + x_2^2$ 和 $x_1^2 + 2x_2^2$，使得

$$x_1^2 + x_2^2 \leqslant V \leqslant x_1^2 + 2x_2^2 \tag{2.63}$$

所以标量函数 $V(x,t)$ 是正定的且具有无穷大上界。又因为

$$\dot{V} = -2\left(x_1^2 - x_1 x_2 + x_2^2(1 + 2\exp(-2t))\right) \tag{2.64}$$

进一步计算可得

$$\dot{V} \leqslant -2\left(x_1^2 - x_1 x_2 + x_2^2\right) = -(x_1 - x_2)^2 - x_1^2 - x_2^2 \tag{2.65}$$

所以，$\dot{V}$ 是负定的。由定理 2.6 可得，平衡点 $x = 0$ 是全局渐近稳定的。

2.8　Barbalat 引理

当李雅普诺夫函数的导数 $\dot{V}$ 是半负定时，不变集定理是研究自治系统稳定性强有力的工具，利用此定理可以得到渐近稳定的结果。但是，不变集定理不能应用于非自治系统，且非自治系统的渐近稳定分析比自治系统更困难，主要因为不容易找到具有负定导数的李雅普诺夫函数。Barbalat 引理可以处理非自治系统李雅普诺夫函数的导数半负定的情况。

定理 2.7[2]（Barbalat 引理第一表述） 如果函数 $f(t):\mathbb{R}^+\to\mathbb{R}$ 可微，当 $t\to\infty$ 时存在有限极限，且 $\dot{f}(t)$ 一致连续，那么 $\lim_{t\to\infty}\dot{f}(t)=0$。

定理 2.8[2]（Barbalat 引理第二表述） 假定函数 $f(t):\mathbb{R}^+\to\mathbb{R}$，当 $t\geqslant0$ 时一致连续，$\lim_{t\to\infty}\int_0^t f(\tau)\mathrm{d}\tau$ 存在且有界，那么 $\lim_{t\to\infty}f(t)=0$。

上述定理中判断可微函数一致连续的充分条件是它的导数是有界的。值得注意，几何意义上函数导数趋于零意味着切线越来越平，但并不能保证函数存在极限。更准确地说，函数导数的极限与函数本身的极限没有直接关系。例如：

（1）函数 $f_1(t)=\sin(\ln t)$，$t\to\infty$ 时，$f_1(t)$ 极限不存在，但 $\lim_{t\to\infty}\dot{f}_1(t)=\cos(\ln t)/t=0$；

（2）函数 $f_2(t)=\exp(-t)\sin(\exp(2t))$，当 t 趋于无穷时，$\lim_{t\to\infty}f_2(t)=0$，但其导数

$$\dot{f}_2(t)=-\exp(-t)\sin(\exp(2t))+2\exp(t)\cos(\exp(2t))\qquad(2.66)$$

极限不存在。Barbalat 引理是关于函数及其导数渐近性质的纯粹数学结果，当其应用于工程动力学系统时，可以得出渐近稳定的结果。

此外，由定理 2.7 可得如下类李雅普诺夫引理。

定理 2.9[2]（类李雅普诺夫引理） 如果标量函数满足下列条件：

（1）$V(x,t)$ 有下界；

（2）$\dot{V}(x,t)$ 是半负定的；

（3）$\dot{V}(x,t)$ 对时间是一致连续的；

那么 $\lim_{t\to\infty}\dot{V}(x,t)=0$。

Barbalat 引理和类李雅普诺夫引理是非常重要的结论，为自适应控制提供理论基础。为了说明这一现象，下面以自适应控制系统的渐近稳定为例进行说明。

例 2.10 考虑如下一阶自适应控制系统的闭环动态方程：

$$\begin{cases}\dot{e}=-e+\theta\omega(t)\\ \dot{\theta}=-e\omega(t)\end{cases}\qquad(2.67)$$

其中，e 是闭环动力系统的跟踪误差；θ 是参数误差；$\omega(t)$ 是有界的连续函数。下面分析系统（2.67）的渐近性质。

构造如下函数：

$$V=e^2+\theta^2\qquad(2.68)$$

对 V 求导可得

$$\dot{V}=2e(-e+\theta\omega)+2\theta(-e\omega(t))=-2e^2\leqslant0\qquad(2.69)$$

这表明 $V(t)\leqslant V(0)$，且 e 和 θ 是有界的。但是，不能根据不变集定理推出 e 的收敛性，因为这个系统是非自治的。

为了利用 Barbalat 引理，需要观察 $\dot{V}$ 的一致连续性。对 $\dot{V}$ 求导可得

$$\ddot{V}=-4e(-e+\theta\omega)\qquad(2.70)$$

由 e 和 θ 的有界性可得，$\ddot{V}$ 是有界的。进一步可知，$\dot{V}$ 是一致连续的。由 Barbalat 引理可得 $\lim_{t\to\infty}\dot{V}(x,t)=0$ 和 $\lim_{t\to\infty}e(t)=0$。

2.9　系统解的存在性与唯一性

本节将考虑如下非线性系统解的存在性和唯一性的充分条件：

$$\dot{x} = f(x,t), \quad x(t_0) = x_0 \tag{2.71}$$

其中，$f \in \mathbb{R}^n$ 是非线性函数向量；$x \in \mathbb{R}^n$ 是状态向量；t 是时间变量；x_0 是系统状态在初始时刻 t_0 的数值。

根据方程（2.71）在区间 $[t_0, t_1]$ 的解，假定一个连续函数 x：$[t_0, t_1] \to \mathbb{R}^n$，使其对于所有 $t \in [t_0, t_1]$，$\dot{x}$ 有定义且 $\dot{x}(t) = f(x(t), t)$。若 $f(x,t)$ 对于 t 和 x 连续，则系统解 x 一定连续可微。假设 $f(x,t)$ 对于 x 连续，但对 t 分段连续，那么 $x(t)$ 仅可能是分段连续可微的。$f(x,t)$ 对于 t 分段连续的假设，包括 $f(x,t)$ 时变输入（即输入随时间变化）的情况。

给定初始条件的微分方程可能存在多个解。例如，对于如下标量方程：

$$\dot{x} = x^{1/3}, \quad x(t_0) = 0 \text{ 且 } t_0 = 0 \tag{2.72}$$

存在一个解为 $x = (2t/3)^{3/2}$，但这不是唯一解，因为 $x(t) \equiv 0$ 是其另一个解。注意方程（2.72）的右边对于 x 连续，显然 $f(x)$ 对其自变量的连续性不足以保证其解的唯一性，必须对函数 f 施加其他条件。解的存在性问题其实并不难，而且 $f(x,t)$ 对其自变量连续保证了系统（2.71）至少有一个解，这里不再证明（感兴趣的读者参见文献[2]）。接下来给出一个用到利普希茨条件的简单定理，以说明系统解的存在性和唯一性。

定理 2.10（局部存在性和唯一性）　设 $f(x,t)$ 对 t 分段连续，且对于任意 $\forall x, y \in B = \left\{ x \in \mathbb{R}^n \,\middle\|\, \|x - x_0\| \leqslant r \right\}$ 和 $\forall t \in [t_0, t_1]$ 满足以下利普希茨条件：

$$\|f(t,x) - f(t,y)\| \leqslant L\|x - y\| \tag{2.73}$$

则存在 $\delta > 0$，使得状态方程 $\dot{x} = f(t,x)$ 在初始条件 $x(t_0) = x_0$ 下，在 $[t_0, t_0 + \delta]$ 内存在唯一解，其中 L 是正的常数。

证明　参见文献[2]。

定理 2.10 的重要假设是利普希茨条件（2.73），满足式（2.73）的函数称为对于 x 是利普希茨的，且常数 L 称为利普希茨常数。此外，也用局部利普希茨和全局利普希茨说明利普希茨条件成立的区域。首先对仅由 x 确定的函数 f 引入这一概念。在定义域 D（开区间）内，若 $D \subset \mathbb{R}^n$ 内的每点都有一个邻域 D_0，使得 f 对于 D_0 内各点都满足利普希茨条件（2.73），则称函数 $f(x)$ 是局部利普希茨的，其对应的利普希茨常数为 L_0。若对于 W 内具有相同利普希茨常数 L 的所有点，f 都满足式（2.73），则称 f 在 W 内是利普希茨的。因为利普希茨条件可能不是对 D 内所有各点都一致（具有同一常数 L）成立，所以一个定义域 D 内的局部利普希茨函数不必在 D 内是利普希茨的。但是，一个定义域 D 内的局部利普希茨函数在 D 的每个紧子集（有界闭集）内是利普希茨的。如果一个函数 $f(x)$ 在 $\mathbb{R}^n$ 内是利普希茨的，则该函数是全局利普希茨的。这一定义可扩展到函数 $f(t,x)$，若该函数对给定时间区间内的所有 t，利普希茨条件一致成立，例如，如果每一点 $x \in D$ 都有一个邻域 D_0，具有相同的利普希茨常数 L_0，使 f 在 $[a,b] \times D_0$ 内满足式（2.73），则 $f(t,x)$ 在 $[a,b] \times D \subset \mathbb{R} \times \mathbb{R}^n$ 内对于 x 是局部利普希茨的；若对每一个区间 $[a,b] \subset [t_0, \infty)$，$f(t,x)$ 在

$[a,b] \times D$ 内对于 x 是局部利普希茨的，则称 $f(t,x)$ 在 $[t_0,\infty) \times D$ 内对于 x 是局部利普希茨的；若函数 $f(t,x)$ 对所有 $t \in [a,b]$ 和 W 内所有各点（具有相同的利普希茨常数 L）都满足式（2.73），则 $f(t,x)$ 在 $[a,b] \times W$ 内对于 x 是利普希茨的。

当 $f: \mathbb{R} \to \mathbb{R}$ 时，利普希茨条件（2.73）可写为

$$\left| \frac{f(y) - f(x)}{y - x} \right| \leqslant L \qquad (2.74)$$

其意义是：在 $f(x)$ 对 x 的曲线上，连接 $f(x)$ 任意两点的一条直线，其斜率的绝对值不大于 L。因此，任何一点斜率为无穷大的函数 $f(x)$，在该点都不是利普希茨的。例如，任何不连续函数在不连续点都不是利普希茨的；另外一个例子是如式（2.72）所示的函数 $f(x) = x^{1/3}$，它在 $x = 0$ 点不是利普希茨的，因为当 x 趋于零时，$\dot{f}(x) = 1/3 \, x^{-2/3}$ 趋于无穷。此外，若 $|\dot{f}(x)|$ 在某一区间以常数 k 为界，则 $f(x)$ 在这一区间是利普希茨的，且利普希茨常数为 $L = k$。这一结果可扩展到函数矢量情况，并在以下引理中证明。

引理 2.1[2] 设 $f: [a,b] \times D \to \mathbb{R}^m$ 在某一定义域 $D \subset \mathbb{R}^n$ 内是连续的。假设 $\partial f / \partial x$ 存在且在 $[a,b] \times D$ 上连续，若对于一个凸子集 $W \subset D$，存在常数 $L \geqslant 0$，使得在 $[a,b] \to W$ 内：

$$\left\| \frac{\partial f}{\partial x}(t,x) \right\| \leqslant L \qquad (2.75)$$

则对于所有 $t \in [a,b]$，$x \in W$ 和 $y \in W$，有

$$\| f(t,x) - f(t,y) \| \leqslant L \| x - y \| \qquad (2.76)$$

以上引理说明了利普希茨常数可通过计算 $\partial f / \partial x$ 求得。此外，需要强调的是函数的利普希茨条件比连续性条件更强。显然，若 $f(x)$ 在 W 上是利普希茨的，则它在 W 上必定是一致连续的。反之则不成立，从函数 $f(x) = x^{1/3}$ 可看出该函数虽然是连续的，但在 $x = 0$ 点不满足局部利普希茨条件。引理 2.2 将论述利普希茨条件要比连续可微性条件弱。

引理 2.2[2] 若在某一定义域 $D \subset \mathbb{R}^n$ 内，$f(t,x)$ 和偏导 $\partial f / \partial x$ 在 $[a,b] \times D$ 内连续，则 f 在 $[a,b] \times D$ 上对于 x 是局部利普希茨的。

接下来，将把引理 2.1 拓展到引理 2.3。

引理 2.3[2] 若函数 $f(t,x)$ 和偏导 $\partial f / \partial x$ 在 $[a,b] \times \mathbb{R}^n$ 上连续，那么，当且仅当 $\partial f / \partial x$ 在 $[a,b] \times \mathbb{R}^n$ 上一致有界时，f 在 $[a,b] \times \mathbb{R}^n$ 上对于 x 是全局利普希茨的。

例 2.11 以下函数

$$f(x) = \begin{bmatrix} -x_1 + x_1 x_2 \\ x_2 - x_1 x_2 \end{bmatrix}, \quad x = [x_1, x_2]^{\mathrm{T}} \in \mathbb{R}^2 \qquad (2.77)$$

在 $\mathbb{R}^2$ 上连续可微，因此在 $\mathbb{R}^2$ 上是局部利普希茨的。但是函数 $f(x)$ 并不是全局利普希茨的，因为 $[\partial f / \partial x]$ 在 $\mathbb{R}^2$ 上不是一致有界的。在 $\mathbb{R}^2$ 的任何紧子集上，f 是利普希茨的。若计算在凸集 $W = \{ x \in \mathbb{R}^2 \big| |x_1| \leqslant a_1, |x_2| \leqslant a_2 \}$ 上的利普希茨常数，雅可比矩阵由式（2.78）给出：

$$\left[\frac{\partial f}{\partial x} \right] = \begin{bmatrix} -1 + x_2 & x_1 \\ -x_2 & 1 - x_1 \end{bmatrix} \qquad (2.78)$$

利用 $\mathbb{R}^2$ 上对向量的范数 $\|\cdot\|_\infty$ 和矩阵的导出阵模，有

$$\left\|\frac{\partial f}{\partial x}\right\|_\infty = \max\left\{\left|-1+x_2\right|+\left|x_1\right|, \left|x_2\right|+\left|1-x_1\right|\right\} \tag{2.79}$$

则集合 W 内的所有点都满足：

$$\left|-1+x_2\right|+\left|x_1\right| \leqslant 1+a_2+a_1, \quad \left|x_2\right|+\left|1-x_1\right| \leqslant a_2+1+a_1 \tag{2.80}$$

因此，可得

$$\left\|\frac{\partial f}{\partial x}\right\|_\infty \leqslant 1+a_1+a_2 \tag{2.81}$$

则利普希茨常数可取为 $L=1+a_1+a_2$。

例 2.12 以下函数

$$f(x)=\begin{bmatrix} x_2 \\ -\mathrm{sat}(x_1+x_2) \end{bmatrix}, \quad x=[x_1,x_2]^{\mathrm{T}} \in \mathbb{R}^2 \tag{2.82}$$

在 $\mathbb{R}^2$ 上不是连续可微的，通过检验 $f(x)-f(y)$ 来验证函数的利普希茨性。利用 $\mathbb{R}^2$ 上对向量的 $\|\cdot\|_2$ 和饱和函数 $\mathrm{sat}(\cdot)$ 满足：

$$\left|\mathrm{sat}(\eta)-\mathrm{sat}(\xi)\right| \leqslant \left|\eta-\xi\right| \tag{2.83}$$

可得

$$\begin{aligned}
\left\|f(x)-f(y)\right\|_2^2 &\leqslant (x_2-y_2)^2+(x_1+x_2-y_1-y_2)^2 \\
&=(x_2-y_2)^2+2(x_1-y_1)(x_2-y_2)+2(x_2-y_2)^2
\end{aligned} \tag{2.84}$$

利用以下不等式

$$a^2+2ab+2b^2=\begin{bmatrix} a \\ b \end{bmatrix}^{\mathrm{T}}\begin{bmatrix} 1 & 1 \\ 1 & 2 \end{bmatrix}\begin{bmatrix} a \\ b \end{bmatrix} \leqslant \lambda_{\max}\left\{\begin{bmatrix} 1 & 1 \\ 1 & 2 \end{bmatrix}\right\} \times \left\|\begin{bmatrix} a \\ b \end{bmatrix}\right\|_2^2 \tag{2.85}$$

可得

$$\left\|f(x)-f(y)\right\|_2 \leqslant \sqrt{2.618}\left\|x-y\right\|_2, \quad \forall x,y \in \mathbb{R}^2 \tag{2.86}$$

值得说明的是以上分析用到了半正定对称矩阵的性质，即对于所有 $x \in \mathbb{R}^n$，$x^{\mathrm{T}}Px \leqslant \lambda_{\max}(P)x^{\mathrm{T}}x$ 恒成立，其中 $\lambda_{\max}(\cdot)$ 是矩阵的最大特征值。若采用以下更保守的不等式：

$$a^2+2ab+2b^2 \leqslant 2a^2+3b^2 \leqslant 3(a^2+b^2) \tag{2.87}$$

则可以得到一个更为保守的（更大的）利普希茨常数，即 $L=\sqrt{3}$。

在上面的例子中，一个用到 $\|\cdot\|_\infty$，另一个用到 $\|\cdot\|_2$。由于范数是等价的，所以在 $\mathbb{R}^n$ 上选择哪种范数并不影响函数本身的利普希茨性，只会影响利普希茨常数的数值。例 2.12 说明，式（2.73）的利普希茨条件不能唯一地定义利普希茨常数 L。如果对于某一个正的常数 L，式（2.73）成立，那么该式对于任意大于 L 的常数都成立。通过定义 L 是满足式（2.73）的最小常数，即可消除这一非唯一性，但一般不必这么做。

定理 2.10 是局部定理，因为它仅在区间 $[t_0,t_0+\delta]$ 上保证了其存在性和唯一性，其中 δ 可以非常小，即对 δ 没有限制。因此，该定理不能确保在给定时间区间 $[t_0,t_1]$ 内解的存在性和唯一性。然而，可以通过反复应用局部定理来扩展存在性区间。从时间 t_0 开始，初始状态为 $x(t_0)=x_0$。定理 2.10 说明存在一个正的常数 δ（取决于 x_0），使状态方程（2.71）在时间区间 $[t_0,t_0+\delta]$ 上有唯一解。现在，将 $t_0+\delta$ 作为新的初始时间，将 $x(t_0+\delta)$ 作为新的初始状态，从而可以应用定理 2.10 确立系统的解在 $t_0+\delta$ 时间之后的存在性。若在 $(t_0+\delta, x(t_0+\delta))$ 上满足定理 2.10 的条件，则存在 $\delta_2>0$，使系统方程在通过点 $(t_0+\delta, x(t_0+\delta))$ 的区间 $[t_0+\delta, t_0+\delta+\delta_2]$ 上有唯一解；将 $[t_0, t_0+\delta]$ 和 $[t_0+\delta, t_0+\delta+\delta_2]$ 上的解合并在一起，即可确保在区间 $[t_0, t_0+\delta+\delta_2]$ 上唯一解的存在性。这一概念可重复应用以保持解的扩展。但一般情况下解的存在区间不能无限扩展，因为定理 2.10 的条件可能不再成立，即存在一个最大区间 $[t_0, T]$，使得起始于 (t_0, x_0) 的系统（2.71）存在唯一解。此外，一般来说，T 可能小于 t_1，随着 t 趋于 T，系统解不再属于任何紧集（即 f 对于 x 是局部利普希茨的）。

例 2.13 考虑标量系统

$$\dot{x}=-x^2, \quad x(t_0)=-1 \text{ 且 } t_0=0 \tag{2.88}$$

对于所有 $x\in\mathbb{R}$，函数 $f(x)=-x^2$ 是局部利普希茨的，因此它在 $\mathbb{R}$ 的任何紧子集上都是利普希茨的，在 $[0,1)$ 上存在唯一解：

$$x(t)=\frac{1}{t-1} \tag{2.89}$$

当 t 趋于1时，$x(t)$ 不再属于任何紧子集。

用"有限逃逸时间"一词描述轨迹在有限时间内逃到无穷远处的现象。例 2.13 表明状态轨迹在 $t=1$ 处存在一个有限逃逸时间。在例 2.13 的讨论中，会思考到这样的问题：什么时候可以保证解的无限扩展？解决该问题的途径之一是需要额外的附加条件，以保证系统解 $x(t)$ 总是在一致利普希茨集合内。这一问题将在下一个定理中通过要求 f 满足全局利普希茨条件得到解决。该定理建立了在区间 $[t_0, t_1]$ 内唯一解的存在性，其中 t_1 可以任意大。

定理 2.11（全局存在性和唯一性） 假设 $f(t,x)$ 对 t 分段连续，对于任意 $\forall x,y\in\mathbb{R}^n$ 和 $\forall t\in[t_0,t_1]$，满足以下利普希茨条件：

$$\|f(t,x)-f(t,y)\|\leqslant L\|x-y\| \tag{2.90}$$

则状态方程 $\dot{x}=f(t,x)$，$x(t_0)=x_0$ 在 $[t_0,t_1]$ 内有唯一解。

证明 见参考文献[2]。

例 2.14 考虑如下线性系统：

$$\dot{x}=A(t)x+g(t)=f(t,x) \tag{2.91}$$

其中，$A(t)$ 和 $g(t)$ 是 t 的连续分段函数，且在任何有限时间区间 $[t_0,t_1]$ 内，$A(t)$ 的元素有界，因此 $\|A(t)\|\leqslant a$，其中 $\|A\|$ 是任意导出阵模。由于对于任意 $x,y\in\mathbb{R}^n$ 和 $t\in[t_0,t_1]$ 有

$$\|f(t,x)-f(t,y)\|=\|A(t)(x-y)\|\leqslant\|A(t)\|\|x-y\|\leqslant a\|x-y\| \tag{2.92}$$

所以满足定理 2.11 的条件。定理 2.11 说明线性系统在 $[t_0,t_1]$ 内有唯一解。由于 t_1 可以任意大，因此可得如下结论：若 $A(t)$ 与 $g(t)$ 分段连续，则对于 $\forall t\geqslant t_0$，系统（2.91）有唯一解。因此，该系统不可能存在有限逃逸时间。

对于例 2.14 的线性系统，定理 2.11 所要求的利普希茨条件是合理的。一般来说，非线性系统可能没有这种情况。应该区别定理 2.10 的局部利普希茨条件和定理 2.11 的全局利普希茨条件，由连续可微性指明，函数的局部利普希茨性要求函数基本上是光滑的；从

物理模型上讲,即希望系统模型等式右边的函数具有局部利普希茨性是合理的(系统模型右侧函数不是局部利普希茨的这种情况在实际系统中极少出现)。此外,全局利普希茨性是一个非常严格的条件,很多物理系统模型不能满足。构造不具有全局利普希茨性,但具有全局唯一解的例子很容易,这是定理 2.11 保守的一面。

例 2.15[2] 考虑如下标量系统:

$$\dot{x} = -x^3 = f(x) \tag{2.93}$$

由于雅可比函数 $\partial f / \partial x = -3x^2$ 不是全局有界的,因此函数 $f(x)$ 不满足全局利普希茨条件。然而,对任何初始状态 $x(t_0) = x_0$,系统方程的唯一解:

$$x(t) = \text{sgn}(x_0)\sqrt{\frac{x_0^2}{1 + 2x_0^2(t - t_0)}} \tag{2.94}$$

对于任何 $t \geqslant t_0$ 都成立。

考虑到全局利普希茨条件的保守性,因此常用全局存在性和唯一性定理,即定理 2.11,该定理要求函数仅是局部利普希茨的。下面的定理满足了这一要求,但必须知道关于系统解的更多信息。

定理 2.12 设对于所有 $t \geqslant t_0$ 和定义域 $D \subset \mathbb{R}^n$ 内的 x,$f(t,x)$ 对 t 分段连续,对 x 是局部利普希茨的,并设 W 是 D 的一个紧子集且系统初始值 $x_0 \in W$,并假设

$$\dot{x} = f(t,x), \quad x(t_0) = x_0 \tag{2.95}$$

的每个解都在 W 内,那么对于所有 $t \geqslant t_0$,系统(2.95)有唯一解。

证明 见参考文献[2]。

现在通过一个简单的例子说明定理 2.12 的应用。

例 2.16 考虑例 2.15 的系统:

$$\dot{x} = -x^3 = f(x) \tag{2.96}$$

函数 $f(x)$ 在 $\mathbb{R}$ 上是局部利普希茨的。如果在任何时刻 $x(t)$ 是正的,那么导数 $\dot{x}(t)$ 一定是负的。同样,如果 $x(t)$ 是负的,那么导数 $\dot{x}(t)$ 一定是正的。因此,从任何初始条件 $x(t_0) = a$ 开始的解都不可能离开紧凑集合 $\{x \in \mathbb{R} \| |x| \leqslant |a| \}$。根据这样的分析无须计算系统的解,便可以根据定理 2.12 得出结论:对于所有 $t \geqslant t_0$,系统方程(2.96)存在唯一解。

2.10 重要不等式

定理 2.13[3] (**Young's 不等式**) 考虑变量 $x \in \mathbb{R}^n$,$y \in \mathbb{R}^n$ 和满足 $\dfrac{1}{p} + \dfrac{1}{q} = 1$ 的常数 p 和 q,对于任意的 $\varepsilon > 0$,以下不等式成立:

$$x^{\mathrm{T}}y \leqslant \frac{\varepsilon^p}{p}\|x\|^p + \frac{1}{q\varepsilon^q}\|y\|^q \tag{2.97}$$

值得注意,当 $x \in \mathbb{R}$ 和 $y \in \mathbb{R}$ 时,定理 2.13 可以改写为

$$xy \leqslant \frac{x^2}{2} + \frac{y^2}{2} \tag{2.98}$$

$$xy \leqslant x^2 + \frac{y^2}{4} \tag{2.99}$$

定理 2.14[3]　（三角不等式）对于任意的向量 $x, y \in \mathbb{R}^n$，以下不等式成立：

$$\|x + y\| \leqslant \|x\| + \|y\| \tag{2.100}$$

定理 2.15[4]　对于任意变量 $\eta \in \mathbb{R}$ 和函数 $\varepsilon(t) : [0, \infty) \to \mathbb{R}^+$，以下不等式成立：

$$0 \leqslant \eta \tanh\left(\frac{\eta}{\varepsilon}\right) < |\eta| \leqslant \eta \tanh\left(\frac{\eta}{\varepsilon}\right) + k\varepsilon \tag{2.101}$$

其中，$\tanh(\cdot)$ 为双曲正切函数；$k = 0.2785$。

定理 2.16[5]　对于任意变量 $\eta \in \mathbb{R}$ 和函数 $\varepsilon(t) : [0, \infty) \to \mathbb{R}^+$，以下不等式成立：

$$|\eta| < \varepsilon(t) + \frac{\eta^2}{\sqrt{\eta^2 + \varepsilon^2(t)}} \tag{2.102}$$

2.11　本　章　小　结

本章主要介绍了非线性自治系统与非自治系统的稳定性理论、相关定理，以及重要的 Barbalat 引理；此外，还着重介绍了非线性系统解的存在性与唯一性。最后给出了一些重要的用于稳定性分析的数学不等式。

第 3 章将依赖本章中的稳定性理论介绍典型非线性系统的控制器设计。

参 考 文 献

[1]　Slotine J J E，Li W P. Applied Nonlinear Control[M]. Upper Saddle River：Prentice Hall，1991.

[2]　Khalil H K. Nonlinear Systems[M]. 3rd ed. Upper Saddle River：Prentice Hall，2002.

[3]　匡继昌. 常用不等式[M]. 济南：山东科学技术出版社，2004.

[4]　Zhang Z Q，Xu S Y，Zhang B Y. Asymptotic tracking control of uncertain nonlinear systems with unknown actuator nonlinearity[J]. IEEE Transactions on Automatic Control，2014，59（5）：1336-1341.

[5]　Zuo Z Y，Wang C L. Adaptive trajectory tracking control of output constrained multi-rotors systems[J]. IET Control Theory and Applications，2015，8（13）：1163-1174.

第3章 典型设计方法

实际工业系统都会呈现非线性特性。如果系统的非线性程度较弱，可以用第2章介绍的李雅普诺夫线性化方法处理；若系统非线性程度较强，或者系统运行在较大的工作范围内，则近似线性化方法失效，需要设计专门针对非线性系统的方法。另外，考虑到实际系统受到未建模动态、模型误差以及外界扰动等不确定因素的影响，控制系统一般被描述为具备不确定性的非线性系统。系统的不确定性主要分为参数不确定性和结构不确定性。常见的处理不确定系统的控制方法有鲁棒控制[1]、自适应控制[2]、滑模控制[3]、模糊控制[4]、自抗扰控制[5]和神经网络控制[6]等。

本章以一阶非线性系统为例，重点介绍处理模型不确定性的典型控制设计方法，并借助第2章介绍的李雅普诺夫稳定性理论，分析闭环系统性能。

考虑如下非线性系统：

$$\dot{x} = f(x, \theta) + g(x)u \tag{3.1}$$

其中，$x \in \mathbb{R}$ 为系统状态变量；$u \in \mathbb{R}$ 为控制输入；$f(x, \theta) \in \mathbb{R}$ 为非线性光滑函数；$\theta \in \mathbb{R}^r$ 是系统参数；$g(x) \in \mathbb{R}$ 为控制增益。为保证系统可控，要求控制增益 $g(x) \neq 0$，否则系统不可控。为便于描述，在不引起混淆的情况下，省略函数的自变量。例如，系统（3.1）简写为

$$\dot{x} = f + gu \tag{3.2}$$

本章安排如下：3.1 节介绍控制领域的三大基本问题；3.2 节介绍最简单的基于系统模型的控制器设计以及稳定性分析方法；由于实际工程非线性系统往往包含未知参数，系统模型无法直接用于控制器设计，因此，3.3 节主要介绍系统非线性函数满足参数分解条件下的自适应跟踪控制问题；然而，许多非线性函数不满足参数分解条件，如何设计不满足参数分解情形下的有效控制算法成为亟待解决的难题，3.4 节首先通过核心函数法和神经网络逼近法处理不满足参数分解的非线性函数，然后介绍鲁棒控制、鲁棒自适应控制、零误差控制等几种典型的控制策略；除此之外，如果系统控制方向未知，传统方法则会失效，因此如何有效处理方向未知问题成为亟待解决的难题和热点问题，3.5 节介绍一种 Nussbaum 函数方法，为非线性系统的控制方向未知问题提供了一套可行的解决方案。

3.1 三大控制问题

在控制理论与工程领域，控制问题根据目标要求可以分为三大类问题，即镇定问题、调节问题、跟踪问题。接下来，将分别详细介绍该三大类问题。

3.1.1　镇定问题

镇定问题是指系统状态趋于零（以系统（3.1）为例），即

$$\lim_{t \to T} x(t) = 0 \quad 或 \quad \lim_{t \to \infty} x(t) = 0 \tag{3.3}$$

其中，T 是有界的常数，如图 3.1 所示。单摆系统是典型的镇定问题。

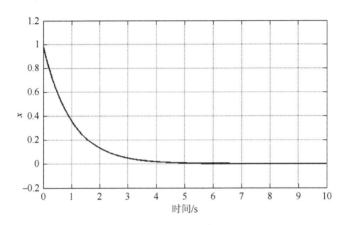

图 3.1　镇定情况示意图

3.1.2　调节问题

调节问题是指系统状态趋于一个固定常数（以系统（3.1）为例），即

$$\lim_{t \to T} x(t) = c \quad 或 \quad \lim_{t \to \infty} x(t) = c \tag{3.4}$$

其中，c 是固定常数，如图 3.2 所示。空调温度设定系统是典型的调节问题。此外，当 $c = 0$ 时，调节问题简化为镇定问题，因此，镇定问题属于调节问题的特殊情况。

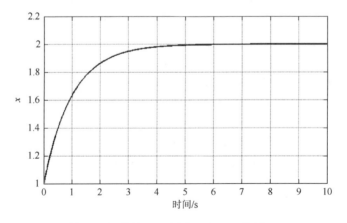

图 3.2　调节情况示意图（以 $c = 2$ 为例）

3.1.3　跟踪问题

跟踪问题是指系统状态趋于一个时变函数（以系统（3.1）为例），即

$$\lim_{t \to T} x(t) = y_d(t) \quad \text{或} \quad \lim_{t \to \infty} x(t) = y_d(t) \tag{3.5}$$

其中，$y_d(t)$ 是时变函数，如图 3.3 所示。显而易见，无人车的位移运动以及导弹拦截系统属于典型的跟踪问题。此外，不难得出，当 $y_d(t)$ 是固定常数时，跟踪问题简化为调节问题；当 $y_d(t)$ 为零时，跟踪问题简化为镇定问题。由此可见，镇定和调节问题是跟踪问题的两种特殊情况。

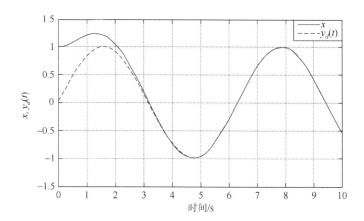

图 3.3　跟踪问题示意图（以 $y_d(t) = \sin(t)$ 为例）

3.2　基于模型控制

为便于理解，该节首先介绍最简单的基于系统模型的镇定控制问题，随后拓展到跟踪控制问题。

3.2.1　镇定控制

模型已知，顾名思义，如系统（3.2）所示的非线性系统不包含不确定项，即非线性函数 f 和控制增益 g 完全已知。为实现镇定控制，需要以下假设条件。

假设 3.1　系统状态 x 可测。

假设 3.2　函数 f 和 g 光滑已知且存在常数 $\underline{g}$ 和 $\overline{g}$ 使得 $0 < \underline{g} \leqslant g(\cdot) \leqslant \overline{g} < \infty$。

结合系统（3.2），设计基于模型的镇定控制器：

$$u = \frac{1}{g}(-cx - f) \tag{3.6}$$

其中，$c > 0$ 为正的设计参数。

定理 3.1 考虑满足假设 3.1 和假设 3.2 的一阶系统（3.2），设计的镇定控制器（3.6）不仅确保系统状态指数趋于零，同时保证闭环系统所有信号有界。

证明 将控制器（3.6）代入系统（3.2），可得

$$\dot{x} = -cx \tag{3.7}$$

对微分方程（3.7）求解（假定系统初始时间 $t_0 = 0$）：

$$x(t) = \exp(-ct)x(0) \tag{3.8}$$

其中，$\exp(\cdot)$ 为指数函数，因此，根据式（3.8）可知：对于任意有界的初始状态 $x(0)$ 而言，系统状态不仅有界而且指数趋于零，进一步由假设 3.2 不难判断，非线性函数 f 有界，从而由式（3.6）和式（3.7）可判断 $u \in L_\infty$，$\dot{x} \in L_\infty$，即闭环系统所有信号有界。证明完毕。

3.2.2 跟踪控制

本节考虑最具一般性的跟踪控制问题。为便于控制器设计，引入以下假设。

假设 3.3 参考信号 $y_d(t)$ 及其导数 $\dot{y}_d(t)$ 已知有界且分段连续。

定义跟踪误差为

$$e = x - y_d \tag{3.9}$$

则结合系统（3.2），跟踪误差导数可表示为

$$\dot{e} = \dot{x} - \dot{y}_d = f + gu - \dot{y}_d \tag{3.10}$$

基于系统模型设计跟踪控制器：

$$u = \frac{1}{g}(-ce - f + \dot{y}_d) \tag{3.11}$$

其中，$c > 0$ 为正的设计参数。

根据控制器（3.11），提出以下定理。

定理 3.2 考虑满足假设 3.1～假设 3.3 的一阶系统（3.2），控制器（3.11）不仅确保系统跟踪误差指数趋于零，同时闭环系统所有信号有界。

证明 将控制器（3.11）代入式（3.10），可得

$$\dot{e} = -ce \tag{3.12}$$

对微分方程（3.12）求解：

$$e(t) = \exp(-ct)e(0) \tag{3.13}$$

因此，根据式（3.13）可知：对于任意有界的初始误差 $e(0)$ 而言，跟踪误差不仅指数趋于零而且有界。因为假定理想参考信号有界，则系统状态 x 有界，进一步由假设 3.2 不难判断，非线性函数 f 有界，从而由式（3.11）和式（3.12）可判断 $u \in L_\infty$，$\dot{e} \in L_\infty$，即闭环系统所有信号有界。证明完毕。

注释 3.1 因为镇定问题和调节问题是跟踪问题的特例，因此本章节后续部分将直接介绍跟踪问题的控制器设计与稳定性分析。

3.3　可参数化分解情形下的跟踪控制

实际非线性系统不可避免地包含不确定性因素。本节考虑系统非线性函数 f 满足参数化分解的情形。

控制目标为针对非线性系统（3.1），设计一套自适应控制算法使得：①闭环系统所有信号有界；②跟踪误差渐近趋于零。为了实现跟踪控制，除了假设 3.1 与假设 3.3 之外，特引入以下假设条件。

假设 3.4　非线性函数 f 满足以下参数分解形式[7]：

$$f(x,\theta) = \theta^{\mathrm{T}}\varphi(x) \tag{3.14}$$

其中，$\theta \in \mathbb{R}^n$ 是未知参数向量；$\varphi(x) \in \mathbb{R}^n$ 是可用于控制设计的已知光滑函数。

假设 3.5　控制增益函数 g 光滑已知且存在常数 $\underline{g}$ 和 $\overline{g}$ 使得 $0 < \underline{g} \leqslant g(\cdot) \leqslant \overline{g} < \infty$。

3.3.1　自适应跟踪控制

依据假设 3.4，系统（3.2）可改写为

$$\dot{x} = \theta^{\mathrm{T}}\varphi + gu \tag{3.15}$$

根据跟踪误差定义式（3.9），进一步得到

$$\dot{e} = \dot{x} - \dot{y}_d = \theta^{\mathrm{T}}\varphi + gu - \dot{y}_d \tag{3.16}$$

若系统模型及系统参数完全已知，类似于 3.2.2 节跟踪控制器设计过程，可得如下形式的控制器：

$$u = \frac{1}{g}(-ce - \theta^{\mathrm{T}}\varphi + \dot{y}_d) \tag{3.17}$$

然而，由于系统参数矢量 θ 未知，则式（3.17）不可用于参数未知非线性系统。自适应控制的核心思想是对未知参数进行估计，即采用参数估计 $\hat{\theta}$ 替代控制器（3.17）中的 θ，因此，将模型及参数已知的控制器表达式（3.17）进行改进，可得如下形式的自适应控制器和参数估计自适应律：

$$\begin{cases} u = \dfrac{1}{g}(-ce - \hat{\theta}^{\mathrm{T}}\varphi + \dot{y}_d) \\ \dot{\hat{\theta}} = \Gamma\varphi e \end{cases} \tag{3.18}$$

其中，$c > 0$ 为设计参数；$\Gamma \in \mathbb{R}^{n \times n}$ 为正定矩阵参数；$\hat{\theta}$ 为未知参数 θ 的估计。

根据自适应控制器（3.18），提出以下定理。

定理 3.3　考虑满足假设 3.1、假设 3.3～假设 3.5 的一阶系统（3.2），通过设计控制器和自适应律（3.18），系统跟踪误差渐近收敛到零。此外，闭环系统所有信号有界。

证明　将控制器（3.18）代入式（3.16）：

$$\dot{e} = -ce + (\theta - \hat{\theta})^{\mathrm{T}}\varphi \tag{3.19}$$

构造如下 Lyapunov 候选函数：

$$V = \frac{1}{2}e^2 + \frac{1}{2}\tilde{\theta}^{\mathrm{T}}\Gamma^{-1}\tilde{\theta} \tag{3.20}$$

其中，$\tilde{\theta} = \theta - \hat{\theta}$ 为参数估计误差。对 V 求导：

$$\dot{V} = e\dot{e} + \tilde{\theta}^{\mathrm{T}}\Gamma^{-1}\dot{\tilde{\theta}} \tag{3.21}$$

因为 θ 是未知常数，则 $\dot{\tilde{\theta}} = 0 - \dot{\hat{\theta}} = -\dot{\hat{\theta}}$，式（3.21）可写为

$$\dot{V} = e\dot{e} - \tilde{\theta}^{\mathrm{T}}\Gamma^{-1}\dot{\hat{\theta}} \tag{3.22}$$

将误差动态（3.19）代入式（3.22），可得

$$\dot{V} = -ce^2 + \tilde{\theta}^{\mathrm{T}}\varphi e - \tilde{\theta}^{\mathrm{T}}\Gamma^{-1}\dot{\hat{\theta}} \tag{3.23}$$

将定义于式（3.18）的自适应律 $\dot{\hat{\theta}}$ 代入式（3.23）可得

$$\dot{V} = -ce^2 \leqslant 0 \tag{3.24}$$

对式（3.24）在 $[0,t]$ 区间积分，可得

$$V(t) - V(0) = -c\int_0^t e^2(\tau)\mathrm{d}\tau \leqslant 0 \tag{3.25}$$

进一步有

$$V(t) + c\int_0^t e^2(\tau)\mathrm{d}\tau = V(0) \tag{3.26}$$

根据式（3.26）可知 $\int_0^t e^2(\tau)\mathrm{d}\tau \in L_\infty$，$V(t) \in L_\infty$，即 $e \in L_2$，$e \in L_\infty$，$\tilde{\theta} \in L_\infty$。因为 θ 是未知常数，因此根据 $\tilde{\theta} = \theta - \hat{\theta}$ 可知 $\hat{\theta} \in L_\infty$；此外，由 φ 和 g 的光滑性不难判断 $\varphi \in L_\infty$，$g \in L_\infty$，$f \in L_\infty$。因此，根据控制器和自适应律表达式（3.18）可知 $\dot{e} \in L_\infty$，$u \in L_\infty$，$\dot{\hat{\theta}} \in L_\infty$，因此闭环系统各个信号有界。因为 $e \in L_2 \bigcap L_\infty$，$\dot{e} \in L_\infty$，则利用 Barbalat 引理可得 $\lim_{t \to \infty} e(t) = 0$。证明完毕。

注释 3.2　需要强调的是，自适应控制中的自适应律 $\dot{\hat{\theta}}$ 不是随意设计的，而是根据 Lyapunov 稳定性理论推导得出的，如式（3.23）所示，为保证 $\dot{V} \leqslant 0$，需要使 $\tilde{\theta}^{\mathrm{T}}\varphi e - \tilde{\theta}^{\mathrm{T}}\Gamma^{-1}\dot{\hat{\theta}} \leqslant 0$（最简单的形式就是 $\tilde{\theta}^{\mathrm{T}}\varphi e - \tilde{\theta}^{\mathrm{T}}\Gamma^{-1}\dot{\hat{\theta}} = 0$），因此，不难看出，自适应律 $\dot{\hat{\theta}}$ 可设计为 $\Gamma\varphi e$，从而实现 $\dot{V} \leqslant 0$。

3.3.2　仿真验证

仿真环境为 Windows-10 专业版 64 位操作系统，CPU 为 Intel Core i7-8650U @ 1.90GHz 2.11GHz，系统内存为 8GB，仿真软件为 MATLAB R2012a。为验证 3.3.1 节自适应控制方法的有效性，系统模型选取为 $f(\theta,x) = \theta_1\sin(x) + \theta_2 x$，$g(x) = 1$。从非线性函数 f 的表达式可知，其满足参数分解条件，即 $f(\theta,x) = \theta^{\mathrm{T}}\varphi(x)$，其中 $\theta = [\theta_1,\theta_2]^{\mathrm{T}}$，$\varphi(x) = [\sin(x),x]^{\mathrm{T}}$。

在仿真中，未知参数 θ 选取为 $\theta = [\theta_1,\theta_2]^{\mathrm{T}} = [1,1]^{\mathrm{T}}$，参考信号选取为 $y_d(t) = \sin(t)$，系统状态和参数估计初始值 $x(0) = 1$，$\hat{\theta}(0) = [0,0]^{\mathrm{T}}$。设计参数选取为 $c = 2$，$\Gamma = \mathrm{diag}\{2\}$，其仿真结果见图 3.4～图 3.7。图 3.4 是系统状态 x 和参考信号 $y_d(t)$ 的运行轨迹图。图 3.5 是跟踪误差 e 的运行轨迹图，从图中可以看出其逐渐趋于零，符合理论分析。图 3.6 和图 3.7 分别给出了控制输入以及参数估计范数的运行轨迹图，从图中可看出所有信号有界。

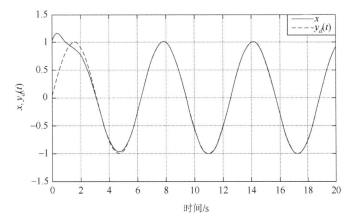

图 3.4 系统状态 x 和参考信号 $y_d(t)$ 运行轨迹图

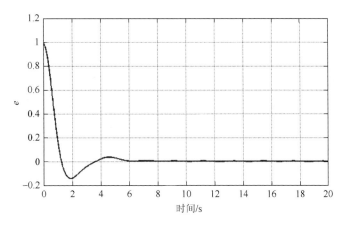

图 3.5 跟踪误差 e 运行轨迹图

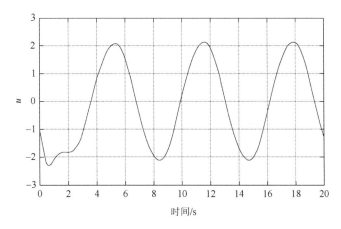

图 3.6 控制输入 u 运行轨迹图

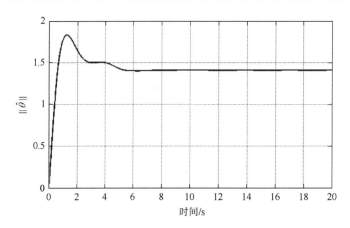

图 3.7   参数估计范数运行轨迹图

3.4   非参数分解情形下的跟踪控制

3.3 节是基于参数分解条件下的控制算法研究，若非线性函数项 $f(\theta,x)$ 不满足参数分解条件，即假设 3.4 不成立，则 3.3 节的控制算法将不再适用。

本节控制目标是设计有效控制算法：①有效处理未知非线性项 $f(\theta,x)$；②跟踪误差收敛到原点的足够小邻域范围；③闭环系统所有信号有界。

在控制器设计之前，首先介绍两种处理不可参数化分解非线性函数的方法：核心函数法和神经网络逼近法。

3.4.1   核心函数

针对未知非线性函数 $f(\theta,x)$，存在已知光滑函数 $\phi(x) \geqslant 0$ 和未知常数 $a \geqslant 0$，使得

$$|f(\theta,x)| \leqslant a\phi(x) \tag{3.27}$$

其中，$\phi(x) \geqslant 0$ 称为核心函数[8]。因此，将不等式（3.27）处理非线性函数的方法称为核心函数法。值得注意的是，对于可参数化分解函数 $f(\theta,x) = \theta^{\mathrm{T}}\varphi(x)$，有

$$|f(\theta,x)| \leqslant \|\theta\|\|\varphi(x)\| \leqslant a\phi(x) \tag{3.28}$$

其中，$a = \|\theta\|$；$\phi(x) = \|\varphi(x)\|^2 + 1$。由此可见，3.3 节可参数化分解的方法是核心函数法的一种特殊情况。

例如，对于非线性函数 $L(\rho,x) = \rho_1\cos(\rho_2 x) + x\exp(-|\rho_3 x|)$，其中 $\rho = [\rho_1, \rho_2, \rho_3]^{\mathrm{T}} \in \mathbb{R}^3$ 是未知参数。显而易见，参数矢量 ρ 不能直接从 L 中分解出来。但是，根据核心函数法可以得到函数 $\phi(x) = 2 + x^2$，使得

$$|L(\rho,x)| \leqslant a\phi(x) \tag{3.29}$$

其中，$a = \max\{|\rho_1|, 1\}$。

3.4.2 径向基函数神经网络

本节主要介绍径向基函数神经网络（radial basis function neural networks，RBFNN），RBFNN 是 20 世纪 80 年代末提出的一种单隐含层、以函数逼近为基础的前馈神经网络，如图 3.8 所示，其结构简单、逼近能力强等特性，受到科研工作者的广泛关注[9-12]。结合其示意图，RBFNN 可表示为

$$f_{NN}(Z) = W^T S(Z) \tag{3.30}$$

其中，$W = [w_1, w_2, \cdots, w_p]^T \in \mathbb{R}^p$ 是神经网络的理想权值向量；$Z \in \Omega \subset \mathbb{R}^q$ 是神经网络输入；p 是神经网络节点个数；$S(Z) = [S_1(Z), S_2(Z), \cdots, S_p(Z)]^T \in \mathbb{R}^p$ 是径向基函数，且 $S_i(z)$ 为如下形式的高斯函数：

$$S_i(Z) = \exp\left(-\frac{(Z - \tau_i)^T (Z - \tau_i)}{\psi^2}\right), \quad i = 1, 2, \cdots, p \tag{3.31}$$

其中，$\tau_i \in \mathbb{R}^q$ 和 $\psi \in \mathbb{R}$ 分别为基函数的中心和宽度。

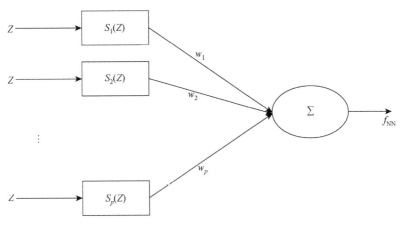

图 3.8 RBFNN 示意图

根据神经网络在紧凑集合 Ω 内的万能逼近定律[6]，任意连续非线性函数 $\Pi(Z)$ 都能利用神经网络进行逼近，即

$$\Pi(Z) = f_{NN}(Z) + \epsilon(Z), \quad |\epsilon(Z)| \leqslant \bar{\epsilon}, \quad \forall Z \in \Omega \tag{3.32}$$

其中，$\epsilon(Z)$ 代表逼近误差；$\bar{\epsilon}$ 为逼近误差的上界且为常数。若神经网络节点个数足够多，则逼近误差会足够小。

根据以上关于神经网络的描述可知，当非线性系统（3.2）中光滑非线性函数 $f(\theta, x)$ 的自变量在紧凑集合内时，即 $x \in \Omega_x \subset \mathbb{R}$，光滑函数 $f(\theta, x)$ 可用径向基函数神经网络逼近为

$$f(\theta, x) = W^T S(x) + \epsilon(x), \quad |\epsilon(x)| \leqslant \bar{\epsilon}, \quad \forall x \in \Omega_x \tag{3.33}$$

注释 3.3 需要注意的是，神经网络方法本质上也属于核心函数法的一种特例，即基于神经网络的逼近模型（3.33）可写为核心函数的形式：

$$|f(\theta,x)| \leqslant \|W\|\|S(x)\| + |\epsilon(x)| \leqslant a\phi(x) \tag{3.34}$$

其中，$a = \max\{\|W\|, \bar{\epsilon}\}$ 是未知常数；$\phi = \|S(x)\|^2 + 2$ 是核心函数。观察不等式（3.34）可以发现，通过不等式放缩可将神经网络的矩阵运算转换为标量运算，从而大大降低对应算法的计算负担。

接下来将介绍几种典型的控制器设计方法，来处理非线性函数不满足参数分解条件的情形。

3.4.3 鲁棒控制

为进行控制器设计，除假设 3.1 和假设 3.3 之外，特引入以下假设条件。

假设 3.6 控制增益 $g(x)$ 时变未知，且存在未知常数 $\underline{g}$ 和 $\bar{g}$ 使得 $0 < \underline{g} \leqslant g(x) \leqslant \bar{g} < \infty$。

根据误差动态方程（3.10），Lyapunov 候选函数 $V = \dfrac{1}{2}e^2$ 的导数可表示为

$$\dot{V} = e\dot{e} = e(f + gu - \dot{y}_d) \tag{3.35}$$

利用 Young's 不等式和核心函数法，可得

$$ef \leqslant |e|a\phi \leqslant \underline{g}e^2\phi^2 + \frac{a^2}{4\underline{g}} \tag{3.36}$$

$$-e\dot{y}_d \leqslant |e||\dot{y}_d| \leqslant \underline{g}e^2\dot{y}_d^2 + \frac{1}{4\underline{g}} \tag{3.37}$$

则

$$e(f - \dot{y}_d) \leqslant \underline{g}e^2\phi^2 + \frac{a^2}{4\underline{g}} + \underline{g}e^2\dot{y}_d^2 + \frac{1}{4\underline{g}} = \underline{g}e^2\Phi + \Delta \tag{3.38}$$

其中，$\Delta = \dfrac{a^2}{4\underline{g}} + \dfrac{1}{4\underline{g}} > 0$ 是未知常数；

$$\Phi = \phi^2 + \dot{y}_d^2 \geqslant 0 \tag{3.39}$$

是已知可计算函数。

设计鲁棒控制器为

$$u = -ce - e\Phi \tag{3.40}$$

其中，$c > 0$ 为设计参数。

基于该鲁棒控制器，提出以下定理。

定理 3.4 针对满足假设 3.1、假设 3.3 和假设 3.6 的非线性系统（3.2）提出的鲁棒控制策略，不仅保证闭环系统所有信号有界，同时跟踪误差收敛到原点足够小的邻域范围内。

证明 结合控制器表达式（3.40）可知：

$$egu = g(-ce^2 - \Phi e^2) \tag{3.41}$$

因为 $-ce^2 - \Phi e^2 \leqslant 0$ 且 $g \geqslant \underline{g} > 0$，进一步可得

$$egu \leqslant -\underline{g}(ce^2 + \Phi e^2) \tag{3.42}$$

将式（3.38）和式（3.42）代入式（3.35），可得

$$\dot{V} \leqslant -\underline{g}(ce^2 + \varPhi e^2) + \underline{g}e^2 \varPhi + \varDelta = -\underline{g}ce^2 + \varDelta \leqslant -\eta_1 V + \eta_2 \tag{3.43}$$

其中，$\eta_1 = 2\underline{g}c > 0$ 和 $\eta_2 = \varDelta > 0$。

首先，证明闭环系统的有界性。根据不等式（3.43）可得

$$\dot{V} + \eta_1 V \leqslant \eta_2 \tag{3.44}$$

在其两侧同时乘以 $\exp(\eta_1 t)$ 可得

$$\dot{V}\exp(\eta_1 t) + \eta_1 V \exp(\eta_1 t) \leqslant \eta_2 \exp(\eta_1 t) \tag{3.45}$$

即

$$\frac{\mathrm{d}}{\mathrm{d}t}(V\exp(\eta_1 t)) \leqslant \eta_2 \exp(\eta_1 t) \tag{3.46}$$

对式（3.46）在区间 $[0,t]$ 上积分：

$$(V(\tau)\exp(\eta_1\tau))\Big|_0^t \leqslant \frac{\eta_2}{\eta_1}\exp(\eta_1\tau)\Big|_0^t \tag{3.47}$$

进一步可得

$$V(t)\exp(\eta_1 t) \leqslant \frac{\eta_2}{\eta_1}(\exp(\eta_1 t)-1) + V(0) \tag{3.48}$$

在不等式（3.48）两边同时乘以 $\exp(-\eta_1 t)$，可得

$$V(t) \leqslant \frac{\eta_2}{\eta_1}(1-\exp(-\eta_1 t)) + V(0)\exp(-\eta_1 t) = \frac{\eta_2}{\eta_1} + \left(V(0)-\frac{\eta_2}{\eta_1}\right)\exp(-\eta_1 t) \tag{3.49}$$

由式（3.49）可知，Lyapunov 函数 V 有界，即 $e \in L_\infty$。根据假设 3.3（参考信号的有界性）可以判断，系统状态 $x = e + y_d$ 有界，则 $\phi(x) \in L_\infty$，$f \in L_\infty$，$\varPhi \in L_\infty$，根据控制器表达式（3.40）不难看出 $u \in L_\infty$，进一步得到 $\dot{e} \in L_\infty$，从而保证闭环系统所有信号有界。

其次，证明跟踪误差收敛到原点的足够小邻域范围。式（3.43）可写为以下形式：

$$\dot{V} \leqslant \quad \underline{g}ce^2 + \varDelta \tag{3.50}$$

当 $|e| > \sqrt{(\varDelta+\mu)/(\underline{g}c)}$ 时，$\dot{V}$ 为负，其中，μ 是一个小常数，因此跟踪误差 $|e|$ 会进入并停留在紧凑集合 $\varOmega_e = \left\{ e \in \mathbb{R} \big| |e| \leqslant \sqrt{(\varDelta+\mu)/(\underline{g}c)} \right\}$，由此看出，通过增大设计参数 c 的值可确保得到较好的跟踪效果。证明完毕。

接下来，介绍鲁棒自适应控制方法及稳定性分析。

3.4.4 鲁棒自适应控制

根据误差动态方程（3.10），二次型函数 $\frac{1}{2}e^2$ 关于时间 t 的导数为

$$e\dot{e} = e(f + gu - \dot{y}_d) \tag{3.51}$$

利用 Young's 不等式和核心函数法，$ef - e\dot{y}_d$ 项可放缩为

$$ef \leqslant |e|a\phi \leqslant \underline{g}a^2 e^2 \phi^2 + \frac{1}{4\underline{g}} \tag{3.52}$$

$$-e\dot{y}_d \leqslant |e||\dot{y}_d| \leqslant \underline{g}e^2\dot{y}_d^2 + \frac{1}{4\underline{g}} \tag{3.53}$$

则

$$e(f - \dot{y}_d) \leqslant \underline{g}a^2e^2\phi^2 + \frac{1}{4\underline{g}} + \underline{g}e^2\dot{y}_d^2 + \frac{1}{4\underline{g}} \leqslant \underline{g}be^2\Phi + \Delta \tag{3.54}$$

其中，$\Delta = \dfrac{1}{2\underline{g}} > 0$ 是未知常数；

$$b = \max\{a^2, 1\} > 0 \tag{3.55}$$

是未知常数；

$$\Phi = \phi^2 + \dot{y}_d^2 \geqslant 0 \tag{3.56}$$

是已知可计算函数。因为 b 没有实际的物理意义，所以称为"虚拟参数"。

设计鲁棒自适应控制器：

$$u = -ce - e\hat{b}\Phi \tag{3.57}$$

其中，$c > 0$ 是设计参数；$\hat{b}$ 是未知参数 b 的估计值，且按照如下形式进行更新：

$$\dot{\hat{b}} = \gamma e^2\Phi - \sigma\hat{b}, \quad \hat{b}(0) \geqslant 0 \tag{3.58}$$

其中，$\gamma > 0$ 和 $\sigma > 0$ 是设计参数；$\hat{b}(0)$ 是参数估计初始值。

注释 3.4　求解自适应律（3.58），可得

$$\hat{b}(t) = \exp(-\sigma t)\hat{b}(0) + \exp(-\sigma t)\int_0^t \exp(\sigma\tau)\gamma e^2(\tau)\Phi(\tau)\mathrm{d}\tau \tag{3.59}$$

因为 $\hat{b}(0) \geqslant 0$ 且 $\gamma e^2\Phi \geqslant 0$ 恒成立，所以对于任意的 $t \geqslant 0$，$\hat{b}(t) \geqslant 0$ 恒成立。

根据控制器（3.57），提出以下定理。

定理 3.5　针对满足假设 3.1、假设 3.3 和假设 3.6 的非线性系统（3.2），提出的鲁棒自适应控制策略（3.57）和（3.58），不仅保证闭环系统所有信号有界，同时跟踪误差收敛到原点的足够小的邻域范围内。

证明　根据鲁棒自适应控制器（3.57），可得

$$egu = g(-ce^2 - \hat{b}\Phi e^2) \tag{3.60}$$

因为 $-ce^2 - \hat{b}\Phi e^2 \leqslant 0$ 且 $g \geqslant \underline{g} > 0$，进一步可得

$$egu \leqslant -\underline{g}(ce^2 + \hat{b}\Phi e^2) \tag{3.61}$$

选择如下 Lyapunov 候选函数：

$$V = \frac{1}{2}e^2 + \frac{\underline{g}}{2\gamma}\tilde{b}^2 \tag{3.62}$$

其中，$\tilde{b} = b - \hat{b}$ 是估计误差。结合式（3.51）和式（3.61），Lyapunov 候选函数的导数为

$$\dot{V} = e\dot{e} + \frac{\underline{g}}{\gamma}\tilde{b}\dot{\tilde{b}} \leqslant -\underline{g}(ce^2 + \hat{b}\Phi e^2) + \underline{g}be^2\Phi + \Delta + \frac{\underline{g}}{\gamma}\tilde{b}\dot{\tilde{b}} \tag{3.63}$$

因为 b 是未知常数，则 $\dot{b} = 0$，进一步得到 $\dot{\tilde{b}} = \dot{b} - \dot{\hat{b}} = -\dot{\hat{b}}$，所以

$$\dot{V} \leqslant -\underline{g}ce^2 + \underline{g}\tilde{b}e^2\Phi + \Delta - \frac{\underline{g}}{\gamma}\tilde{b}\dot{\hat{b}} \tag{3.64}$$

将自适应律（3.58）代入式（3.64），可得

$$\dot{V} \leqslant -\underline{g}ce^2 + \Delta + \frac{g\sigma}{\gamma}\tilde{b}\hat{b} \qquad (3.65)$$

因为

$$\tilde{b}\hat{b} = \tilde{b}(b - \tilde{b}) \leqslant \tilde{b}b - \tilde{b}^2 \leqslant \frac{1}{2}\tilde{b}^2 + \frac{1}{2}b^2 - \tilde{b}^2 = -\frac{1}{2}\tilde{b}^2 + \frac{1}{2}b^2 \qquad (3.66)$$

所以式（3.65）可写为

$$\dot{V} \leqslant -\underline{g}ce^2 - \frac{g\sigma}{2\gamma}\tilde{b}^2 + \frac{g\sigma}{2\gamma}b^2 + \Delta \leqslant -\eta_1 V + \eta_2 \qquad (3.67)$$

其中，$\eta_1 = \min\{2\underline{g}c,\sigma\} > 0$，$\eta_2 = \frac{g\sigma}{2\gamma}b^2 + \Delta > 0$。闭环系统信号的稳定性分析以及跟踪性能分析与 3.4.3 节类似，故省略。证明完毕。

由于系统（3.2）的非线性项 $f(\theta,x)$ 不满足参数分解条件，因此 3.4.3 节和 3.4.4 节对应的连续控制算法由于采用鲁棒处理方式，必然出现常数项 Δ，无法得到 $\dot{V} \leqslant 0$，从而无法实现零误差渐近跟踪。接下来将提出一种新的鲁棒自适应控制策略，不仅确保闭环系统所有信号有界，同时保证跟踪误差渐近趋于零。

3.4.5 零误差跟踪控制

结合系统（3.2），跟踪误差 $e = x - y_d$ 的导数可表示为

$$\dot{e} = \dot{x} - \dot{y}_d = f + gu - \dot{y}_d \qquad (3.68)$$

则二次型函数 $\frac{1}{2}e^2$ 的导数为

$$e\dot{e} = e(f + gu - \dot{y}_d) \qquad (3.69)$$

利用核心函数法可得

$$ef \leqslant |e|a\phi \qquad (3.70)$$

$$-e\dot{y}_d \leqslant |e||\dot{y}_d| \qquad (3.71)$$

则

$$e(f - \dot{y}_d) \leqslant |e|a\phi + |e||\dot{y}_d| \leqslant p|e|\Phi \qquad (3.72)$$

其中

$$p = \max\{a,1\} \qquad (3.73)$$

是未知虚拟参数；

$$\Phi = \phi + \dot{y}_d^2 + \frac{1}{4} \qquad (3.74)$$

是可计算函数。

利用定理 2.16，式（3.72）可放缩为

$$e(f - \dot{y}_d) \leqslant p|e|\Phi \leqslant p\varepsilon(t) + \frac{pe^2\Phi^2}{\sqrt{e^2\Phi^2 + \varepsilon^2(t)}} \qquad (3.75)$$

其中，$\varepsilon(t) > 0$ 满足 $\int_0^t \varepsilon(\tau)\mathrm{d}\tau \leqslant \bar{\varepsilon} < \infty$ 且 $\bar{\varepsilon}$ 是有界常数，则式（3.69）可放缩为

$$e\dot{e} \leqslant egu + p\varepsilon(t) + \frac{pe^2\Phi^2}{\sqrt{e^2\Phi^2 + \varepsilon^2(t)}} \tag{3.76}$$

鲁棒自适应控制器设计如下：

$$u = -ce - \frac{\hat{p}e\Phi^2}{\sqrt{e^2\Phi^2 + \varepsilon^2(t)}} \tag{3.77}$$

其中，$c > 0$ 是设计参数；$\hat{p}$ 是未知参数 p 的估计值且按照以下方式进行更新：

$$\dot{\hat{p}} = \frac{\gamma e^2\Phi^2}{\sqrt{e^2\Phi^2 + \varepsilon^2(t)}}, \quad \hat{p}(0) \geqslant 0 \tag{3.78}$$

其中，$\gamma > 0$ 是设计参数；$\hat{p}(0)$ 是参数估计初始值。因为 $\dfrac{\gamma e^2\Phi^2}{\sqrt{e^2\Phi^2 + \varepsilon^2(t)}} \geqslant 0$，所以对于任意 $t \geqslant 0$，$\hat{p}(t) \geqslant 0$ 恒成立。

注释 3.5 需要关注的是，该算法引入了可积分函数 $\varepsilon(t)$，满足该性质的函数有很多，例如，$\varepsilon(t) = \exp(-\lambda t)$，其中 $\lambda > 0$。

根据设计的控制器（3.77），提出以下定理。

定理 3.6 针对满足假设 3.1、假设 3.3 和假设 3.6 的非线性系统（3.2），提出的鲁棒自适应控制策略（3.77）和（3.78），不仅保证闭环系统所有信号有界，同时确保跟踪误差渐近收敛为零。

证明 将控制律（3.77）代入 egu，可得

$$egu = -gce^2 - \frac{g\hat{p}e^2\Phi^2}{\sqrt{e^2\Phi^2 + \varepsilon^2(t)}} \tag{3.79}$$

因为 $g \geqslant \underline{g} > 0$ 和 $\hat{p}(t) \geqslant 0$，则式（3.79）可放缩为

$$egu \leqslant -\underline{g}ce^2 - \frac{\underline{g}\hat{p}e^2\Phi^2}{\sqrt{e^2\Phi^2 + \varepsilon^2(t)}} \tag{3.80}$$

则式（3.76）可写为

$$\begin{aligned}
e\dot{e} &\leqslant -\underline{g}ce^2 - \frac{\underline{g}\hat{p}e^2\Phi^2}{\sqrt{e^2\Phi^2 + \varepsilon^2(t)}} + p\varepsilon(t) + \frac{pe^2\Phi^2}{\sqrt{e^2\Phi^2 + \varepsilon^2(t)}} \\
&= -\underline{g}ce^2 + (p - \underline{g}\hat{p})\frac{e^2\Phi^2}{\sqrt{e^2\Phi^2 + \varepsilon^2(t)}} + p\varepsilon(t)
\end{aligned} \tag{3.81}$$

构造李雅普诺夫候选函数为

$$V = \frac{1}{2}e^2 + \frac{1}{2\underline{g}\gamma}(p - \underline{g}\hat{p})^2 \tag{3.82}$$

其中，$\gamma > 0$，则 V 的导数可表示为

$$\dot{V} = e\dot{e} + \frac{1}{g\gamma}(p - \underline{g}\hat{p})(\dot{p} - \underline{g}\dot{\hat{p}})$$

$$\leqslant -\underline{g}ce^2 + (p - \underline{g}\hat{p})\frac{e^2\Phi^2}{\sqrt{e^2\Phi^2 + \varepsilon^2(t)}} + p\varepsilon(t) + \frac{1}{\gamma}(p - \underline{g}\hat{p})(-\dot{\hat{p}})$$

(3.83)

将自适应律（3.78）代入式（3.83）得

$$\dot{V} \leqslant -\underline{g}ce^2 + p\varepsilon(t)$$

(3.84)

对式（3.84）在 $[0,t]$ 区间积分：

$$V(t) - V(0) \leqslant -\underline{g}c\int_0^t e^2(\tau)\mathrm{d}\tau + p\int_0^t \varepsilon(t)\mathrm{d}\tau \leqslant -\underline{g}c\int_0^t e^2(\tau)\mathrm{d}\tau + p\bar{\varepsilon}$$

(3.85)

进一步可得

$$V(t) + \underline{g}c\int_0^t e^2(\tau)\mathrm{d}\tau \leqslant V(0) + p\bar{\varepsilon}$$

(3.86)

首先证明闭环系统的有界性。由式（3.86）可知 $V \in L_\infty$，$e \in L_2$。根据 Lyapunov 函数定义可知跟踪误差 e 有界，$p - \underline{g}\hat{p}$ 有界。因为 $e = x - y_d$ 且参考信号 y_d 有界，所以系统状态 x 有界，进一步得到 $\phi \in L_\infty$；因为参数 p 和 g 是未知有界常数且 $\underline{g} > 0$，所以 $\hat{p} \in L_\infty$，根据控制器和自适应律表达式可以判断 $u \in L_\infty$，$\dot{\hat{p}} \in L_\infty$。因为 $|f| \leqslant a\phi$，所以非线性函数 f 有界，则误差动态有界，即 $\dot{e} \in L_\infty$。

接下来分析跟踪误差渐近趋于零。因为 $e \in L_\infty \bigcap e \in L_2$ 且 $\dot{e} \in L_\infty$，所以由 Barbalat 引理可得 $\lim_{t\to\infty} e(t) = 0$。证明完毕。

注释 3.6 值得注意的是，当 $\varepsilon(t) \to 0$ 时，$\dfrac{e\Phi}{\sqrt{e^2\Phi^2 + \varepsilon^2(t)}} \to \dfrac{e\Phi}{|e\Phi|} = \mathrm{sgn}(e\Phi)$，其中 $\mathrm{sgn}(\cdot)$ 代表符号函数。这表明该节的零误差控制方法在 $t \to \infty$ 时会转换为滑模控制方法，因此该节方法也可以称为类滑模控制方法。

3.4.6 仿真验证

仿真环境为 Windows-10 专业版 64 位操作系统，CPU 为 Intel Core i7-8650U @ 1.90GHz 2.11GHz，系统内存为 8GB，仿真软件为 MATLAB R2012a。仿真分为两部分，分别验证鲁棒控制方法和零误差控制方法的有效性。

仿真 3.1 首先验证鲁棒控制方法的有效性。系统非线性函数 f 选取为 $f(\theta, x) = 3x\sin(\theta_1 x) + \exp(-\theta_2 x^2)$，其中 $\theta = [\theta_1, \theta_2]^\mathrm{T} = [1,1]^\mathrm{T}$，由其表达式可判断非线性函数 f 不满足参数分解条件，因此利用核心函数方法可知：

$$\phi(x) = x^2 + \frac{5}{4}$$

(3.87)

在仿真中，系统初始值为 $x(0) = 0.5$，参考信号选取为 $y_d(t) = 0.5\sin(t)$，设计参数选取为 $c = 20$，其仿真结果为图 3.9～图 3.11，其中，图 3.9 是系统状态 x 与参考信号 $y_d(t)$ 的运行轨迹图，图 3.10 是跟踪误差 e 的运行轨迹图，图 3.11 是控制输入 u 的运行轨迹图，从图中可以看出闭环系统信号有界。

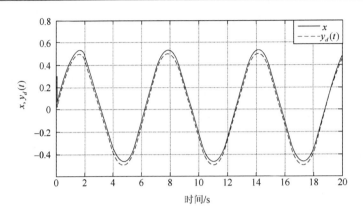

图 3.9　系统状态 x 和参考信号 $y_d(t)$ 运行轨迹图

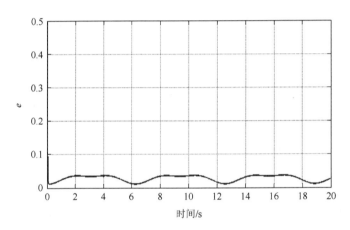

图 3.10　跟踪误差 e 运行轨迹图

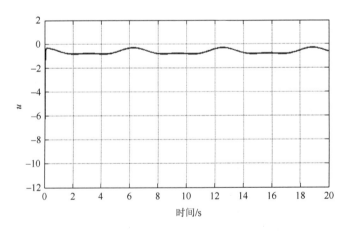

图 3.11　控制输入 u 运行轨迹图

仿真 3.2　该仿真验证零误差控制方法的有效性。非线性函数 f 的选取与仿真 3.1 相同。在仿真中，系统状态和参数估计初始值为 $x(0)=1$，$\hat{p}(0)=0$，参考信号选取为

$y_d(t) = 0.5\sin(t)$，设计参数选取为 $c = 10$，$\gamma = 3$，可积分函数 $\varepsilon(t)$ 选取为 $\varepsilon(t) = \exp(-0.4t)$，其仿真结果为图 3.12～图 3.15，其中，图 3.12 是系统状态 x 与参考信号 $y_d(t)$ 的运行轨迹图，

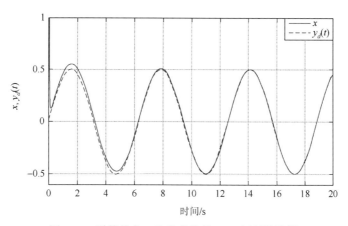

图 3.12　系统状态 x 和参考信号 $y_d(t)$ 运行轨迹图

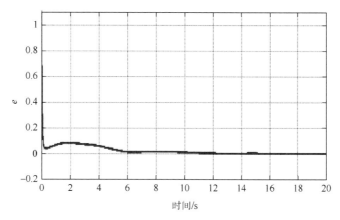

图 3.13　跟踪误差 e 运行轨迹图

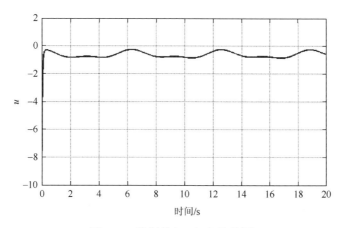

图 3.14　控制输入 u 运行轨迹图

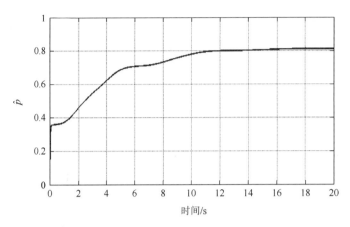

图 3.15 估计参数 $\hat{p}$ 运行轨迹图

图 3.13 是跟踪误差 e 的运行轨迹图,从图中可以看出跟踪误差渐近趋于零,符合理论分析,图 3.14 是控制输入 u 的运行轨迹图,图 3.15 是估计参数 $\hat{p}$ 的运行轨迹图,从图中可以看出闭环系统信号有界。

3.5 控制方向未知情形下的跟踪控制

考虑到实际工程系统可能存在控制方向无法确定的情况,本节介绍控制方向未知情形下的跟踪控制设计方法。目前,通常借助 Nussbaum-类型函数处理该类问题,因而在介绍控制方案之前,首先介绍 Nussbaum-类型函数的相关基础知识。

3.5.1 Nussbaum-类型函数介绍

定义 3.1[13] 如果函数 $N(\chi)$ 满足如下性质[13-18]:

$$\limsup_{s \to \infty} \frac{1}{s} \int_0^s N(\chi)\mathrm{d}\chi = +\infty \tag{3.88}$$

$$\liminf_{s \to \infty} \frac{1}{s} \int_0^s N(\chi)\mathrm{d}\chi = -\infty \tag{3.89}$$

则 $N(\chi)$ 被称为 Nussbaum-类型函数。常见的 Nussbaum-类型函数有 $\chi^2 \sin(\chi)$、$\chi^2 \cos(\chi)$ 及 $\exp(\chi^2)\cos((\pi/2)\chi)$ 等。本节选用 Nussbaum-类型偶函数 $N(\chi) = \exp(\chi^2)\cos((\pi/2)\chi)$。

引理 3.1[15] 令 $V(\cdot)$ 和 $\chi(\cdot)$ 为定义在区间 $[0,t_f)$ 上的连续可微函数,且 $V(t) \geq 0$,$\forall t \in [0,t_f)$,其中 t_f 为某一有限时间,$N(\cdot)$ 为 Nussbaum-类型偶函数。若以下不等式

$$V(t) \leq c_x + \frac{1}{\gamma_x} \int_0^t (g(\tau)N(\chi)+1)\dot{\chi}(\tau)\mathrm{d}\tau, \quad \forall t \in [0,t_f) \tag{3.90}$$

成立,其中 $g(\cdot)$ 是取值在闭区间 $I := [l^-, l^+]$,$0 \notin I$ 上的时变未知函数或常数,$c_x > 0$ 和 $\gamma_x > 0$ 表示常数,则 $V(t)$、$\chi(t)$ 以及 $\int_0^t (g(\tau)N(\chi)+1)\dot{\chi}(\tau)\mathrm{d}\tau$ 在 $[0,t_f)$ 上必定有界。

注释 3.7 值得指出的是，目前很多考虑控制方向未知的结果大多都是基于如下引理来证明信号的有界性。

引理 3.2[16] 令 $V(\cdot)$ 和 $\chi(\cdot)$ 为定义在区间 $\left[0,t_f\right)$ 上的连续可微函数，且 $V(t) \geqslant 0$，$\forall t \in \left[0,t_f\right)$，其中 t_f 为某一有限时间，$N(\cdot)$ 为 Nussbaum-类型偶函数。若以下不等式

$$V(t) \leqslant c_x + \frac{1}{\gamma_x}\int_0^t \left[g(\tau)N(\chi)+1\right]\dot{\chi}(\tau)\exp(-\mu(t-\tau))\mathrm{d}\tau, \quad t \in \left[0,t_f\right) \tag{3.91}$$

成立，其中 $g(\cdot)$ 是取值在闭区间 $I := [l^-, l^+]$，$0 \notin I$ 上的时变函数或常数，c_x、γ_x 和 μ 为正的常数，则 $V(t)$、$\chi(t)$ 以及 $\int_0^t (g(\tau)N(\chi)+1)\dot{\chi}(\tau)\mathrm{d}\tau$ 在 $\left[0,t_f\right)$ 上必定有界。仔细检查引理 3.1 和引理 3.2 可以发现，引理 3.1 中函数的有界性不依赖于 t_f，而引理 3.2 中 $V(t)$ 和 $\chi(t)$ 的有界性依赖于有限时间 t_f，换句话说，引理 3.2 是否可以拓展到 $t_f = \infty$ 仍有待商榷[19]。

3.5.2 控制器设计与稳定性分析

为介绍处理方向未知的控制算法，本节仅考虑控制增益为固定常数但符号未知的情况，即一阶系统（3.1）简化为

$$\dot{x} = f(\theta,x) + gu \tag{3.92}$$

其中，$x \in \mathbb{R}$ 为系统状态；$f(\theta,x) \in \mathbb{R}$ 为不可参数化分解的光滑非线性函数；$u \in \mathbb{R}$ 为控制输入；$\theta \in \mathbb{R}^r$ 为未知常数；$g \neq 0$ 为未知常数且符号未知，即 $\mathrm{sgn}(g) = 1$ 或 -1。

本节控制目标：设计一套基于 Nussbaum-类型函数的鲁棒自适应控制方案，不仅确保闭环系统信号有界，同时系统状态 x 渐近跟踪理想轨迹 $y_d(t)$。

本节基于假设 3.1 和假设 3.3 进行控制算法研究，从而处理控制方向未知问题。首先定义跟踪误差 e 为

$$e = x - y_d \tag{3.93}$$

利用式（3.92），对 e 求导可得

$$\dot{e} = \dot{x} - \dot{y}_d = f + gu - \dot{y}_d \tag{3.94}$$

选取 Lyapunov 候选函数 V_1 为

$$V_1 = \frac{1}{2}e^2 \tag{3.95}$$

那么 V_1 对时间 t 的导数为

$$\dot{V}_1 = e\dot{e} = e(f + gu - \dot{y}_d) \tag{3.96}$$

由核心函数方法（3.27）和定理 2.16，可得

$$ef \leqslant |e||f| \leqslant |e|a\phi(x) \leqslant a\varepsilon(t) + \frac{ae^2\phi^2}{\sqrt{e^2\phi^2 + \varepsilon^2(t)}} \tag{3.97}$$

$$-e\dot{y}_d \leqslant |e||\dot{y}_d| \leqslant \varepsilon(t) + \frac{e^2\dot{y}_d^2}{\sqrt{e^2\dot{y}_d^2 + \varepsilon^2(t)}} \tag{3.98}$$

其中，$\varepsilon(t)$ 为满足 $\int_0^t \varepsilon(\tau)\mathrm{d}\tau \leqslant \bar{\varepsilon} < \infty$ 的正函数且 $\bar{\varepsilon}$ 表示未知正的常数。从而根据式（3.97）

和式（3.98），可得

$$ef - e\dot{y}_d \leqslant \theta\Phi e^2 + h\varepsilon(t) \tag{3.99}$$

其中

$$\theta = \max\{a,1\} \tag{3.100}$$

为未知虚拟参数；

$$\Phi = \frac{\phi^2}{\sqrt{e^2\phi^2 + \varepsilon^2(t)}} + \frac{\dot{y}_d^2}{\sqrt{e^2\dot{y}_d^2 + \varepsilon^2(t)}} \geqslant 0 \tag{3.101}$$

为可计算标量函数；$h = a + 1$ 为某一未知正的常数。因此，式（3.96）可放缩为

$$\dot{V}_1 \leqslant egu + \theta\Phi e^2 + h\varepsilon(t) \tag{3.102}$$

基于 Nussbaum-类型函数，鲁棒自适应控制器设计如下：

$$\begin{cases} u = N(\chi)w \\ \dot{\chi} = \gamma_x ew \\ w = (c + \hat{\theta}\Phi)e \\ \dot{\hat{\theta}} = \sigma\Phi e^2 \end{cases} \tag{3.103}$$

其中，$\gamma_x > 0$、$c > 0$ 和 $\sigma > 0$ 均为设计参数；$\hat{\theta}$ 为虚拟参数 θ 的估计值。

根据控制器表达式（3.103），egu 项可表示为

$$egu = egN(\chi)w \tag{3.104}$$

在等式（3.104）右侧加 ew 项，再减去 ew 项，可得

$$egu = [gN(\chi) + 1]ew - ew \tag{3.105}$$

将 Nussbaum-类型函数变量的自适应律 $\dot{\chi}$ 以及中间变量 w 表达式代入式（3.105），进一步推出：

$$egu = \frac{1}{\gamma_x}[gN(\chi) + 1]\dot{\chi} - ce^2 - \hat{\theta}\Phi e^2 \tag{3.106}$$

将式（3.106）代入式（3.102），可进一步推出：

$$\begin{aligned} \dot{V}_1 &\leqslant \frac{1}{\gamma_x}[gN(\chi) + 1]\dot{\chi} - ce^2 - \hat{\theta}\Phi e^2 + \theta\Phi e^2 + h\varepsilon(t) \\ &= \frac{1}{\gamma_x}[gN(\chi) + 1]\dot{\chi} - ce^2 + \tilde{\theta}\Phi e^2 + h\varepsilon(t) \end{aligned} \tag{3.107}$$

其中，$\tilde{\theta} = \theta - \hat{\theta}$ 表示参数估计误差。根据提出的鲁棒自适应控制器，得到如下定理。

定理 3.7　考虑满足假设 3.1 和假设 3.3 的非线性系统（3.92），提出的鲁棒自适应控制策略不仅保证闭环系统所有信号有界，同时确保跟踪误差渐近收敛到零，即 $\lim\limits_{t \to \infty} e(t) = 0$。

证明　选取 Lyapunov 候选函数 V 为

$$V = V_1 + \frac{1}{2\sigma}\tilde{\theta}^2 \tag{3.108}$$

则其导数可表示为

$$\dot{V} \leqslant \frac{1}{\gamma_x}[gN(\chi)+1]\dot{\chi} - ce^2 + \tilde{\theta}\Phi e^2 - \frac{1}{\sigma}\tilde{\theta}\dot{\hat{\theta}} + h\varepsilon(t) \tag{3.109}$$

将定义于式（3.103）的自适应律 $\dot{\hat{\theta}}$ 的表达式代入式（3.109），可得

$$\dot{V} \leqslant \frac{1}{\gamma_x}[gN(\chi)+1]\dot{\chi} - ce^2 + h\varepsilon(t) \tag{3.110}$$

将式（3.110）两边同时在区间 $[0,t]$ 上积分：

$$\begin{aligned} V(t)-V(0) &\leqslant \frac{1}{\gamma_x}\int_0^t[gN(\chi(\tau))+1]\dot{\chi}(\tau)\mathrm{d}\tau - c\int_0^t e^2(\tau)\mathrm{d}\tau + h\int_0^t\varepsilon(\tau)\mathrm{d}\tau \\ &\leqslant \frac{1}{\gamma_x}\int_0^t[gN(\chi(\tau))+1]\dot{\chi}(\tau)\mathrm{d}\tau - c\int_0^t e^2(\tau)\mathrm{d}\tau + h\overline{\varepsilon} \end{aligned} \tag{3.111}$$

进一步得到

$$V(t)+c\int_0^t e^2(\tau)\mathrm{d}\tau \leqslant c_x + \frac{1}{\gamma_x}\int_0^t[gN(\chi(\tau))+1]\dot{\chi}(\tau)\mathrm{d}\tau, \quad c_x = h\overline{\varepsilon}+V(0) < \infty \tag{3.112}$$

由引理 3.1 不难得到 $V(t)$、$\int_0^t(g(\tau)N(\chi)+1)\dot{\chi}(\tau)\mathrm{d}\tau$、$\int_0^t e^2(\tau)\mathrm{d}\tau$，以及 $\chi(t)$ 在 $[0,t_f)$ 上均有界，且不存在有限时间逃逸现象，故 $t_f = \infty$ [17]。根据 Lyapunov 函数定义，不难得到 $e \in L_\infty$，$\hat{\theta} \in L_\infty$。因为理想信号 y_d 有界，则系统状态 x 也有界，从而可知 $\phi \in L_\infty$，$\Phi \in L_\infty$，$w \in L_\infty$，$\dot{\chi} \in L_\infty$，$\dot{\hat{\theta}} \in L_\infty$。由 Nussbaum 参数 χ 的有界性可判断 $N(\chi) \in L_\infty$，因而可得控制输入 u 有界。所以，闭环系统所有内部信号均有界。

接下来证明当 $t \to \infty$ 时跟踪误差渐近趋于 0。注意到 e 与 $\int_0^t e^2\mathrm{d}\tau$ 均有界，又由式（3.94）可得 $\dot{e} \in L_\infty$。故由 Barbalat 引理，不难得出：

$$\lim_{t \to \infty} e(t) = 0 \tag{3.113}$$

即 $\lim_{t \to \infty} x(t) = y_d(t)$，证明完毕。

3.5.3　数值仿真

仿真环境为 Windows-10 专业版 64 位操作系统，CPU 为 Intel Core i7-8650U @ 1.90GHz 2.11GHz，系统内存为 8GB，仿真软件为 MATLAB R2012a。在仿真中，非线性函数选取为 $f = x + x^2\sin(\theta x)$，其中 $\theta = 1$，控制增益为 $g = 5$。期望轨迹选取为 $y_d = \sin(t)$，初值选为 $x(0) = 1$，$\hat{\theta}(0) = 0$，$\chi(0) = 0$，设计参数选取为 $c = 1$，$\gamma_x = 1$，$\sigma = 0.1$，可积分函数选为 $\varepsilon(t) = \exp(-0.4t)$。仿真结果如图 3.16～图 3.20 所示。图 3.16 和图 3.17 分别为系统状态 x 和参考信号 $y_d(t)$ 的跟踪过程曲线以及跟踪误差 e 的运行轨迹图，从图中可以看出，系统状态 x 渐近跟踪理想信号 $y_d(t)$，与本节提出的控制方案理论分析一致，验证了该算法的有效性。图 3.18 是控制输入 u 运行轨迹，图 3.19 和图 3.20 分别代表估计参数 $\hat{\theta}$ 以及 Nussbaum 参数 χ 的运行轨迹图，从图中可以看出闭环系统信号都有界。

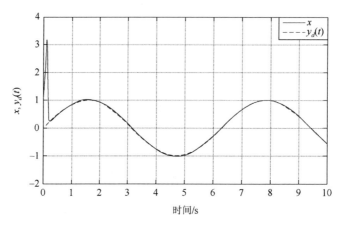

图 3.16　系统状态 x 和参考信号 $y_d(t)$ 运行轨迹图

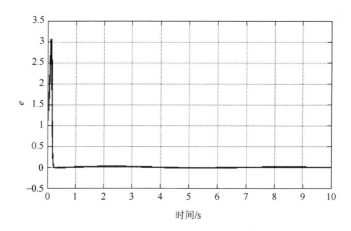

图 3.17　跟踪误差 e 运行轨迹图

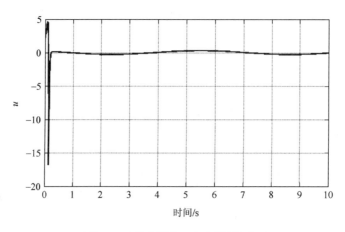

图 3.18　控制输入 u 运行轨迹图

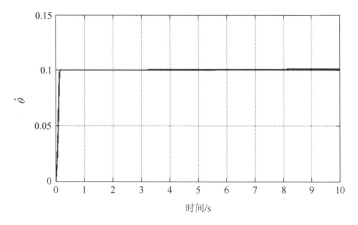

图 3.19　估计参数 $\hat{\theta}$ 运行轨迹图

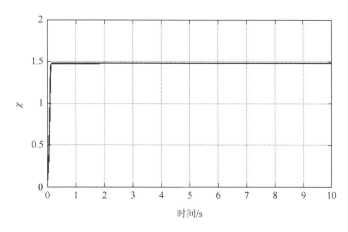

图 3.20　Nussbaum 参数 χ 运行轨迹图

3.6　本　章　小　结

　　本章首先介绍了控制领域的三大基本问题；然后着重介绍了一阶非线性系统的几种控制算法，即基于模型的控制方法、自适应控制方法，以及不可参数化分解情形下的鲁棒自适应跟踪控制方法；最后，针对系统控制方向未知情形，利用 Nussbaum-类型函数，提出了一种鲁棒自适应渐近跟踪控制算法。

　　然而，本章是基于一阶系统进行控制器设计和稳定性分析的，第 4 章将着重讨论高阶标准型非线性系统的跟踪控制方法。

习　　　题

3.1　分别举例满足镇定、调节与跟踪三种情况的实际工程系统。

3.2　利用 3.4.2 节的神经网络，针对系统（3.1）设计神经网络自适应控制算法，并利用 MATLAB 软件验证算法的有效性。

3.3 若系统（3.92）控制增益为常数且符号未知，系统非线性函数 $f(x,\theta)$ 满足参数分解条件，设计自适应跟踪控制算法，并利用 MATLAB 软件验证算法有效性。

3.4 若系统（3.92）控制增益不仅符号未知，而且未知时变，设计鲁棒自适应跟踪控制算法，并利用 MATLAB 软件验证算法有效性。

3.5 3.5 节通常采用 Nussbaum-类型函数 $N(\chi) = \exp(\chi^2)\cos((\pi/2)\chi)$ 进行控制器设计，是否其他类型的 Nussbaum-类型函数仍适用于 3.5 节的控制算法，为什么？

参 考 文 献

[1] 俞立. 鲁棒控制[M]. 北京：清华大学出版社，2002.

[2] 舒迪前. 自适应控制[M]. 沈阳：东北大学出版社，1993.

[3] 高为炳. 变结构控制理论基础[M]. 北京：中国科学技术出版社，1990.

[4] Tanaka K，Wang H O. Fuzzy Control Systems Design and Analysis: A Linear Matrix Inequality Approach[M]. New York: John Wiley & Sons, Inc.，2001.

[5] 韩京清. 自抗扰控制技术[M]. 北京：国防工业出版社，2008.

[6] Ge S S，Wang C. Adaptive NN control of uncertain nonlinear purefeedback systems[J]. Automatica，2002，38（4）：671-682.

[7] Krstic M，Kanellakopoulos I，Kokotovic P V. Adaptive nonlinear control without overparametrization[J]. Systems & Control Letters，1992，19（3）：177-185.

[8] Song Y D，Huang X C，Wen C Y. Tracking control for a class of unknown nonsquare MIMO nonaffine systems: a deep-rooted information based robust adaptive approach[J]. IEEE Transactions on Automatic Control，2016，61（10）：3227-3233.

[9] Song Y D，Huang X C，Jia Z J. Dealing with the issues crucially related to the functionality and reliability of NN-based control for nonlinear uncertain systems[J]. IEEE Transactions on Neural Networks and Learning Systems，2017，28（11）：2614-2625.

[10] Kim B S，Yoo S J. Approximation-based adaptive control of uncertain non-linear pure-feedback systems with full state constraints[J]. IET Control Theory and Applications，2014，8（17）：2070-2081.

[11] Liu Y J，Tong S C，Chen C L，et al. Adaptive NN control using integral barrier Lyapunov functionals for uncertain nonlinear block-triangular constraint systems[J]. IEEE Transactions on Cybernetics，2017，47（11）：3747-3757.

[12] Zhao K，Song Y D，Ma T D，et al. Prescribed performance control of uncertain Euler-Lagrange systems subject to full-state constraints[J]. IEEE Transactions on Neural Networks and Learning Systems，2018，29（8）：3478-3489.

[13] Ge S S，Wang J. Robust adaptive tracking for time-varying uncertain nonlinear systems with unknown control coefficients[J]. IEEE Transactions on Automatic Control，2003，48（8）：1463-1469.

[14] Ye X D，Jiang J P. Adaptive nonlinear design without a priori knowledge of control directions[J]. IEEE Transactions on Automatic Control，1998，43（11）：1617-1621.

[15] Ye X D. Asymptotic regulation of time-varying uncertain nonlinear systems with unknown control directions[J]. Automatica，1999，35（5）：929-935.

[16] Zhao K，Song Y D，Qian J Y，et al. Zero-error tracking control with preassignable convergence mode for nonlinear systems under nonvanishing uncertainties and unknown control direction[J]. Systems & Control Letters，2018，115（5）：34-40.

[17] Nussbaum R D. Some remarks on a conjecture in parameter adaptive control[J]. Systems & Control Letters，1983，3（5）：243-246.

[18] Chen Z Y. Nussbaum functions in adaptive control with time-varying unknown control coefficients[J]. Automatica，2019，102：72-79.

[19] Psillakis H E. Further results on the use of Nussbaum gains in adaptive neural network control[J]. IEEE Transactions on Automatic Control，2010，55（12）：2841-2846.

第4章 标准型非线性系统控制

第3章仅考虑了简单一阶系统的镇定及跟踪控制问题,本章将考虑更具一般性的高阶标准型非线性系统的跟踪控制问题。为便于理解,首先简单介绍二阶标准型非线性系统基于模型的控制器设计方法,然后探讨存在参数不确定情况下的控制器设计与稳定性分析,最后将其扩展至高阶标准型非线性系统的跟踪控制。

4.1 基于模型的跟踪控制

考虑如下二阶标准型非线性系统:

$$\ddot{x} = f(X) + g(X)u \tag{4.1}$$

其中,$x \in \mathbb{R}$ 及 $X = [x, \dot{x}]^{\mathrm{T}} \in \mathbb{R}^2$ 表示系统状态;$u \in \mathbb{R}$ 为控制输入;$f(X) \in \mathbb{R}$ 为已知光滑非线性函数;$g(X) \neq 0$ 为时变但已知的控制增益。

本节控制目标:设计基于模型的控制器 u 使得 $x(t)$ 与 $\dot{x}(t)$ 分别渐近跟踪期望轨迹 $y_d(t)$ 与 $\dot{y}_d(t)$,即 $\lim_{t \to \infty}[x(t) - y_d(t)] = 0$,$\lim_{t \to \infty}[\dot{x}(t) - \dot{y}_d(t)] = 0$。

为实现上述目标,引入如下假设条件。

假设 4.1 系统状态 X 完全可测。

假设 4.2[1] 期望轨迹 $y_d(t)$ 及其导数 $\dot{y}_d(t)$ 与 $\ddot{y}_d(t)$ 均已知有界且分段连续。

假设 4.3 对于控制增益,存在常数 $\underline{g}$ 和 $\bar{g}$ 使得 $0 < \underline{g} \leqslant g(\cdot) \leqslant \bar{g} < \infty$。

首先定义跟踪误差及其导数为

$$e = x - y_d \tag{4.2}$$

$$\dot{e} = \dot{x} - \dot{y}_d \tag{4.3}$$

为便于设计,引入如下滤波变量:

$$s = \beta e + \dot{e} \tag{4.4}$$

其中,$\beta > 0$ 为设计参数。因而由式(4.2)~式(4.4),可得

$$\begin{aligned} \dot{s} &= \ddot{e} + \beta \dot{e} \\ &= \ddot{x} - \ddot{y}_d + \beta \dot{e} \\ &= f + gu - \ddot{y}_d + \beta \dot{e} \end{aligned} \tag{4.5}$$

基于此,可以得到如下定理。

定理 4.1 考虑满足假设 4.1~假设 4.3 的二阶标准型非线性系统(4.1),控制器 u 设计为

$$u = -\frac{1}{g}(cs + f - \ddot{y}_d + \beta \dot{e}) \tag{4.6}$$

其中,$c > 0$ 为设计参数,则提出的控制算法不仅确保闭环系统信号有界,同时跟踪误差

e 与 $\dot{e}$ 渐近趋于 0，即 $\lim\limits_{t\to\infty}e(t)=0$ 且 $\lim\limits_{t\to\infty}\dot{e}(t)=0$ 。

证明　将式（4.6）代入式（4.5）有

$$\dot{s}=-cs \tag{4.7}$$

求解微分方程（4.7），可得

$$s(t)=\exp(-ct)s(0) \tag{4.8}$$

因此，对于任意有界初始条件 $s(0)$，$s(t)\in L_\infty$（L_∞ 表示有界）且 $\lim\limits_{t\to\infty}s(t)=0$，即存在某一未知正的常数 $\bar{s}$ 使得 $|s|\leqslant\bar{s}<\infty$ 。

注意到 $s=\beta e+\dot{e}$，因此在其等式两边同乘 $\exp(\beta t)$，可得

$$s\exp(\beta t)=\beta e\exp(\beta t)+\dot{e}\exp(\beta t)=\frac{\mathrm{d}}{\mathrm{d}t}(e\exp(\beta t)) \tag{4.9}$$

对式（4.9）在区间 $[0,t]$ 上积分：

$$\int_0^t s(\tau)\exp(\beta\tau)\mathrm{d}\tau=e(t)\exp(\beta t)-e(0) \tag{4.10}$$

即

$$e(t)\exp(\beta t)=\int_0^t s(\tau)\exp(\beta\tau)\mathrm{d}\tau+e(0) \tag{4.11}$$

在其等式两边同时乘以 $\exp(-\beta t)$，可得

$$e(t)=\exp(-\beta t)e(0)+\exp(-\beta t)\int_0^t s(\tau)\exp(\beta\tau)\mathrm{d}\tau \tag{4.12}$$

进一步可得

$$\begin{aligned}
|e(t)|&\leqslant\exp(-\beta t)|e(0)|+\exp(-\beta t)\left|\int_0^t s(\tau)\exp(\beta\tau)\mathrm{d}\tau\right|\\
&\leqslant\exp(-\beta t)|e(0)|+\exp(-\beta t)\int_0^t|s(\tau)\exp(\beta\tau)|\mathrm{d}\tau\\
&\leqslant\exp(-\beta t)|e(0)|+\exp(-\beta t)\int_0^t\exp(\beta\tau)\bar{s}\mathrm{d}\tau\\
&=\exp(-\beta t)|e(0)|+\frac{\bar{s}}{\beta}(1-\exp(-\beta t))
\end{aligned} \tag{4.13}$$

注意到 $0<\exp(-\beta t)\leqslant1$，因此，跟踪误差 $e(t)$ 有界，进而由式（4.4）可得 $\dot{e}(t)$ 有界。又由 y_d、$\dot{y}_d$ 与 $\ddot{y}_d$ 的有界性，可推出 $x\in L_\infty$，$\dot{x}\in L_\infty$，$f\in L_\infty$ 及 $g\in L_\infty$，则根据控制器表达式（4.6）可判断 $u\in L_\infty$ 。由 $\dot{s}=f+gu-\ddot{y}_d+\beta\dot{e}$ 可得 $\dot{s}$ 有界。所以，闭环系统所有信号均有界。

此外，为了证明 $\lim\limits_{t\to\infty}e(t)=0$ 且 $\lim\limits_{t\to\infty}\dot{e}(t)=0$，对式（4.12）的分析可分为两种情形：

（1）当 $\int_0^t s(\tau)\exp(\beta\tau)\mathrm{d}\tau$ 有界时，显然有 $\lim\limits_{t\to\infty}e(t)=0$；

（2）当 $\int_0^t s(\tau)\exp(\beta\tau)\mathrm{d}\tau$ 无界时，利用洛必达法则求得

$$\lim_{t \to \infty} e(t) = 0 + \lim_{t \to \infty} \frac{\int_0^t s(\tau)\exp(\beta\tau)\mathrm{d}\tau}{\exp(\beta t)}$$

$$= \lim_{t \to \infty} \frac{s(t)\exp(\beta t)}{\beta\exp(\beta t)} \tag{4.14}$$

$$= \lim_{t \to \infty} \frac{s(t)}{\beta}$$

因为 $\lim_{t \to \infty} s(t) = 0$ 且 $\beta > 0$ 为常数，所以由式（4.14）可得 $\lim_{t \to \infty} e(t) = 0$。综合以上两种情况可知：当 $\lim_{t \to \infty} s(t) = 0$ 时，必有 $\lim_{t \to \infty} e(t) = 0$。再依据式（4.4）可得 $\lim_{t \to \infty} \dot{e}(t) = 0$。证明完毕。

4.2　二阶标准型非线性不确定系统跟踪控制

虽然基于模型的控制算法的设计过程及稳定性分析极为简单，但却要求系统模型精确已知，显然这在实际应用中不切实际。因此，本节将考虑系统存在不确定性情况下的控制问题。为便于理解，首先以二阶标准型非线性系统为例进行控制器设计及稳定性分析。

4.2.1　系统描述

考虑如下二阶标准型非线性不确定系统：

$$\ddot{x} = f(X, p) + g(X)u \tag{4.15}$$

其中，$x \in \mathbb{R}$ 及 $X = [x, \dot{x}]^{\mathrm{T}} \in \mathbb{R}^2$ 表示系统状态；$u \in \mathbb{R}$ 为控制输入；$f(X, p)$ 为未知连续非线性函数且满足利普希茨条件；$g(X) \neq 0$ 为时变未知的控制增益；$p \in \mathbb{R}^r$ 代表系统参数。

本节控制目标：设计控制器 u 使得 $x(t)$ 与 $\dot{x}(t)$ 分别跟踪期望轨迹 $y_d(t)$ 与 $\dot{y}_d(t)$，即 $\lim_{t \to \infty}[x(t) - y_d(t)] = 0$，$\lim_{t \to \infty}[\dot{x}(t) - \dot{y}_d(t)] = 0$。

为实现上述目标，除假设 4.1 和假设 4.2 之外，需要引入如下假设条件。

假设 4.4　控制增益 $g(X)$ 时变未知但有界，即存在未知正数 $\underline{g}$ 和 $\bar{g}$ 使得 $0 < \underline{g} \leqslant |g(\cdot)| \leqslant \bar{g} < \infty$。不失一般性，本节考虑 $0 < \underline{g} \leqslant g(\cdot) \leqslant \bar{g} < \infty$ 的情形。

假设 4.5　对于系统非线性函数 $f(X, p)$ 而言，存在未知常数 $a \geqslant 0$ 和已知非负光滑函数 $\varphi(X)$ 使得

$$|f(X, p)| \leqslant a\varphi(X) \tag{4.16}$$

当 X 有界时，f 和 φ 有界。

注释 4.1　假设 4.4 是保证系统可控的基本条件[2, 3]。与文献[4]类似，假设 4.5 是指从非线性函数 $f(X, p)$ 中获取"核心"信息，且 $\varphi(X)$ 的选取可能存在多种形式，类似条件已被用于很多文献[5, 6]。

4.2.2　控制器设计与稳定性分析

基于滤波误差（4.4），选取如下形式的 Lyapunov 候选函数：

$$V_1 = \frac{1}{2}s^2 \tag{4.17}$$

则 V_1 对时间 t 的导数为

$$\dot{V}_1 = s\dot{s} = s(f + gu - \ddot{y}_d + \beta\dot{e}) \tag{4.18}$$

针对非线性项 $s(f - \ddot{y}_d + \beta\dot{e})$，可得

$$sf \leqslant |s|a\varphi \tag{4.19}$$

$$s(\beta\dot{e} - \ddot{y}_d) \leqslant |s||\beta\dot{e} - \ddot{y}_d| \tag{4.20}$$

因此

$$s(f - \ddot{y}_d + \beta\dot{e}) \leqslant |s|a\varphi + |s||\beta\dot{e} - \ddot{y}_d| \leqslant \underline{g}\theta|s|\Phi \tag{4.21}$$

其中

$$\theta = \max\left\{\frac{a}{\underline{g}}, \frac{1}{\underline{g}}\right\} \tag{4.22}$$

是未知虚拟参数；

$$\Phi(\cdot) = \varphi + (\beta\dot{e} - \ddot{y}_d)^2 + \frac{1}{4} > 0 \tag{4.23}$$

是可计算的标量函数。

由定理 2.16 可得

$$\underline{g}\theta|s|\Phi \leqslant \underline{g}\theta\varepsilon(t) + \frac{\underline{g}\theta s^2\Phi^2}{\sqrt{s^2\Phi^2 + \varepsilon^2(t)}} \tag{4.24}$$

其中，$\varepsilon(t)$ 为满足 $\int_0^t \varepsilon(\tau)\mathrm{d}\tau \leqslant \bar{\varepsilon} < \infty$ 的正函数；$\bar{\varepsilon}$ 为未知正数。

将式（4.24）代入式（4.18），可得

$$\dot{V}_1 \leqslant gsu + \underline{g}\theta\varepsilon(t) + \frac{\underline{g}\theta s^2\Phi^2}{\sqrt{s^2\Phi^2 + \varepsilon^2(t)}} \tag{4.25}$$

鉴于此，将得到如下定理。

定理 4.2　考虑满足假设 4.1 和假设 4.2，假设 4.4 和假设 4.5 条件的二阶不确定标准型非线性系统（4.15），设计如下形式的自适应控制器：

$$u = -cs - \frac{\hat{\theta}s\Phi^2}{\sqrt{s^2\Phi^2 + \varepsilon^2(t)}} \tag{4.26}$$

其中，$c > 0$ 为设计参数；$\hat{\theta}$ 为未知虚拟参数 θ 的估计值，且按照如下形式进行更新：

$$\dot{\hat{\theta}} = \gamma\frac{s^2\Phi^2}{\sqrt{s^2\Phi^2 + \varepsilon^2(t)}}, \quad \hat{\theta}(0) \geqslant 0 \tag{4.27}$$

其中，$\gamma > 0$ 为设计参数；$\hat{\theta}(0)$ 为参数估计初始值，则控制算法不仅保证闭环系统所有信

号有界，同时跟踪误差 e 与 $\dot{e}$ 渐近趋于 0。

证明　构建 Lyapunov 候选函数为

$$V = V_1 + \frac{g}{2\gamma}\tilde{\theta}^2 \tag{4.28}$$

其中，$\tilde{\theta} = \theta - \hat{\theta}$ 表示参数估计误差。

由自适应律（4.27）可知，对于任意的初始值 $\hat{\theta}(0) \geqslant 0$，$\hat{\theta}(t) \geqslant 0$ 恒成立。将控制器（4.26）代入 gsu 项，可得

$$gsu = -\underline{g}cs^2 - \frac{g\hat{\theta}s^2\varPhi^2}{\sqrt{s^2\varPhi^2 + \varepsilon^2(t)}} \tag{4.29}$$

由假设 4.4 及 $\hat{\theta}(t) \geqslant 0$ 可知：

$$gsu = -gcs^2 - \frac{g\hat{\theta}s^2\varPhi^2}{\sqrt{s^2\varPhi^2 + \varepsilon^2(t)}} \leqslant -\underline{g}cs^2 - \frac{\underline{g}\hat{\theta}s^2\varPhi^2}{\sqrt{s^2\varPhi^2 + \varepsilon^2(t)}} \tag{4.30}$$

因此，Lyapunov 候选函数导数可表示为

$$
\begin{aligned}
\dot{V} &\leqslant -\underline{g}cs^2 - \frac{\underline{g}\hat{\theta}s^2\varPhi^2}{\sqrt{s^2\varPhi^2 + \varepsilon^2(t)}} + \frac{\underline{g}\theta s^2\varPhi^2}{\sqrt{s^2\varPhi^2 + \varepsilon^2(t)}} - \frac{g}{\gamma}\tilde{\theta}\dot{\hat{\theta}} + \underline{g}\theta\varepsilon(t) \\
&= -\underline{g}cs^2 + \frac{\underline{g}\tilde{\theta}s^2\varPhi^2}{\sqrt{s^2\varPhi^2 + \varepsilon^2(t)}} - \frac{g}{\gamma}\tilde{\theta}\dot{\hat{\theta}} + \underline{g}\theta\varepsilon(t)
\end{aligned} \tag{4.31}
$$

将自适应律（4.27）代入式（4.31），可得

$$\dot{V} \leqslant -\underline{g}cs^2 + \underline{g}\theta\varepsilon(t) \tag{4.32}$$

对式（4.32）在 $[0,t]$ 上积分，可得

$$
\begin{aligned}
V(t) - V(0) &\leqslant -\underline{g}c\int_0^t s^2(\tau)\mathrm{d}\tau + \underline{g}\theta\int_0^t \varepsilon(\tau)\mathrm{d}\tau \\
&\leqslant -\underline{g}c\int_0^t s^2(\tau)\mathrm{d}\tau + \underline{g}\theta\overline{\varepsilon}
\end{aligned} \tag{4.33}
$$

即

$$V(t) + \underline{g}c\int_0^t s^2(\tau)\mathrm{d}\tau \leqslant V(0) + \underline{g}\theta\overline{\varepsilon} \tag{4.34}$$

由于 $V(0)$ 和 $\underline{g}\theta\overline{\varepsilon}$ 均为有界常数，且 $V(t)$ 和 $\underline{g}c\int_0^t s^2(\tau)\mathrm{d}\tau$ 都是非负数，因此可得 $V \in L_\infty$ 及 $\int_0^t s^2(\tau)\mathrm{d}\tau \in L_\infty$。依据 V 的表达式，可得 $\tilde{\theta} \in L_\infty$，$s \in L_\infty$，即存在某一未知正的常数 $\overline{s}$ 使得 $|s| \leqslant \overline{s} < \infty$；因为 $\tilde{\theta} = \theta - \hat{\theta}$ 且 θ 是未知有界常数，所以 $\hat{\theta} \in L_\infty$。

注意到 $s = \beta e + \dot{e}$ 并且 $s \in L_\infty$，通过类似于 4.1 节中式（4.9）～式（4.13）的推导与分析过程，可以推出 e 与 $\dot{e}$ 均有界。此外，由 y_d、$\dot{y}_d$、$\ddot{y}_d$ 的有界性，可推出 $x \in L_\infty$，$\dot{x} \in L_\infty$，$f \in L_\infty$，$g \in L_\infty$，$\varphi \in L_\infty$，从而有 $\varPhi(\cdot) \in L_\infty$，因此，根据控制器及自适应律表达式（4.26）和式（4.27）可判断 $u \in L_\infty$，$\dot{\hat{\theta}} \in L_\infty$。由 $\dot{s} = f + gu - \ddot{y}_d + \beta\dot{e}$ 可得 $\dot{s}$ 有界。所以，闭环系统所有信号均有界。

结合 $s \in L_\infty \bigcap L_2$，$\dot{s} \in L_\infty$，根据 Barbalat 引理，可得

$$\lim_{t \to \infty} s(t) = 0 \tag{4.35}$$

类似 4.1 节的分析过程可得，当 $\lim\limits_{t \to \infty} s(t) = 0$ 时，必有 $\lim\limits_{t \to \infty} e(t) = 0$ 与 $\lim\limits_{t \to \infty} \dot{e}(t) = 0$，即误差 e 与导数 $\dot{e}$ 渐近趋于 0。证明完毕。

4.2.3　数值仿真

仿真环境为 Windows-10 专业版 64 位操作系统，CPU 为 Intel Core i7-8650U @ 1.90GHz 2.11GHz，系统内存为 8GB，仿真软件为 MATLAB R2012a。为验证本节控制方案的有效性，考虑如下二阶模型：

$$\ddot{x} = f(X, p) + g(X)u \tag{4.36}$$

其中，$X = [x, \dot{x}]^\mathrm{T} \in \mathbb{R}^2$；$f(X, p) = p_1 x^2 + \sin(p_2 \dot{x})$；$g(X) = 1 + 0.05\sin(x\dot{x})$。

仿真中，系统参数选取为 $p_1 = 2$，$p_2 = 0.3$，期望轨迹选取为 $y_d = \sin(t)$，系统状态及估计参数初始值选取为 $x(0) = 1$，$\dot{x}(0) = 0.5$，$\hat{\theta}(0) = 0$，设计参数选取为 $c = 1$，$\beta = 1$，$\gamma = 0.1$，可积分函数为 $\varepsilon(t) = 2\exp(-t)$。另外，根据非线性函数 $f(X, p)$ 表达式可得

$$|f(X, p)| \leqslant |p_1| x^2 + 1 \leqslant a\varphi(X) \tag{4.37}$$

根据假设 4.5，选取 $a = \max\{|p_1|, 1\}$ 以及 $\varphi(X) = x^2 + 1$，其仿真结果见图 4.1～图 4.6。图 4.1 和图 4.2 分别为系统状态 x 与 $\dot{x}$ 跟踪其参考信号的运行轨迹图，图 4.3 和图 4.4 是跟踪误差及其导数曲线，可以看出跟踪误差及其导数渐近趋于零，且与本节提出的控制算法理论分析匹配，验证了算法的有效性。此外，图 4.5 与图 4.6 分别给出了控制输入和参数估计的运行轨迹图。

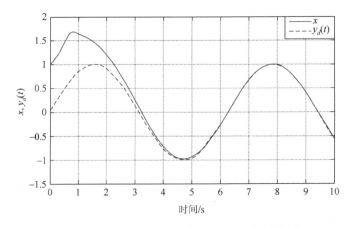

图 4.1　系统状态 x 和参考信号 $y_d(t)$ 运行轨迹图

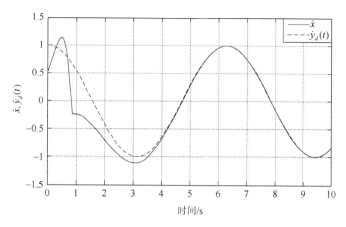

图 4.2 系统状态 $\dot{x}$ 和参考信号 $\dot{y}_d(t)$ 运行轨迹图

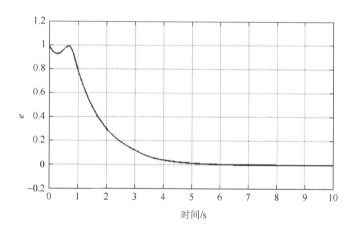

图 4.3 跟踪误差 e 运行轨迹图

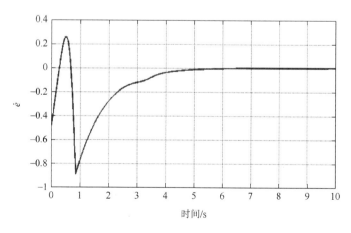

图 4.4 跟踪误差导数 $\dot{e}$ 运行轨迹图

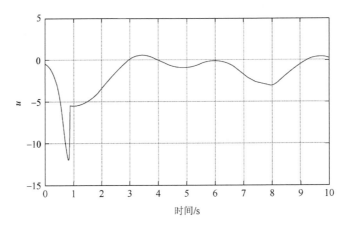

图 4.5　控制输入 u 运行轨迹图

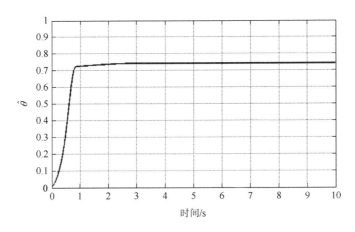

图 4.6　参数估计 $\hat{\theta}$ 运行轨迹图

4.3　高阶标准型非线性不确定系统跟踪控制

4.2 节介绍了二阶标准型非线性系统的跟踪控制设计问题，本节将考虑更具一般性的高阶标准型非线性不确定系统的跟踪控制问题。

4.3.1　系统描述

考虑如下高阶标准型非线性不确定系统：

$$x^{(n)} = f(X,p) + g(X)u \tag{4.38}$$

其中，$x \in \mathbb{R}$ 及 $X = [x,\dot{x},\cdots,x^{(n-1)}]^{\mathrm{T}} \in \mathbb{R}^n$ 表示系统状态；$u \in \mathbb{R}$ 为控制输入；$f(X,p)$ 为未知连续非线性函数且满足利普希茨条件；$g(X) \neq 0$ 为未知时变控制增益；$p \in \mathbb{R}^r$ 代表系统参数。

本节控制目标：设计控制器 u 使得 $x(t)$ 及其导数 $x^{(k)}(t)$ $(k=1,2,\cdots,n-1)$ 分别跟踪期望

轨迹 $y_d(t)$ 与 $y_d^{(k)}(t)$，即 $\lim\limits_{t\to\infty}\left[x^{(i)}(t)-y_d^{(i)}(t)\right]=0 \ (i=0,1,\cdots,n-1)$。

为实现上述目标，引入如下假设条件。

假设 4.6 系统状态 $X=[x,\dot{x},\cdots,x^{(n-1)}]^{\mathrm{T}}\in\mathbb{R}^n$ 完全可测。

假设 4.7[1] 期望轨迹 $y_d(t)$ 及其直至 n 阶导数均已知有界且分段连续。

假设 4.8[2] 控制增益 $g(\cdot)$ 时变未知且存在未知正数 $\underline{g}$ 和 $\overline{g}$ 使得 $0<\underline{g}\leqslant|g(\cdot)|\leqslant\overline{g}<\infty$。不失一般性，本节考虑 $0<\underline{g}\leqslant g(\cdot)\leqslant\overline{g}<\infty$ 的情形。

假设 4.9[4] 对于系统非线性函数 $f(X,p)$，存在未知常数 $a\geqslant 0$ 和已知非负光滑函数 $\varphi(X)$ 使得

$$|f(X)|\leqslant a\varphi(X) \tag{4.39}$$

当 X 有界时，函数 f 和 φ 有界。

在控制器设计之前，引入以下重要引理。

4.3.2 基于滤波变量的重要引理及其证明

基于跟踪误差：

$$e=x-y_d \tag{4.40}$$

定义如下形式的滤波变量：

$$s=\beta_1 e+\beta_2\dot{e}+\cdots+\beta_{n-1}e^{(n-2)}+e^{(n-1)} \tag{4.41}$$

其中，$\beta_k(k=1,2,\cdots,n-1)$ 是由设计者选择的参数且使得 $\rho^{n-1}+\beta_{n-1}\rho^{n-2}+\cdots+\beta_1$ 为赫尔维茨（Hurwitz）多项式。有如下关于滤波变量的重要引理。

引理 4.1 考虑式（4.41）定义的滤波变量 s，以下性质恒成立：

（1）若 $\lim\limits_{t\to\infty}s(t)=0$，则 $e^{(k)}(k=0,\cdots,n-1)$ 在 $t\to\infty$ 时渐近趋于 0；

（2）若 $s(t)$ 有界，则 $e^{(k)}(k=0,\cdots,n-1)$ 均有界。

证明 参照文献[7]，为便于证明，将式（4.41）转换为如下形式：

$$\begin{cases}s=\dot{s}_{n-1}+\alpha_{n-1}s_{n-1}\\ s_{n-1}=\dot{s}_{n-2}+\alpha_{n-2}s_{n-2}\\ \quad\vdots\\ s_2=\dot{s}_1+\alpha_1 s_1=\dot{e}+\alpha_1 e\\ s_1=e\end{cases} \tag{4.42}$$

显然，随着 n 取值的不同，系数 $\alpha_k(k=1,2,\cdots,n-1)$ 与 $\beta_k(k=1,2,\cdots,n-1)$ 存在某种对应关系，因为其参数选取不影响引理的证明，所以不具体给出，感兴趣的读者可以尝试验证。

首先，证明性质（1）。

求解式（4.42）中的第一个微分方程可得

$$s_{n-1}(t)=\exp(-\alpha_{n-1}t)s_{n-1}(0)+\exp(-\alpha_{n-1}t)\int_0^t s(\tau)\exp(\alpha_{n-1}\tau)\mathrm{d}\tau \tag{4.43}$$

针对式（4.43），分为以下两种情况：

①当 $\int_0^t s(\tau)\exp(\alpha_{n-1}\tau)\mathrm{d}\tau$ 有界时，$\lim\limits_{t\to\infty} s_{n-1}(t)=0$ 显然成立；

②当 $\int_0^t s(\tau)\exp(\alpha_{n-1}\tau)\mathrm{d}\tau$ 无界时，对式（4.43）两边求极限，并利用洛必达法则可得

$$\lim_{t\to\infty} s_{n-1}(t)=0+\lim_{t\to\infty}\frac{s(t)\exp(\alpha_{n-1}t)}{\alpha_{n-1}\exp(\alpha_{n-1}t)}=\lim_{t\to\infty}\frac{s(t)}{\alpha_{n-1}} \tag{4.44}$$

由于 $\lim\limits_{t\to\infty} s(t)=0$，从式（4.44）可得 $\lim\limits_{t\to\infty} s_{n-1}(t)=0$。综上可知，当 $\lim\limits_{t\to\infty} s(t)=0$ 时，$\lim\limits_{t\to\infty} s_{n-1}(t)=0$ 恒成立。又由式（4.42）中的第一个微分方程可得 $\lim\limits_{t\to\infty}\dot{s}_{n-1}(t)=0$。

类似地，求解式（4.42）中的第二个微分方程可得

$$s_{n-2}(t)=\exp(-\alpha_{n-2}t)s_{n-2}(0)+\exp(-\alpha_{n-2}t)\int_0^t s_{n-1}(\tau)\exp(\alpha_{n-2}\tau)\mathrm{d}\tau \tag{4.45}$$

同样分两种情况讨论，可以得出：当 $\lim\limits_{t\to\infty} s(t)=0$ 时，$\lim\limits_{t\to\infty} s_{n-2}(t)=0$ 和 $\lim\limits_{t\to\infty}\dot{s}_{n-2}(t)=0$ 恒成立。同理，通过对式（4.42）中剩余微分方程做类似分析，可以证明 $s_k(t)$、$\dot{s}_k(t)$ $(k=1,2,\cdots,n-3)$ 在 $t\to\infty$ 时，趋于零。式（4.42）中关于 $s_k(t)$ 的定义可进一步表示为

$$\begin{cases} s_1=e \\ s_2=\dot{e}+\alpha_1 e \\ s_3=\ddot{e}+(\alpha_1+\alpha_2)\dot{e}+\alpha_1\alpha_2 e \\ \vdots \\ s_n=\cdots \end{cases} \tag{4.46}$$

因此，当 $\lim\limits_{t\to\infty} s(t)=0$，有 $e^{(k)}(k=0,1,\cdots,n-1)$ 在 $t\to\infty$ 时也渐近趋于 0。

接下来，证明性质（2）。

因为 $s(t)$ 有界，所以存在某一未知正数 $\bar{s}$ 使得 $|s(t)|\leqslant\bar{s}<\infty$。由式（4.43）可进一步得出：

$$\begin{aligned} |s_{n-1}(t)| &\leqslant \exp(-\alpha_{n-1}t)|s_{n-1}(0)|+\exp(-\alpha_{n-1}t)\left|\int_0^t s(\tau)\exp(\alpha_{n-1}\tau)\mathrm{d}\tau\right| \\ &\leqslant \exp(-\alpha_{n-1}t)|s_{n-1}(0)|+\exp(-\alpha_{n-1}t)\int_0^t \bar{s}\exp(\alpha_{n-1}\tau)\mathrm{d}\tau \\ &=\exp(-\alpha_{n-1}t)|s_{n-1}(0)|+\frac{\bar{s}}{\alpha_{n-1}}(1-\exp(-\alpha_{n-1}t)) \end{aligned} \tag{4.47}$$

显而易见，$s_{n-1}(t)$ 有界，即存在未知正数 $\bar{s}_{n-1}$ 使得 $|s_{n-1}(t)|\leqslant\bar{s}_{n-1}<\infty$。根据式（4.42）中的第一个微分方程可知 $\dot{s}_{n-1}(t)$ 有界。

类似地，依据式（4.45）可以推出：

$$\begin{aligned} |s_{n-2}(t)| &\leqslant \exp(-\alpha_{n-2}t)|s_{n-2}(0)|+\exp(-\alpha_{n-2}t)\int_0^t \bar{s}_{n-1}\exp(\alpha_{n-2}\tau)\mathrm{d}\tau \\ &=\exp(-\alpha_{n-2}t)|s_{n-2}(0)|+\frac{\bar{s}_{n-1}}{\alpha_{n-2}}(1-\exp(-\alpha_{n-2}t)) \end{aligned} \tag{4.48}$$

因此 $s_{n-2}(t)$ 有界，即存在某一未知正数 $\bar{s}_{n-2}$ 使得 $|s_{n-2}(t)|\leqslant\bar{s}_{n-2}<\infty$。同理，$\dot{s}_{n-2}(t)$ 有界。以此类推，通过类似分析过程，可以证出 $s_k(t)$、$\dot{s}_k(t)(k=1,2,\cdots,n-3)$ 均有界，从而进一

步得出 $e^{(k)}(k=0,1,\cdots,n-1)$ 有界。证明完毕。

4.3.3　控制器设计与稳定性分析

为处理高阶系统的跟踪控制问题，定义跟踪误差及其直至 $n-1$ 阶导数为

$$e = x - y_d \tag{4.49}$$

$$e^{(k)} = x^{(k)} - y_d^{(k)}, \quad k=1,2,\cdots,n-1 \tag{4.50}$$

并引入如下滤波变量：

$$s = \beta_1 e + \beta_2 \dot{e} + \cdots + \beta_{n-1} e^{(n-2)} + e^{(n-1)} \tag{4.51}$$

其中，$\beta_k(k=1,2,\cdots,n-1)$ 是设计参数并使得多项式 $\rho^{n-1} + \beta_{n-1}\rho^{n-2} + \cdots + \beta_1$ 为 Hurwitz 多项式。

对滤波变量求导可得

$$
\begin{aligned}
\dot{s} &= e^{(n)} + \beta_1 \dot{e} + \beta_2 \ddot{e} + \cdots + \beta_{n-1} e^{(n-1)} \\
&= f + gu - y_d^{(n)} + \beta_1 \dot{e} + \beta_2 \ddot{e} + \cdots + \beta_{n-1} e^{(n-1)} \\
&= f + gu + L(\cdot)
\end{aligned}
\tag{4.52}
$$

其中

$$L(\cdot) = -y_d^{(n)} + \beta_1 \dot{e} + \beta_2 \ddot{e} + \cdots + \beta_{n-1} e^{(n-1)} \tag{4.53}$$

为可计算函数。

选取 Lyapunov 候选函数为

$$V_1 = \frac{1}{2} s^2 \tag{4.54}$$

则 V_1 对时间 t 的导数为

$$\dot{V}_1 = s\dot{s} = s(f + gu + L) \tag{4.55}$$

针对非线性项 $s(f+L)$，可得

$$sf \leqslant |s| a\varphi \tag{4.56}$$

$$sL \leqslant |s||L| \tag{4.57}$$

因此

$$s(f+L) \leqslant |s| a\varphi + |s||L| \leqslant \underline{g}\theta|s|\Phi \tag{4.58}$$

其中

$$\theta = \max\left\{\frac{a}{\underline{g}}, \frac{1}{\underline{g}}\right\} \tag{4.59}$$

是未知虚拟参数；

$$\Phi(\cdot) = \varphi + L^2 + \frac{1}{4} > 0 \tag{4.60}$$

是可计算的标量函数。

由定理 2.16 可得

$$\underline{g}\theta|s|\varPhi \leqslant \underline{g}\theta\varepsilon(t) + \frac{\underline{g}\theta s^2\varPhi^2}{\sqrt{s^2\varPhi^2 + \varepsilon^2(t)}} \tag{4.61}$$

其中，$\varepsilon(t)$ 为满足 $\int_0^t \varepsilon(\tau)\mathrm{d}\tau \leqslant \bar{\varepsilon} < \infty$ 的正函数，$\bar{\varepsilon}$ 为未知正的常数。

将式（4.61）代入式（4.55），可得

$$\dot{V}_1 \leqslant gsu + \underline{g}\theta\varepsilon(t) + \frac{\underline{g}\theta s^2\varPhi^2}{\sqrt{s^2\varPhi^2 + \varepsilon^2(t)}} \tag{4.62}$$

鉴于此，将得到如下定理。

定理 4.3 考虑满足假设 4.6～假设 4.9 条件的高阶不确定标准型非线性系统（4.38），设计如下形式的自适应控制器：

$$u = -cs - \frac{\hat{\theta}s\varPhi^2}{\sqrt{s^2\varPhi^2 + \varepsilon^2(t)}} \tag{4.63}$$

其中，$c > 0$ 为设计参数；$\hat{\theta}$ 为未知虚拟参数 θ 的估计值，且按照如下形式进行更新：

$$\dot{\hat{\theta}} = \frac{\gamma s^2\varPhi^2}{\sqrt{s^2\varPhi^2 + \varepsilon^2(t)}}, \quad \hat{\theta}(0) \geqslant 0 \tag{4.64}$$

其中，$\gamma > 0$ 为设计参数；$\hat{\theta}(0)$ 为参数估计初始值，则提出的控制方案不仅保证闭环系统信号有界，同时保证跟踪误差及其直至 $n-1$ 阶导数均渐近趋于 0，即 $\lim\limits_{t\to\infty} e^{(k)} = 0$（$k = 0, 1, \cdots, n-1$）。

证明 构建 Lyapunov 候选函数为

$$V = V_1 + \frac{\underline{g}}{2\gamma}\tilde{\theta}^2 \tag{4.65}$$

其中，$\tilde{\theta} = \theta - \hat{\theta}$ 为参数估计误差。

由自适应律（4.64）可知，对于任意的初始值 $\hat{\theta}(0) \geqslant 0$，$\hat{\theta}(t) \geqslant 0$ 恒成立。将控制器（4.63）代入 gsu 项，可得

$$gsu = -gcs^2 - \frac{g\hat{\theta}s^2\varPhi^2}{\sqrt{s^2\varPhi^2 + \varepsilon^2(t)}} \tag{4.66}$$

由假设 4.8 及 $\hat{\theta}(t) \geqslant 0$ 可知：

$$gsu = -gcs^2 - \frac{g\hat{\theta}s^2\varPhi^2}{\sqrt{s^2\varPhi^2 + \varepsilon^2(t)}} \leqslant -\underline{g}cs^2 - \frac{\underline{g}\hat{\theta}s^2\varPhi^2}{\sqrt{s^2\varPhi^2 + \varepsilon^2(t)}} \tag{4.67}$$

因此 Lyapunov 候选函数的导数可表示为

$$\dot{V} \leqslant -\underline{g}cs^2 - \frac{\underline{g}\hat{\theta}s^2\varPhi^2}{\sqrt{s^2\varPhi^2 + \varepsilon^2(t)}} + \frac{\underline{g}\theta s^2\varPhi^2}{\sqrt{s^2\varPhi^2 + \varepsilon^2(t)}} - \frac{\underline{g}}{\gamma}\tilde{\theta}\dot{\hat{\theta}} + \underline{g}\theta\varepsilon(t)$$

$$= -\underline{g}cs^2 + \frac{\underline{g}\tilde{\theta}s^2\varPhi^2}{\sqrt{s^2\varPhi^2 + \varepsilon^2(t)}} - \frac{\underline{g}}{\gamma}\tilde{\theta}\dot{\hat{\theta}} + \underline{g}\theta\varepsilon(t) \tag{4.68}$$

将自适应律（4.64）代入式（4.68），可得

$$\dot{V} \leqslant -\underline{g}cs^2 + \underline{g}\theta\varepsilon(t) \tag{4.69}$$

对式（4.69）在区间 $[0,t]$ 上积分：

$$
\begin{aligned}
V(t)-V(0) &\leqslant -\underline{g}c\int_0^t s^2(\tau)\mathrm{d}\tau + \underline{g}\theta\int_0^t \varepsilon(\tau)\mathrm{d}\tau \\
&\leqslant -\underline{g}c\int_0^t s^2(\tau)\mathrm{d}\tau + \underline{g}\theta\overline{\varepsilon}
\end{aligned} \tag{4.70}
$$

即

$$V(t)+\underline{g}c\int_0^t s^2(\tau)\mathrm{d}\tau \leqslant V(0)+\underline{g}\theta\overline{\varepsilon} \tag{4.71}$$

类似 4.2 节的分析，可得 $V\in L_\infty$，$\int_0^t s^2(\tau)\mathrm{d}\tau\in L_\infty$，$\hat{\theta}\in L_\infty$，$s\in L_\infty$。根据引理 4.1 可知 $e^{(k)}(k=0,1,\cdots,n-1)$ 有界，利用假设 4.7 可得 $x^{(k)}\in L_\infty(k=0,1,\cdots,n-1)$，进一步得到 $\varphi\in L_\infty$，$L(\cdot)\in L_\infty$，$\varPhi(\cdot)\in L_\infty$，$u\in L_\infty$，$\dot{\hat{\theta}}\in L_\infty$，$\dot{s}\in L_\infty$。所以，闭环系统所有内部信号均有界。注意到 $s\in L_\infty$，$\dot{s}\in L_\infty$，$\int_0^t s^2(\tau)\mathrm{d}\tau\in L_\infty$，利用 Barbalat 引理：

$$\lim_{t\to\infty} s(t)=0 \tag{4.72}$$

进一步根据引理 4.1 可得

$$\lim_{t\to\infty} e^{(k)}=0,\quad k=0,1,\cdots,n-1 \tag{4.73}$$

即跟踪误差及其直至 $n-1$ 阶导数均渐近趋于 0。证明完毕。

4.3.4　数值仿真与结果分析

仿真环境为 Windows-10 专业版 64 位操作系统，CPU 为 Intel Core i7-8650U @ 1.90GHz 2.11GHz，系统内存为 8GB，仿真软件为 MATLAB R2012a。为验证本节所提控制算法的有效性，采用以下三阶标准型非线性系统：

$$x^{(3)}=f(X,p)+g(X)u \tag{4.74}$$

其中，$X=[x,\dot{x},\ddot{x}]^{\mathrm{T}}\in\mathbb{R}^3$；$f(X,p)=x\dot{x}+\exp(-p\ddot{x}^2)$；$g(X)=1+0.1\cos(x\dot{x})$。

仿真中，系统参数选为 $p=2$，期望轨迹选取为 $y_d=\sin(t)$，系统状态以及估计参数初始值选取为 $x(0)=1$，$\dot{x}(0)=0.5$，$\ddot{x}(0)=0.2$，$\hat{\theta}(0)=0$，设计参数选取为 $c=1$，$\beta_1=1$，$\beta_2=2.5$，$\gamma=0.12$，可积分函数选取为 $\varepsilon(t)=\exp(-0.7t)$。另外，由 $f(X,p)$ 的表达式可得

$$\left|f(X,p)\right| \leqslant |x||\dot{x}|+1 \leqslant \frac{1}{2}x^2+\frac{1}{2}\dot{x}^2+1 \leqslant a\varphi(X) \tag{4.75}$$

其中，$a=1$；$\varphi(X)=(x^2+\dot{x}^2+2)/2$。其仿真结果见图 4.7～图 4.14。图 4.7～图 4.9 分别描述系统状态 x、$\dot{x}$、$\ddot{x}$ 和参考信号的运行轨迹图，图 4.10～图 4.12 则是对应的状态跟踪误差曲线。从仿真图中可以看出，跟踪误差渐近趋于零，与本节所提出的控制算法理论分析结果一致。此外，图 4.13 和图 4.14 分别给出了控制输入和参数估计的运行轨迹图。

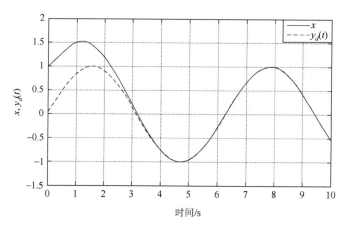

图 4.7　状态 x 和参考信号 $y_d(t)$ 的运行轨迹图

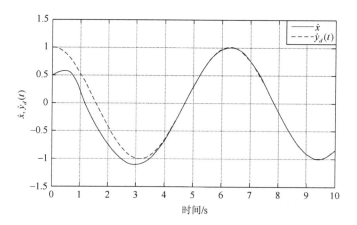

图 4.8　状态 $\dot{x}$ 和参考信号 $\dot{y}_d(t)$ 的运行轨迹图

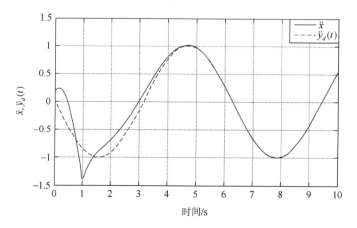

图 4.9　状态 $\ddot{x}$ 和参考信号 $\ddot{y}_d(t)$ 的运行轨迹图

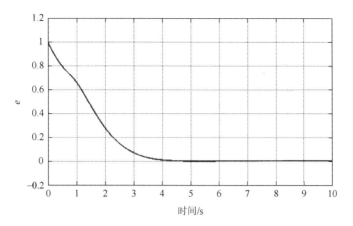

图 4.10　跟踪误差 e 运行轨迹图

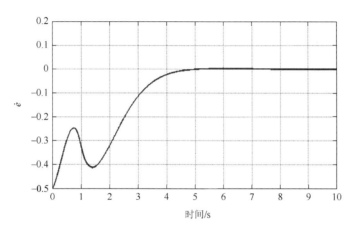

图 4.11　跟踪误差 $\dot{e}$ 运行轨迹图

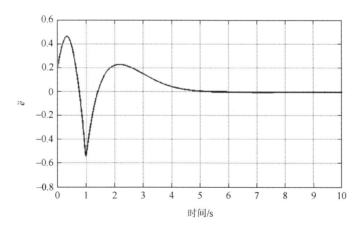

图 4.12　跟踪误差 $\ddot{e}$ 运行轨迹图

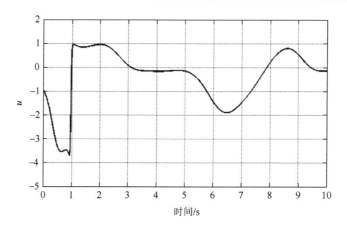

图 4.13　控制输入 u 运行轨迹图

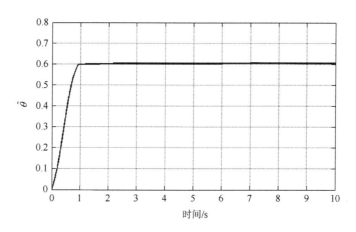

图 4.14　参数估计 $\hat{\theta}$ 运行轨迹图

4.4　本　章　小　结

本章首先介绍了二阶标准型非线性系统的控制算法，然后将其拓展到 $n(n>2)$ 阶标准型非线性系统的跟踪控制，通过引入滤波误差，并利用 Lyapunov 稳定性理论，提出的自适应控制算法不仅保证了跟踪误差渐近趋于零，同时闭环系统所有信号有界。

本章虽然考虑了高阶非线性系统的跟踪控制问题，然而，该系统属于一种比较特殊的标准型系统。接下来的章节将讨论一种更具普遍性的非线性系统的跟踪控制问题。

习　　题

4.1　举例实际工程中满足标准形式的非线性系统。

4.2　针对高阶标准型非线性系统（4.38），若非线性函数满足参数分解条件且控制增益已知，即

$$x^{(n)} = p^{\mathrm{T}}\phi(X) + g(X)u \tag{4.76}$$

其中，$p \in \mathbb{R}^r$ 代表未知参数矢量；$\phi(X) \in \mathbb{R}^r$ 是已知光滑函数。请设计有效的自适应跟踪控制方法以实现渐近跟踪，并采用 MATLAB 软件仿真验证。

4.3　针对高阶标准型非线性系统（4.38），若非线性函数不满足参数分解条件，利用核心函数法设计类似于 3.4.4 节的鲁棒自适应控制方法，并采用 MATLAB 软件仿真验证。

4.4　针对高阶标准型非线性系统（4.38），利用神经网络逼近法，设计鲁棒自适应控制方法，并采用 MATLAB 软件仿真验证。

4.5　针对高阶标准型非线性系统（4.38），若控制方向时变未知，设计基于 Nussbaum-类型函数的控制算法，并采用 MATLAB 软件仿真验证。

4.6　当系统模型存在有界外部扰动时，即系统模型为 $x^{(n)} = f(X,\theta) + g(X)u + d(t)$，其中，$d(t)$ 表示有界外部扰动，请设计鲁棒自适应跟踪控制算法。

4.7　分析本章采用的基于滤波变量控制的优缺点。

参 考 文 献

[1]　Krstic M，Kanellakopoulos I，Kokotovic P V. Nonlinear and Adaptive Control Design[M]. New York：John Wiley，1995.

[2]　Chen M，Tao G，Jiang B. Dynamic surface control using neural networks for a class of uncertain nonlinear systems with input saturation[J]. IEEE Transactions on Neural Networks and Learning Systems，2015，26（9）：2086-2097.

[3]　Bu X W，He G J，Wei D Z. A new prescribed performance control approach for uncertain nonlinear dynamic systems via back-stepping[J]. Journal of the Franklin Institute，2018，355：8510-8536.

[4]　Song Y D，Huang X C，Wen C Y. Tracking control for a class of unknown nonsquare MIMO nonaffine systems：a deep-rooted information based robust adaptive approach[J]. IEEE Transactions on Automatic Control，2016，61（10）：3227-3233.

[5]　Polycarpou M M，Ioannou P A. A robust adaptive nonlinear control design[J]. Automatica，1996，32（3）：423-427.

[6]　Wang Y J，Song Y D，Lewis F L. Robust adaptive fault-tolerant control of multiagent systems with uncertain nonidentical dynamics and undetectable actuation failures[J]. IEEE Transactions on Industrial Electronics，2015，62（6）：3978-3988.

[7]　Song Y D，Wang Y J，Wen C Y. Adaptive fault-tolerant PI tracking control with guaranteed transient and steady-state performance[J]. IEEE Transactions on Automatic Control，2016，62（1）：481-487.

第5章 严格反馈非线性系统状态反馈控制

第3章与第4章分别描述了一阶系统与高阶标准型系统的状态反馈控制问题,本章将着重讨论更具一般性的严格反馈非线性系统控制问题。为便于理解,首先简要介绍严格反馈非线性系统模型。

5.1 严格反馈非线性系统模型

将具备如下形式的非线性系统称为严格反馈非线性系统[1]:

$$\begin{cases} \dot{x}_1 = f_1(x_1,\theta) + g_1(x_1)x_2 \\ \dot{x}_2 = f_2(\overline{x}_2,\theta) + g_2(\overline{x}_2)x_3 \\ \vdots \\ \dot{x}_n = f_n(\overline{x}_n,\theta) + g_n(\overline{x}_n)u \\ y = x_1 \end{cases} \tag{5.1}$$

其中,$x_1 \in \mathbb{R}, \cdots, x_n \in \mathbb{R}$ 是系统状态;$\overline{x}_k = [x_1,x_2,\cdots,x_k]^T \in \mathbb{R}^k (k=1,2,\cdots,n)$;$f_k \in \mathbb{R}$ 是非线性函数项;$\theta \in \mathbb{R}^r$ 是未知参数矢量;$g_k \in \mathbb{R}$ 是控制增益;$u \in \mathbb{R}$ 是系统控制输入;$y \in \mathbb{R}$ 是系统输出。需要说明的是,当 $f_1(x_1,\theta) = \cdots = f_{n-1}(\overline{x}_{n-1},\theta) = 0$,$g_1(x_1) = \cdots = g_{n-1}(\overline{x}_{n-1}) = 1$ 时,系统(5.1)可简化为以下形式:

$$\begin{cases} \dot{x}_1 = x_2 \\ \dot{x}_2 = x_3 \\ \vdots \\ \dot{x}_{n-1} = x_n \\ \dot{x}_n = f_n(\overline{x}_n,\theta) + g_n(\overline{x}_n)u \\ y = x_1 \end{cases} \tag{5.2}$$

即标准型非线性系统。由此可见,标准型非线性系统(5.2)是严格反馈非线性系统(5.1)的一种特例。

注释 5.1 判断非线性系统是否为严格反馈形式的关键在于判断非线性函数 $f_k(\cdot)$ $(k=1,2,\cdots,n)$ 的表达形式:

(1)若 $f_1(x_1,\theta) = \cdots = f_{n-1}(\overline{x}_{n-1},\theta) = 0$,$g_1(x_1) = \cdots = g_{n-1}(\overline{x}_{n-1}) = 1$,则系统(5.1)简化为标准型系统;

(2)若非线性函数 $f_k(\cdot)$ 只包含系统状态 $x_1,x_2,\cdots,x_k$,则系统(5.1)属于严格反馈系统;

(3)若非线性函数 $f_k(\cdot)$ 不仅包含系统状态 $x_1,x_2,\cdots,x_k$,而且包含第 $k+1$ 阶子系统状态 x_{k+1},即 $f_k(\cdot) = f_k(\overline{x}_k,x_{k+1},\theta)$,则系统(5.1)转换为

$$
\begin{cases}
\dot{x}_1 = f_1(x_1, x_2, \theta) + g_1(x_1)x_2 \\
\dot{x}_2 = f_2(\overline{x}_3, \theta) + g_2(\overline{x}_2)x_3 \\
\vdots \\
\dot{x}_k = f_k(\overline{x}_{k+1}, \theta) + g_k(\overline{x}_k)x_{k+1} \\
\dot{x}_n = f_n(\overline{x}_n, u, \theta) + g_n(\overline{x}_n)u \\
y = x_1
\end{cases}
\quad 或者 \quad
\begin{cases}
\dot{x}_1 = f_1(x_1, x_2, \theta) \\
\dot{x}_2 = f_2(\overline{x}_3, \theta) \\
\vdots \\
\dot{x}_k = f_k(\overline{x}_{k+1}, \theta), \quad k = 3, \cdots, n-1 \\
\dot{x}_n = f_n(\overline{x}_n, u, \theta) \\
y = x_1
\end{cases}
\tag{5.3}
$$

即纯反馈非线性系统，该形式是一种更复杂的模型。针对该系统，往往需要利用中值定理，将纯反馈系统（或非仿射系统）转换为严格反馈系统（或仿射系统）。由于其设计过程与严格反馈系统控制设计类似，因此本书着重于介绍严格反馈系统的控制器设计问题，感兴趣的读者可阅读参考文献[2]～参考文献[4]。

（4）若非线性函数 $f_k(\cdot)$ 不仅包含系统状态 $x_1, x_2, \cdots, x_k$，而且包含状态 $x_j(j \geq k+2)$ 或全部状态，例如：

$$
\begin{cases}
\dot{x}_1 = f_1(\overline{x}_3, \theta) + g_1(x_1)x_2 \\
\dot{x}_2 = f_2(\overline{x}_5, x_6, \theta) + g_2(\overline{x}_2)x_3 \\
\vdots \\
\dot{x}_k = f_k(\overline{x}_k, \cdots, x_n, \theta) + g_k(\overline{x}_k)x_{k+1} \\
\dot{x}_n = f_n(\overline{x}_n, \theta) + g_n(\overline{x}_n)u \\
y = x_1
\end{cases}
\tag{5.4}
$$

称该系统为非严格反馈（非纯反馈）非线性系统，对于系统（5.4）的控制问题，本章不做介绍，感兴趣的读者可查阅相关文献。

5.2 Backstepping（反步）方法介绍

针对严格反馈非线性系统，由于每一阶子系统都存在非线性项 $f_k(\cdot)$（尤其是包含未知系统参数），因此第 4 章基于滤波变量的控制策略无法直接应用，如何设计先进控制策略以处理严格反馈非线性系统的控制问题吸引了大批学者的关注。

Kanellakopoulos 等于 20 世纪 90 年代提出了一种基于 Lyapunov 稳定性理论的反步设计方法[5]。其核心思想是将严格反馈非线性系统控制问题分解为一系列一阶系统的递归设计问题。以系统（5.1）为例，具体设计过程如下：

首先，从第一阶系统开始设计该子系统的虚拟控制器（具体含义在本节稍后介绍），保证该子系统稳定；

然后，令第一阶子系统的虚拟控制器进入下一个子系统（即第二个子系统），并利用 Lyapunov 函数及稳定性理论对第二个子系统设计虚拟控制器，同时保证第一个和第二个子系统稳定；

以此类推，根据 Lyapunov 稳定性理论，采用相同方法对前 $n-1$ 个子系统设计虚拟控制器，对第 n 阶子系统设计真实控制器，同时保证整个闭环系统稳定。

为使初学者更快、更清晰地掌握 Backstepping 技术设计思路，以三阶严格反馈系统为例，介绍状态反馈镇定控制算法和稳定性分析过程。

$$\begin{cases} \dot{x}_1 = f_1(x_1, \theta) + x_2 \\ \dot{x}_2 = f_2(\bar{x}_2, \theta) + x_3 \\ \dot{x}_3 = f_3(\bar{x}_3, \theta) + u \\ y = x_1 \end{cases} \tag{5.5}$$

其中，$x_1 \in \mathbb{R}$，$x_2 \in \mathbb{R}$，$x_3 \in \mathbb{R}$ 是系统状态；$\bar{x}_k = [x_1, \cdots, x_k]^T \in \mathbb{R}^k$；$f_k \in \mathbb{R}(k = 1, 2, 3)$ 是已知光滑非线性函数；$\theta \in \mathbb{R}^r$ 是参数矢量；$u \in \mathbb{R}$ 是系统控制输入；$y \in \mathbb{R}$ 代表系统输出。

对于三阶系统（5.5）而言，控制器设计一共需要三个步骤，前两步是虚拟控制器设计，第 3 步是真实控制器设计。

第 1 步，定义如下坐标变换：

$$z_1 = x_1 \tag{5.6}$$

结合系统（5.5），z_1 的导数可表示为

$$\dot{z}_1 = \dot{x}_1 = f_1(x_1, \theta) + x_2 \tag{5.7}$$

为建立第一个子系统与第二个子系统之间的关联，定义如下坐标变换：

$$z_2 = x_2 - \alpha_1 \tag{5.8}$$

其中，z_2 称为虚拟误差；α_1 称为虚拟控制器。

根据虚拟误差 z_2 的定义，可得

$$x_2 = z_2 + \alpha_1 \tag{5.9}$$

将其代入式（5.7）可得

$$\dot{z}_1 = f_1(x_1, \theta) + z_2 + \alpha_1 \tag{5.10}$$

定义如下二次型函数：

$$V_1 = \frac{1}{2} z_1^2 \tag{5.11}$$

其对时间 t 的导数可表示为

$$\dot{V}_1 = z_1 \dot{z}_1 = z_1 (f_1 + z_2 + \alpha_1) \tag{5.12}$$

设计虚拟控制器 α_1 为

$$\alpha_1 = -c_1 z_1 - f_1 \tag{5.13}$$

其中，$c_1 > 0$ 是设计参数。

将虚拟控制器表达式（5.13）代入式（5.10）和式（5.12），可得

$$\dot{z}_1 = -c_1 z_1 + z_2 \tag{5.14}$$

$$\dot{V}_1 = -c_1 z_1^2 + z_1 z_2 \tag{5.15}$$

其中，式（5.15）等号右侧的第二项 $z_1 z_2$ 将在第 2 步设计过程中处理。

注释 5.2　在不影响可读性的基础上，省略函数的变量及参数，即 $f_1(x_1, \theta) = f_1$。此外，由虚拟误差表达式（5.8）可知虚拟控制器 α_1 和虚拟误差变量 z_2 存在一定的代数关系，因此，虚拟控制器 α_1 不能包含 z_2 或者 x_2 项。

第 2 步，对定义于式（5.8）的虚拟误差 z_2 求导，可得

$$\dot{z}_2 = \dot{x}_2 - \dot{\alpha}_1 = f_2 + x_3 - \dot{\alpha}_1 \tag{5.16}$$

因为虚拟控制器 α_1 是关于状态 x_1 的函数，所以其导数可表示为

$$\dot{\alpha}_1 = \frac{\partial \alpha_1}{\partial x_1} \dot{x}_1 = \frac{\partial \alpha_1}{\partial x_1}(f_1 + x_2) \tag{5.17}$$

即

$$\dot{z}_2 = f_2 + x_3 - \frac{\partial \alpha_1}{\partial x_1}(f_1 + x_2) \tag{5.18}$$

为建立第二个子系统与第三个子系统之间的关联，定义如下虚拟误差：

$$z_3 = x_3 - \alpha_2 \tag{5.19}$$

将其代入式（5.18），可得

$$\dot{z}_2 = f_2 + z_3 + \alpha_2 - \frac{\partial \alpha_1}{\partial x_1}(f_1 + x_2) \tag{5.20}$$

虚拟控制器 α_2 的定义如下：

$$\alpha_2 = -c_2 z_2 - f_2 + \frac{\partial \alpha_1}{\partial x_1}(f_1 + x_2) - z_1 \tag{5.21}$$

其中，$c_2 > 0$ 是设计常数。

将其表达式代入式（5.20），可计算得到：

$$\dot{z}_2 = -c_2 z_2 + z_3 - z_1 \tag{5.22}$$

选取以下形式的二次型函数：

$$V_2 = \frac{1}{2}\sum_{k=1}^{2} z_k^2 \tag{5.23}$$

结合式（5.15）和式（5.22），V_2 的导数可表示为

$$\dot{V}_2 = -\sum_{k=1}^{2} c_k z_k^2 + z_2 z_3 \tag{5.24}$$

变量 z_3 将在第 3 步处理。

第 3 步，在此步骤中将设计真实的镇定控制器 u。对定义于式（5.19）的虚拟误差 z_3 求导，可得

$$\dot{z}_3 = \dot{x}_3 - \dot{\alpha}_2 = f_3 + u - \dot{\alpha}_2 \tag{5.25}$$

虚拟控制器 α_2 是关于状态 x_1、x_2 和虚拟误差 z_1、z_2 的函数，根据虚拟误差的定义可知，虚拟误差 z_2 可由状态 x_1、x_2 和虚拟控制器 α_1 表示，同时，α_1 是状态 x_1 的函数，因此，可归纳得出虚拟控制器 α_2 是状态 x_1 和 x_2 的函数，则其导数可写为

$$\dot{\alpha}_2 = \frac{\partial \alpha_2}{\partial x_1} \dot{x}_1 + \frac{\partial \alpha_2}{\partial x_2} \dot{x}_2 = \frac{\partial \alpha_2}{\partial x_1}(f_1 + x_2) + \frac{\partial \alpha_2}{\partial x_2}(f_2 + x_3) \tag{5.26}$$

即

$$\dot{z}_3 = f_3 + u - \sum_{k=1}^{2} \frac{\partial \alpha_2}{\partial x_k}(f_k + x_{k+1}) \tag{5.27}$$

控制器 u 定义如下：

$$u = -c_3 z_3 - f_3 + \sum_{k=1}^{2} \frac{\partial \alpha_2}{\partial x_k}(f_k + x_{k+1}) - z_2 \tag{5.28}$$

其中，$c_3 > 0$ 是设计常数。

将其表达式代入式（5.27）得

$$\dot{z}_3 = -c_3 z_3 - z_2 \tag{5.29}$$

选取 Lyapunov 候选函数为

$$V = \frac{1}{2} \sum_{k=1}^{3} z_k^2 \tag{5.30}$$

利用式（5.24）和式（5.29），Lyapunov 候选函数 V 的导数可表示为

$$\dot{V} = -\sum_{k=1}^{3} c_k z_k^2 \leqslant 0 \tag{5.31}$$

接下来将对三阶闭环系统（5.14）、系统（5.22）、系统（5.29）进行稳定性分析。

首先，分析闭环系统所有信号有界。根据表达式（5.31），将其积分运算得到

$$V(t) - V(0) = -\sum_{k=1}^{3} \int_0^t c_k z_k^2(\tau)\mathrm{d}\tau \leqslant 0 \tag{5.32}$$

即

$$V(t) + \sum_{k=1}^{3} \int_0^t c_k z_k^2(\tau)\mathrm{d}\tau = V(0) \tag{5.33}$$

其中，$V(0)$ 代表 Lyapunov 函数的初始值（初始时刻 t_0 默认为 0）。根据式（5.32）可得 $V(t) \in L_\infty$，$z_k \in L_2$；利用 Lyapunov 函数的定义，可判断得出 $z_k \in L_\infty (k=1,2,3)$。因为 $z_1 = x_1$，同时 $f_1(x_1, \theta)$ 是光滑非线性函数，所以 f_1 函数有界，进一步得到虚拟控制器 α_1 以及 $\partial \alpha_1 / \partial x_1$ 有界。根据虚拟误差 z_2 的定义 $z_2 = x_2 - \alpha_1$，可确定 $x_2 \in L_\infty$。根据非线性函数 f_2 的光滑特性以及状态 x_1、x_2 的有界性，可以得到 $f_2 \in L_\infty$，从而不难得到虚拟控制器 α_2 的有界性。采用类似分析，可以得到系统状态 $x_3 \in L_\infty$，非线性函数 $f_3 \in L_\infty$，真实控制器 $u \in L_\infty$，以及虚拟误差导数 $\dot{z}_k \in L_\infty$。

其次，证明系统输出渐近趋于零，即 $\lim_{t \to \infty} x_1(t) = 0$。因为 $z_1 \in L_\infty \bigcap L_2$，$\dot{z}_1 \in L_\infty$，所以利用 Barbalat 引理不难得出 $\lim_{t \to \infty} z_1(t) = \lim_{t \to \infty} x_1(t) = 0$。

注释 5.3　针对严格反馈非线性系统（5.1），采用相同的控制器设计流程及分析方式（假设 $g_1(x_1) = \cdots = g_n(\bar{x}_n) = 1$），定义如下坐标变换：

$$\begin{cases} z_1 = x_1 \\ z_2 = x_2 - \alpha_1 \\ z_k = x_k - \alpha_{k-1}, \quad k = 2, 3, \cdots, n \end{cases} \tag{5.34}$$

其中，$z_i (i = 2, 3, \cdots, n)$ 是虚拟误差；$\alpha_i (i = 1, 2, \cdots, n-1)$ 是虚拟控制器。并选择如下形式的 Lyapunov 候选函数：

$$V = \frac{1}{2} \sum_{k=1}^{n} z_k^2 \tag{5.35}$$

设计虚拟控制器和真实控制器：

$$\begin{cases} \alpha_1 = -c_1 z_1 - f_1 \\ \alpha_j = -c_j z_j - f_j + \sum_{k=1}^{j-1} \dfrac{\partial \alpha_{j-1}}{\partial x_k}(f_k + x_{k+1}) - z_{j-1}, \quad j = 2,3,\cdots,n \\ u = \alpha_n \end{cases} \tag{5.36}$$

其中，$c_k > 0\,(k=1,2,\cdots,n)$ 是设计参数。采用与三阶严格反馈系统相同的分析方式，不难得到闭环系统所有信号有界和 $\lim_{t\to\infty} x_1(t) = 0$。

5.3　基于调节函数的参数严格反馈系统自适应控制

5.2 节主要介绍了 Backstepping 方法的基本设计思路。需要关注的是，5.2 节控制器设计需要假设非线性函数 $f_k(k=1,2,3)$ 完全已知，因此，5.2 节是一种基于系统模型的控制算法。然而，在许多实际工程系统中，参数往往难以（甚至不可能）获取，即 θ 未知，这意味着非线性函数 f_k 不可应用于控制器设计。因此，本节将介绍一种参数化分解严格反馈非线性系统的自适应控制算法。

为便于控制器设计，需对非线性函数 f_k 做以下假设。

假设 5.1　非线性函数 $f_k(k=1,2,\cdots,n)$ 满足参数分解条件，即
$$f_k(\overline{x}_k,\theta) = \varphi_k(\overline{x}_k)^{\mathrm{T}}\theta \tag{5.37}$$
其中，$\varphi_k \in \mathbb{R}^r$ 是已知光滑非线性函数；$\theta \in \mathbb{R}^r$ 是未知常数矢量。

假设 5.2　控制增益函数 $g_k(k=1,2,\cdots,n)$ 为 1，即 $g_1(\cdot) = g_2(\cdot) = \cdots = g_n(\cdot) = 1$。

根据假设 5.1 和假设 5.2，非线性系统（5.1）可写为
$$\begin{cases} \dot{x}_1 = \varphi_1(x_1)^{\mathrm{T}}\theta + x_2 \\ \dot{x}_2 = \varphi_2(\overline{x}_2)^{\mathrm{T}}\theta + x_3 \\ \vdots \\ \dot{x}_n = \varphi_n(\overline{x}_n)^{\mathrm{T}}\theta + u \\ y = x_1 \end{cases} \tag{5.38}$$

将如上形式的系统称为可参数化分解的严格反馈非线性系统。

基于 Backstepping 技术，文献[5]首次针对可参数化分解严格反馈系统（5.38）提出了一种自适应算法，然而该算法存在过参数化问题，即参数估计变量的个数多于系统参数的个数，因此将带来过多的积分运算，造成不必要的资源浪费。针对该问题，文献[1]提出了一种基于调节函数（tuning function）的 Backstepping 自适应控制方法，有效避免了参数估计导致的过参数化问题，使得参数估计个数等于系统参数实际个数。因此，基于调节函数的自适应控制方法近年来得到越来越多科研工作者的关注[6-8]，本章将着重介绍基于调节函数的 Backstepping 自适应控制方法。

镇定是跟踪控制的一种特例，故本节直接讨论可参数分解的严格反馈非线性系统（5.38）的跟踪控制问题。

控制目标：针对非线性系统（5.38），设计自适应控制算法使得系统输出渐近跟踪理

想参考信号 $y_d(t)$；闭环系统所有信号最终一致有界。

为了实现以上目标，做出以下假设条件。

假设 5.3 系统状态 $x_1, x_2, \cdots, x_n$ 完全可测。

假设 5.4 理想信号 $y_d(t)$ 及其导数 $y_d^{(k)}(k=1,2,\cdots,n)$ 已知有界且分段连续。

接下来将利用自适应控制方法和可调节技术进行控制器设计。

5.3.1 控制器设计

对于 n 阶系统而言，一共需要 n 步。前 $n-1$ 步设计虚拟控制器，第 n 步设计真实控制器。为便于描述，定义如下形式的坐标变换：

$$\begin{cases} z_1 = x_1 - y_d \\ z_k = x_k - \alpha_{k-1}, \quad k=2,3,\cdots,n \end{cases} \tag{5.39}$$

其中，z_1 是真实误差；$z_k(k=2,3,\cdots,n)$ 是虚拟误差；α_{k-1} 是需要设计的虚拟控制器。

第 1 步，根据坐标变换（5.39）和式（5.38），真实误差 z_1 的时间导数可表示为

$$\dot{z}_1 = \dot{x}_1 - \dot{y}_d = \varphi_1^T \theta + x_2 - \dot{y}_d \tag{5.40}$$

因为 $x_2 = z_2 + \alpha_1$，所以式（5.40）可进一步写为

$$\dot{z}_1 = \varphi_1^T \theta + z_2 + \alpha_1 - \dot{y}_d \tag{5.41}$$

需要注意的是，5.2 节是基于系统模型设计的虚拟控制器，即控制器设计需要利用系统参数 θ 的信息；然而，当系统参数未知时，式（5.13）形式的虚拟控制器就不再适用；为了进行虚拟（或真实）控制器设计，5.3 节将利用自适应控制方法对系统未知参数进行估计，使用其估计值进行控制器设计。因此，虚拟控制器 α_1 设计为

$$\alpha_1 = -c_1 z_1 - \varphi_1^T \hat{\theta} + \dot{y}_d \tag{5.42}$$

其中，$c_1 > 0$ 是设计参数；$\hat{\theta}$ 是系统未知参数 θ 的估计值。

将式（5.42）代入式（5.41），可得

$$\dot{z}_1 = z_2 - c_1 z_1 + \varphi_1^T \tilde{\theta} \tag{5.43}$$

其中，$\tilde{\theta} = \theta - \hat{\theta}$ 是参数估计误差。

选取二次型函数为

$$V_1 = \frac{1}{2} z_1^2 + \frac{1}{2} \tilde{\theta}^T \Gamma^{-1} \tilde{\theta} \tag{5.44}$$

其中，$\Gamma \in \mathbb{R}^{r \times r}$ 是正定对称矩阵参数；因此 V_1 的时间导数为

$$\begin{aligned} \dot{V}_1 &= z_1 \dot{z}_1 - \tilde{\theta}^T \Gamma^{-1} \dot{\hat{\theta}} = z_1(z_2 - c_1 z_1 + \varphi_1^T \tilde{\theta}) - \tilde{\theta}^T \Gamma^{-1} \dot{\hat{\theta}} \\ &= z_1 z_2 - c_1 z_1^2 + \tilde{\theta}^T \Gamma^{-1}(\Gamma \tau_1 - \dot{\hat{\theta}}) \end{aligned} \tag{5.45}$$

其中，$\tau_1 = z_1 \varphi_1$；$z_1 z_2$ 项将在第 2 步进行处理。

第 2 步，因为 α_1 是 x_1、y_d、$\dot{y}_d$ 和 $\hat{\theta}$ 的函数，所以根据式（5.39），虚拟误差 z_2 对时间 t 的导数表示为

$$\dot{z}_2 = \dot{x}_2 - \dot{\alpha}_1 = x_3 + \varphi_2^T \theta - \frac{\partial \alpha_1}{\partial x_1}(x_2 + \varphi_1^T \theta) - \sum_{k=0}^{1} \frac{\partial \alpha_1}{\partial y_d^{(k)}} y_d^{(k+1)} - \frac{\partial \alpha_1}{\partial \hat{\theta}} \dot{\hat{\theta}} \tag{5.46}$$

因为 $x_3 = z_3 + \alpha_2$，所以式（5.46）可进一步写为

$$\dot{z}_2 = z_3 + \alpha_2 + \varphi_2^{\mathrm{T}}\theta - \frac{\partial \alpha_1}{\partial x_1}\left(x_2 + \varphi_1^{\mathrm{T}}\theta\right) - \sum_{k=0}^{1}\frac{\partial \alpha_1}{\partial y_d^{(k)}}y_d^{(k+1)} - \frac{\partial \alpha_1}{\partial \hat{\theta}}\dot{\hat{\theta}}$$

$$= z_3 + \alpha_2 + \omega_2^{\mathrm{T}}\hat{\theta} + \omega_2^{\mathrm{T}}\tilde{\theta} - \frac{\partial \alpha_1}{\partial x_1}x_2 - \sum_{k=0}^{1}\frac{\partial \alpha_1}{\partial y_d^{(k)}}y_d^{(k+1)} - \frac{\partial \alpha_1}{\partial \hat{\theta}}\dot{\hat{\theta}} \tag{5.47}$$

其中，$\omega_2 = \varphi_2 - \dfrac{\partial \alpha_1}{\partial x_1}\varphi_1$。

选取虚拟控制器 α_2 为

$$\alpha_2 = -c_2 z_2 - z_1 - \omega_2^{\mathrm{T}}\hat{\theta} + \frac{\partial \alpha_1}{\partial x_1}x_2 + \sum_{k=0}^{1}\frac{\partial \alpha_1}{\partial y_d^{(k)}}y_d^{(k+1)} + \frac{\partial \alpha_1}{\partial \hat{\theta}}\Gamma\tau_2 \tag{5.48}$$

$$\tau_2 = \tau_1 + \omega_2 z_2 \tag{5.49}$$

其中，$c_2 > 0$ 是设计参数。

将虚拟控制器表达式（5.48）代入式（5.47），则

$$\dot{z}_2 = z_3 - c_2 z_2 - z_1 + \omega_2^{\mathrm{T}}\tilde{\theta} + \frac{\partial \alpha_1}{\partial \hat{\theta}}\left(\Gamma\tau_2 - \dot{\hat{\theta}}\right) \tag{5.50}$$

选取二次型函数 V_2 为

$$V_2 = V_1 + \frac{1}{2}z_2^2 \tag{5.51}$$

其导数可表示为

$$\dot{V}_2 = -\sum_{k=1}^{2}c_k z_k^2 + z_2 z_3 + z_2\omega_2^{\mathrm{T}}\tilde{\theta} + \tilde{\theta}^{\mathrm{T}}\Gamma^{-1}\left(\Gamma\tau_1 - \dot{\hat{\theta}}\right) + z_2\frac{\partial \alpha_1}{\partial \hat{\theta}}\left(\Gamma\tau_2 - \dot{\hat{\theta}}\right) \tag{5.52}$$

注意到 $\Gamma\tau_1 - \dot{\hat{\theta}}$ 可分解为

$$\Gamma\tau_1 - \dot{\hat{\theta}} = \Gamma\tau_1 - \Gamma\tau_2 + \Gamma\tau_2 - \dot{\hat{\theta}} = -\Gamma\omega_2 z_2 + \Gamma\tau_2 - \dot{\hat{\theta}} \tag{5.53}$$

因此，式（5.52）可进一步写为

$$\dot{V}_2 = -\sum_{k=1}^{2}c_k z_k^2 + z_2 z_3 + \left(z_2\frac{\partial \alpha_1}{\partial \hat{\theta}} + \tilde{\theta}^{\mathrm{T}}\Gamma^{-1}\right)\left(\Gamma\tau_2 - \dot{\hat{\theta}}\right) \tag{5.54}$$

第 3 步，为了更清晰明了地掌握基于调节函数的 Backstepping 设计思路，有必要详细介绍该步虚拟控制器的设计技巧。因为 $x_4 = z_4 + \alpha_3$，所以 $\dot{x}_3 = x_4 + \varphi_3^{\mathrm{T}}\theta$ 可写为

$$\dot{z}_3 = x_4 + \varphi_3^{\mathrm{T}}\theta - \dot{\alpha}_2$$

$$= z_4 + \alpha_3 + \omega_3^{\mathrm{T}}\hat{\theta} + \omega_3^{\mathrm{T}}\tilde{\theta} - \sum_{k=1}^{2}\frac{\partial \alpha_2}{\partial x_k}x_{k+1} - \sum_{k=0}^{2}\frac{\partial \alpha_2}{\partial y_d^{(k)}}y_d^{(k+1)} - \frac{\partial \alpha_2}{\partial \hat{\theta}}\dot{\hat{\theta}} \tag{5.55}$$

其中，$\omega_3 = \varphi_3 - \sum_{k=1}^{2}\dfrac{\partial \alpha_2}{\partial x_k}\varphi_k$。

选取虚拟控制器 α_3 为

$$\alpha_3 = -c_3 z_3 - z_2 - \omega_3^{\mathrm{T}}\hat{\theta} + \sum_{k=1}^{2}\frac{\partial \alpha_2}{\partial x_k}x_{k+1} + \sum_{k=0}^{2}\frac{\partial \alpha_2}{\partial y_d^{(k)}}y_d^{(k+1)} + \frac{\partial \alpha_2}{\partial \hat{\theta}}\Gamma\tau_3 + z_2\frac{\partial \alpha_1}{\partial \hat{\theta}}\Gamma\omega_3 \tag{5.56}$$

$$\tau_3 = \tau_2 + \omega_3 z_3 \tag{5.57}$$

其中，$c_3 > 0$ 是设计参数。将虚拟控制器 α_3 的表达式代入式（5.55），则

$$\dot{z}_3 = z_4 - c_3 z_3 - z_2 + \omega_3^{\mathrm{T}}\tilde{\theta} + \frac{\partial \alpha_2}{\partial \hat{\theta}}\left(\varGamma\tau_3 - \dot{\hat{\theta}}\right) + z_2\frac{\partial \alpha_1}{\partial \hat{\theta}}\varGamma\omega_3 \tag{5.58}$$

选取二次型函数 V_3 为

$$V_3 = V_2 + \frac{1}{2}z_3^2 \tag{5.59}$$

其导数可表示为

$$\dot{V}_3 = -\sum_{k=1}^{3}c_k z_k^2 + z_3 z_4 + z_2 z_3\frac{\partial \alpha_1}{\partial \hat{\theta}}\varGamma\omega_3 + z_3\omega_3^{\mathrm{T}}\tilde{\theta} + \left(z_2\frac{\partial \alpha_1}{\partial \hat{\theta}} + \tilde{\theta}^{\mathrm{T}}\varGamma^{-1}\right)\left(\varGamma\tau_2 - \dot{\hat{\theta}}\right)$$
$$+ z_3\frac{\partial \alpha_2}{\partial \hat{\theta}}\left(\varGamma\tau_3 - \dot{\hat{\theta}}\right) \tag{5.60}$$

因为 $\tau_3 = \tau_2 + \omega_3 z_3$，所以：

$$\varGamma\tau_2 - \dot{\hat{\theta}} = \varGamma\tau_2 - \varGamma\tau_3 + \varGamma\tau_3 - \dot{\hat{\theta}} = -\varGamma\omega_3 z_3 + \varGamma\tau_3 - \dot{\hat{\theta}} \tag{5.61}$$

因此

$$\left(z_2\frac{\partial \alpha_1}{\partial \hat{\theta}} + \tilde{\theta}^{\mathrm{T}}\varGamma^{-1}\right)\left(\varGamma\tau_2 - \dot{\hat{\theta}}\right) = \left(z_2\frac{\partial \alpha_1}{\partial \hat{\theta}} + \tilde{\theta}^{\mathrm{T}}\varGamma^{-1}\right)\left(-\varGamma\omega_3 z_3 + \varGamma\tau_3 - \dot{\hat{\theta}}\right)$$
$$= -z_2\frac{\partial \alpha_1}{\partial \hat{\theta}}\varGamma\omega_3 z_3 - \tilde{\theta}^{\mathrm{T}}\omega_3 z_3 + \left(z_2\frac{\partial \alpha_1}{\partial \hat{\theta}} + \tilde{\theta}^{\mathrm{T}}\varGamma^{-1}\right)\left(\varGamma\tau_3 - \dot{\hat{\theta}}\right) \tag{5.62}$$

式（5.62）等号右侧第一项和第二项分别可抵消式（5.60）等号右侧的第三项和第四项，从而式（5.60）可简化为

$$\dot{V}_3 = -\sum_{k=1}^{3}c_k z_k^2 + z_3 z_4 + \left(z_2\frac{\partial \alpha_1}{\partial \hat{\theta}} + z_3\frac{\partial \alpha_2}{\partial \hat{\theta}} + \tilde{\theta}^{\mathrm{T}}\varGamma^{-1}\right)\left(\varGamma\tau_3 - \dot{\hat{\theta}}\right) \tag{5.63}$$

注释 5.4　第 3 步虚拟控制器设计与第 1、2 步略有不同，最明显的区别在于增加了 $z_2\dfrac{\partial \alpha_1}{\partial \hat{\theta}}\varGamma\omega_3$ 项，从而在二次型函数 V_3 的导数项（5.60）中出现 $z_2 z_3\dfrac{\partial \alpha_1}{\partial \hat{\theta}}\varGamma\omega_3$，该项的主要作用是抵消公式（5.62）等号右侧的第一项 $-z_2\dfrac{\partial \alpha_1}{\partial \hat{\theta}}\varGamma\omega_3 z_3$。

第 $j(j=4,5,\cdots,n)$ 步，该步骤之后的设计与第 3 步采用相同思想，因此，将采用归纳法的形式给出设计过程。根据坐标变换（5.39），有

$$\dot{z}_j = \dot{x}_j - \dot{\alpha}_{j-1}$$
$$= x_{j+1} + \varphi_j^{\mathrm{T}}\theta - \sum_{k=1}^{j-1}\frac{\partial \alpha_{j-1}}{\partial x_k}(x_{k+1} + \varphi_k^{\mathrm{T}}\theta) - \sum_{k=0}^{j-1}\frac{\partial \alpha_{j-1}}{\partial y_d^{(k)}}y_d^{(k+1)} - \frac{\partial \alpha_{j-1}}{\partial \hat{\theta}}\dot{\hat{\theta}} \tag{5.64}$$

利用 $x_{j+1} = z_{j+1} + \alpha_j$，式（5.64）可转化为

$$\dot{z}_j = z_{j+1} + \alpha_j + \varphi_j^{\mathrm{T}}\theta - \sum_{k=1}^{j-1}\frac{\partial \alpha_{j-1}}{\partial x_k}(x_{k+1} + \varphi_k^{\mathrm{T}}\theta) - \sum_{k=0}^{j-1}\frac{\partial \alpha_{j-1}}{\partial y_d^{(k)}}y_d^{(k+1)} - \frac{\partial \alpha_{j-1}}{\partial \hat{\theta}}\dot{\hat{\theta}} \tag{5.65}$$

因此，虚拟/真实控制器设计为

$$\alpha_j = -c_j z_j - z_{j-1} - \omega_j^{\mathrm{T}} \hat{\theta} + \sum_{k=1}^{j-1} \frac{\partial \alpha_{j-1}}{\partial x_k} x_{k+1} + \sum_{k=0}^{j-1} \frac{\partial \alpha_{j-1}}{\partial y_d^{(k)}} y_d^{(k+1)} \tag{5.66}$$

$$+ \frac{\partial \alpha_{j-1}}{\partial \hat{\theta}} \varGamma \tau_j + \sum_{k=2}^{j-1} \frac{\partial \alpha_{k-1}}{\partial \hat{\theta}} \varGamma \omega_j z_k$$

$$\tau_j = \tau_{j-1} + \omega_j z_j \tag{5.67}$$

$$\omega_j = \varphi_j - \sum_{k=1}^{j-1} \frac{\partial \alpha_{j-1}}{\partial x_k} \varphi_k \tag{5.68}$$

$$u = \alpha_n \tag{5.69}$$

$$\dot{\hat{\theta}} = \varGamma \tau_n \tag{5.70}$$

其中，$c_j > 0$ 是设计参数。

接下来，将给出在控制器（5.69）作用下的定理及闭环系统稳定性分析。

5.3.2　定理及稳定性分析

定理 5.1　对于满足假设 5.1～假设 5.4 的可参数分解的严格反馈非线性系统（5.38），设计控制器（5.69）和自适应律（5.70），提出的控制算法不仅保证闭环系统的所有信号有界，同时确保跟踪误差渐近趋于零。

证明　根据设计的虚拟控制器以及真实控制器（5.66）和（5.69），可得以下闭环系统：

$$\dot{z}_1 = z_2 - c_1 z_1 + \varphi_1^{\mathrm{T}} \tilde{\theta} \tag{5.71}$$

$$\dot{z}_2 = z_3 - c_2 z_2 - z_1 + \omega_2^{\mathrm{T}} \tilde{\theta} + \frac{\partial \alpha_1}{\partial \hat{\theta}} \left(\varGamma \tau_2 - \dot{\hat{\theta}} \right) \tag{5.72}$$

$$\dot{z}_3 = z_4 - c_3 z_3 - z_2 + \omega_3^{\mathrm{T}} \tilde{\theta} + \frac{\partial \alpha_2}{\partial \hat{\theta}} \left(\varGamma \tau_3 - \dot{\hat{\theta}} \right) + z_2 \frac{\partial \alpha_1}{\partial \hat{\theta}} \varGamma \omega_3 \tag{5.73}$$

$$\dot{z}_j = z_{j+1} - c_j z_j - z_{j-1} + \omega_j^{\mathrm{T}} \tilde{\theta} + \frac{\partial \alpha_{j-1}}{\partial \hat{\theta}} \left(\varGamma \tau_j - \dot{\hat{\theta}} \right) + \sum_{k=1}^{j-2} z_{k+1} \frac{\partial \alpha_k}{\partial \hat{\theta}} \varGamma \omega_j, \quad j = 4, 5, \cdots, n-1 \tag{5.74}$$

$$\dot{z}_n = -c_n z_n - z_{n-1} + \omega_n^{\mathrm{T}} \tilde{\theta} + \frac{\partial \alpha_{n-1}}{\partial \hat{\theta}} \left(\varGamma \tau_n - \dot{\hat{\theta}} \right) + \sum_{k=1}^{n-2} z_{k+1} \frac{\partial \alpha_k}{\partial \hat{\theta}} \varGamma \omega_n \tag{5.75}$$

构造 Lyapunov 候选函数为

$$V = \frac{1}{2} \sum_{k=1}^{n} z_k^2 + \frac{1}{2} \tilde{\theta}^{\mathrm{T}} \varGamma^{-1} \tilde{\theta} \tag{5.76}$$

利用闭环系统方程（5.71）～方程（5.75），Lyapunov 候选函数的导数为

$$\dot{V} = -\sum_{k=1}^{n} c_k z_k^2 \leqslant 0 \tag{5.77}$$

对式（5.77）在区间 $[0, t]$ 上积分：

$$V(t) + c_1 \int_0^t z_1^2(\tau) \mathrm{d}\tau + \cdots + c_n \int_0^t z_n^2(\tau) \mathrm{d}\tau = V(0) \tag{5.78}$$

首先分析闭环系统信号的有界性。根据式（5.78）可得 Lyapunov 函数 $V(t)$ 有界，从而得到误差 $z_k (k = 1, 2, \cdots, n)$ 有界，参数估计误差 $\tilde{\theta}$ 有界。因为 $\tilde{\theta} = \theta - \hat{\theta}$ 且 θ 是未知有界常

数，因此 $\hat{\theta} \in L_\infty$。注意到当 $k=1$ 时，$z_1 = x_1 - y_d$ 且 $y_d \in L_\infty$，因此可进一步得到系统状态 x_1 有界，根据假设 5.1 可知，非线性函数 φ_1 有界；同时，利用关于理想信号及其导数的假设 5.3，不难得到虚拟控制器 α_1 的有界性和误差导数 $\dot{z}_1$ 的有界性。当 $k=2$ 时，因为 z_2 和 α_1 是有界的，所以可以判断系统状态 x_2 有界，从而得出 $\varphi_2(\bar{x}_2) \in L_\infty$。另外，由虚拟控制器 α_1 的光滑性和有界性，可判断得到 $\partial \alpha_1 / \partial x_1$、$\partial \alpha_1 / \partial y_d$、$\partial \alpha_1 / \partial \dot{y}_d$、$\partial \alpha_1 / \partial \hat{\theta}$ 的有界性，因此，$\omega_2 \in L_\infty$，$\tau_2 \in L_\infty$，虚拟控制器 $\alpha_2 \in L_\infty$。利用相同的分析方法，可以得到系统状态 $x_i (i=3,4,\cdots,n)$ 有界，非线性函数 φ_i 有界，虚拟控制器的各个偏导有界，虚拟控制器有界、真实控制器有界、自适应律 $\hat{\theta}$ 有界，以及虚拟误差的导数 $\dot{z}_i$ 有界。

其次，证明跟踪误差渐近趋于零。根据式（5.78）可知 $z_k \in L_2 (k=1,2,\cdots,n)$，注意到 $z_k \in L_\infty$ 且 $\dot{z}_k \in L_\infty$，因此，利用 Barbalat 引理：

$$\lim_{t\to\infty} z_k(t) = 0, \quad k=1,2,\cdots,n \tag{5.79}$$

证明完毕。

5.3.3 数值仿真

仿真环境为 Windows-10 专业版 64 位操作系统，CPU 为 Intel Core i7-8650U @ 1.90GHz 2.11GHz，系统内存为 8GB，仿真软件为 MATLAB R2012a。为验证 5.3.1 节自适应算法的有效性，采用以下二阶非线性系统：

$$\begin{cases} \dot{x}_1 = x_2 + \varphi_1(x_1)\theta \\ \dot{x}_2 = u \end{cases} \tag{5.80}$$

其中，$\varphi_1(x_1) = x_1^2$；$\theta = 1$。

在仿真中，理想信号选取为 $y_d = 0.2\sin(t)$，参数设定为 $c_1=1$，$c_2=5$，$\varGamma=1$，系统状态以及参数估计初始值为 $x_1(0)=1$，$x_2(0)=-1$，$\hat{\theta}(0)=0$。在 5.3.1 节控制算法作用下，仿真结果见图 5.1～图 5.4。图 5.1 是关于系统输出 x_1 和理想信号 $y_d(t)$ 的运行轨迹图，图 5.2 是跟踪误差 z_1 的运行轨迹图，可以看出跟踪误差渐近趋于零，与 5.3.1 节自适应控制算法理论分析匹配，验证了算法的有效性。此外，图 5.3 和图 5.4 给出了自适应控制器输入和参数估计的运行轨迹图，验证了闭环系统信号的有界性。

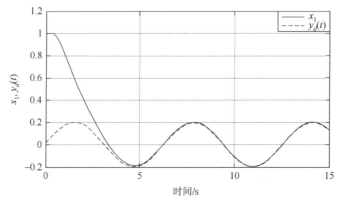

图 5.1 系统输出 x_1 和理想轨迹 $y_d(t)$ 运行轨迹图

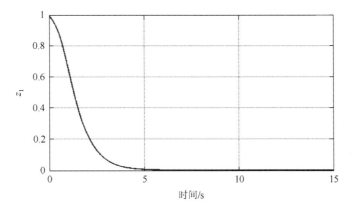

图 5.2　跟踪误差 z_1 运行轨迹图

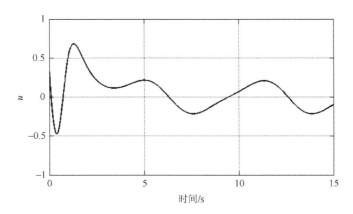

图 5.3　控制输入 u 运行轨迹图

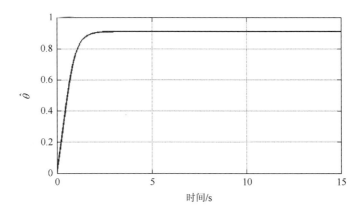

图 5.4　参数估计 $\hat{\theta}$ 运行轨迹图

5.4　基于核心函数的严格反馈系统鲁棒自适应控制

5.4.1　问题描述

5.3 节控制算法是基于系统非线性函数满足参数分解条件（假设 5.1）设计的，当非线性项不满足此条件时，对应的控制方法自然失效，因此，如何处理严格反馈系统中非线性项不满足参数分解条件时的跟踪控制问题是一个既困难又极具挑战性的课题。

同时，5.3 节考虑的系统模型相对简单，主要体现为：①每一阶的系统参数相同，在实际工程系统中每个子系统的参数大多不相等；②系统控制增益为 1，这将大大简化系统控制器设计难度；而实际系统的控制增益往往未知，甚至时变。为了体现这两点，本节考虑如下形式的严格反馈非线性系统：

$$\begin{cases} \dot{x}_1 = f_1(x_1,\theta_1) + g_1(x_1)x_2 \\ \dot{x}_2 = f_2(\bar{x}_2,\theta_2) + g_2(\bar{x}_2)x_3 \\ \vdots \\ \dot{x}_n = f_n(\bar{x}_n,\theta_n) + g_n(\bar{x}_n)u \\ y = x_1 \end{cases} \tag{5.81}$$

其中，$x_1 \in \mathbb{R}, \cdots, x_n \in \mathbb{R}$ 是系统状态；$\bar{x}_k = [x_1,\cdots,x_k]^T \in \mathbb{R}^k (k=1,2,\cdots,n)$；$f_k \in \mathbb{R}$ 是光滑非线性函数；$\theta_k \in \mathbb{R}^{r_k}$ 是未知参数矢量；$g_k(\bar{x}_k) \in \mathbb{R}$ 是系统控制增益；$u \in \mathbb{R}$ 是系统控制输入；$y \in \mathbb{R}$ 是系统输出。在不发生混淆的前提下，有时省略变量或函数中的参数。

针对该类型的系统，如果非线性函数：

$$f_k(\bar{x}_k,\theta_k) \neq \varphi_k(\bar{x}_k)^T \theta_k \tag{5.82}$$

其中，$\varphi_k \in \mathbb{R}^{r_k}$ 是已知非线性函数，则系统（5.81）称为不可参数化分解的严格反馈系统。明显地，满足参数分解形式的系统（5.38）属于系统（5.81）的特例。

本节控制目标为针对不可参数化分解的严格反馈非线性系统（5.81），设计鲁棒自适应控制器使得：闭环系统所有信号最终一致有界；系统输出 $y = x_1$ 跟踪理想信号 $y_d(t)$ 且跟踪误差收敛到足够小的紧凑集合。

为了实现以上目标，做出以下假设条件和引理。

假设 5.5　系统状态 $x_1,x_2,\cdots,x_n$ 完全可测。

假设 5.6　控制增益函数 $g_k (k=1,2,\cdots,n)$ 对于控制器设计而言是未知时变的。此外，存在未知常数 $\underline{g}_k$ 和 $\bar{g}_k$ 使得 $0 < \underline{g}_k \leq |g_k(\bar{x}_k)| \leq \bar{g}_k < \infty$。不失一般性，本节考虑 $0 < \underline{g}_k \leq g_k(\bar{x}_k) \leq \bar{g}_k < \infty$ 的情况。

假设 5.7　理想信号 $y_d(t)$ 及其导数 $y_d^{(k)} (k=1,2,\cdots,n)$ 已知有界且分段连续。

假设 5.8　针对未知光滑非线性函数 $f_k(\bar{x}_k,\theta_k)$，存在未知常数 $a_k > 0$ 和已知光滑函数 $\varphi_k(\bar{x}_k) \geq 0$ 使得

$$|f_k(\bar{x}_k,\theta_k)| \leq a_k \varphi_k(\bar{x}_k), \quad k=1,2,\cdots,n \tag{5.83}$$

若 $\bar{x}_k$ 有界，则 f_k 和 φ_k 是有界函数。

注释 5.5　假设 5.5 是实现状态反馈控制的一个基本条件[1]，若系统状态不可测，则状态反馈问题转换为输出反馈问题，需要设计观测器对系统状态进行测量，该问题已超出本章研究范畴，在此不做深入研究；假设 5.6 是保证非线性系统（5.81）可控的充分条件[1]。对于 n 阶非线性系统，假设 5.7 是实现跟踪控制的一般性条件[1]；对于不可参数化分解的严格反馈系统而言，5.3 节提出的自适应控制算法实现对未知系统参数的估计几乎不可能，例如：

$$f_k = x_k \sin(\theta_{k1} x_k) + \exp(-\theta_{k2} x_k^2) + \theta_{k3} x_k^3 \cos(x_k), \quad \theta_{k2} > 0 \tag{5.84}$$

其中，$\theta_k = [\theta_{k1}, \theta_{k2}, \theta_{k3}]^T \in \mathbb{R}^3$ 是未知参数矢量；$\exp(\cdot)$ 是指数函数。在该情形下设计控制算法实现对 θ_k 的估计十分困难，但是从未知非线性函数 f_k 的结构可知：

$$|f_k| \leqslant |x_k| + 1 + |\theta_{k3}| |x_k^3| \leqslant a_k \varphi_k(x_k) \tag{5.85}$$

其中，$a_k = \max\{1, |\theta_{k3}|\}$ 是未知虚拟参数；$\varphi_k(x_k) = x_k^2 + 2 + x_k^6$ 是关于系统状态的可计算函数。从而证明假设 5.8 是一个较为合理的假设条件。此外，式（5.85）称为核心函数不等式，φ_k 称为非线性函数 f_k 的核心函数[9, 10]。

引理 5.1[11]　考虑如下动态系统：

$$\dot{\vartheta}(t) = -\zeta \vartheta(t) + \omega(t) \tag{5.86}$$

其中，$\zeta > 0$ 是常数；$\omega(t):[0, \infty) \to \mathbb{R}_+$ 是标量函数。那么对于任意给定的初始条件 $\vartheta(0) \geqslant 0$，则 $\vartheta(t) \geqslant 0$，$\forall t \geqslant 0$。

5.4.2　控制器设计

首先，定义如下形式的坐标变换：

$$\begin{cases} z_1 = x_1 - y_d \\ z_k = x_k - \alpha_{k-1}, \quad k = 2, 3, \cdots, n \end{cases} \tag{5.87}$$

其中，z_1 是真实误差；z_k 是虚拟误差；α_{k-1} 是需要设计的虚拟控制器。

第 1 步：根据坐标变换（5.87），真实误差 z_1 的时间导数可表示为

$$\dot{z}_1 = \dot{x}_1 - \dot{y}_d = f_1 + g_1 x_2 - \dot{y}_d \tag{5.88}$$

因为 $x_2 = z_2 + \alpha_1$，所以式（5.88）可进一步写为

$$\dot{z}_1 = f_1 + g_1 z_2 + g_1 \alpha_1 - \dot{y}_d \tag{5.89}$$

注意到非线性函数 f_1 包含未知参数以及控制增益 g_1 未知，因此无法直接设计虚拟控制器 α_1。为了更清晰地掌握鲁棒自适应控制方法的思路，选取以下二次型函数：

$$V_{11} = \frac{1}{2} z_1^2 \tag{5.90}$$

其关于时间的导数为

$$\dot{V}_{11} = z_1 \dot{z}_1 = z_1(f_1 + g_1 z_2 + g_1 \alpha_1 - \dot{y}_d) = g_1 z_1 \alpha_1 + g_1 z_1 z_2 + \Xi_1 \tag{5.91}$$

其中，$\Xi_1 = z_1(f_1 - \dot{y}_d)$ 是总的非线性项。

因为本节考虑的非线性系统控制增益 $g_k (k = 1, 2, \cdots, n)$ 不等于 1 而且它是时变未知函数，所以如何处理非匹配不确定项 f_1 带来的控制器设计问题非常具有挑战性。为了处理该

问题，本节引入了关于核心函数的假设 5.8，从表达式可以看出，式（5.83）是一种不等式放缩条件，因此需要引入新的处理技巧。

本节根据定理 2.13，利用 Young's 不等式方法处理非匹配不确定项，从而得到

$$z_1 f_1 \leqslant |z_1| a_1 \varphi_1 \leqslant \underline{g}_1 a_1^2 z_1^2 \varphi_1^2 + \frac{1}{4\underline{g}_1} \tag{5.92}$$

$$-z_1 \dot{y}_d \leqslant \underline{g}_1 z_1^2 \dot{y}_d^2 + \frac{1}{4\underline{g}_1} \tag{5.93}$$

因此，总的非线性项 $\varXi_1$ 可放缩为

$$\varXi_1 \leqslant \underline{g}_1 b_1 z_1^2 \varPhi_1 + \frac{1}{2\underline{g}_1} \tag{5.94}$$

$$b_1 = \max\left\{1, a_1^2\right\} \tag{5.95}$$

$$\varPhi_1 = \varphi_1^2 + \dot{y}_d^2 \geqslant 0 \tag{5.96}$$

其中，$b_1 > 0$ 是未知常数；$\varPhi_1 \geqslant 0$ 是可利用函数。此外，因为 b_1 不具备物理意义，所以将其称为"虚拟参数"[9]。则式（5.91）可进一步写为

$$\dot{V}_{11} \leqslant g_1 z_1 \alpha_1 + g_1 z_1 z_2 + \underline{g}_1 b_1 z_1^2 \varPhi_1 + \frac{1}{2\underline{g}_1} \tag{5.97}$$

设计虚拟控制器 α_1 为

$$\alpha_1 = -c_1 z_1 - \hat{b}_1 z_1 \varPhi_1 \tag{5.98}$$

其中，$c_1 > 0$ 是设计参数；$\hat{b}_1$ 是虚拟参数 b_1 的估计值且满足以下条件：

$$\hat{b}_1(t) \geqslant 0, \quad \forall t \geqslant 0 \tag{5.99}$$

将虚拟控制器表达式（5.98）代入 $g_1 z_1 \alpha_1$ 项，可得

$$g_1 z_1 \alpha_1 = -g_1 c_1 z_1^2 - g_1 \hat{b}_1 z_1^2 \varPhi_1 \tag{5.100}$$

根据假设 5.6，可得 $-g_1 \leqslant -\underline{g}_1$。因此，式（5.100）可进一步放缩为

$$g_1 z_1 \alpha_1 \leqslant -\underline{g}_1 c_1 z_1^2 - \underline{g}_1 \hat{b}_1 z_1^2 \varPhi_1 \tag{5.101}$$

式（5.97）可表示为

$$\dot{V}_{11} \leqslant g_1 z_1 z_2 - \underline{g}_1 c_1 z_1^2 + \underline{g}_1 \tilde{b}_1 z_1^2 \varPhi_1 + \frac{1}{2\underline{g}_1} \tag{5.102}$$

其中

$$\tilde{b}_1 = b_1 - \hat{b}_1 \tag{5.103}$$

是参数估计误差。与 5.3 节的分析相同，$g_1 z_1 z_2$ 项将在第 2 步时处理。

同时，为了处理与参数估计误差相关项，即 $\underline{g}_1 \tilde{b}_1 z_1^2 \varPhi_1$，特引入以下形式的二次型函数：

$$V_{12} = \frac{\underline{g}_1}{2\gamma_1} \tilde{b}_1^2 \tag{5.104}$$

其中，$\gamma_1 > 0$ 是设计参数。根据式（5.102），二次型函数 $V_1 = V_{11} + V_{12}$ 的时间导数可表示为

$$\dot{V}_1 \leqslant g_1 z_1 z_2 - \underline{g}_1 c_1 z_1^2 + \underline{g}_1 \tilde{b}_1 z_1^2 \varPhi_1 + \frac{1}{2\underline{g}_1} + \frac{\underline{g}_1}{\gamma_1} \tilde{b}_1 \dot{\tilde{b}}_1 \tag{5.105}$$

因为 b_1 是未知常数且 $\tilde{b}_1 = b_1 - \hat{b}_1$，可得

$$\dot{\tilde{b}}_1 = -\dot{\hat{b}}_1 \tag{5.106}$$

则

$$\dot{V}_1 \leqslant g_1 z_1 z_2 - \underline{g}_1 c_1 z_1^2 + \underline{g}_1 \tilde{b}_1 z_1^2 \Phi_1 + \frac{1}{2\underline{g}_1} - \frac{\underline{g}_1}{\gamma_1} \tilde{b}_1 \dot{\hat{b}}_1 \tag{5.107}$$

为确保参数估计值条件（5.99）恒成立，设计如下形式的参数自适应律：

$$\dot{\hat{b}}_1 = \gamma_1 z_1^2 \Phi_1 - \sigma_1 \hat{b}_1, \quad \hat{b}_1(0) \geqslant 0 \tag{5.108}$$

其中，γ_1 和 σ_1 是正的设计参数；$\hat{b}_1(0)$ 是参数估计 $\hat{b}_1(t)$ 的初始值。利用引理 5.1，不难判断 $\hat{b}_1(t) \geqslant 0$ 永远成立。

将自适应律表达式代入 $-\underline{g}_1 \tilde{b}_1 \dot{\hat{b}}_1 / \gamma_1$ 项，可得

$$-\frac{\underline{g}_1}{\gamma_1} \tilde{b}_1 \dot{\hat{b}}_1 = -\frac{\underline{g}_1}{\gamma_1} \tilde{b}_1 (\gamma_1 z_1^2 \Phi_1 - \sigma_1 \hat{b}_1) = -\underline{g}_1 \tilde{b}_1 z_1^2 \Phi_1 + \frac{\underline{g}_1 \sigma_1}{\gamma_1} \tilde{b}_1 \hat{b}_1 \tag{5.109}$$

因此

$$\dot{V}_1 \leqslant g_1 z_1 z_2 - \underline{g}_1 c_1 z_1^2 + \frac{1}{2\underline{g}_1} + \frac{\underline{g}_1 \sigma_1}{\gamma_1} \tilde{b}_1 \hat{b}_1 \tag{5.110}$$

由于

$$\frac{\underline{g}_1 \sigma_1}{\gamma_1} \tilde{b}_1 \hat{b}_1 = \frac{\underline{g}_1 \sigma_1}{\gamma_1} \tilde{b}_1 (b_1 - \tilde{b}_1) = \frac{\underline{g}_1 \sigma_1}{\gamma_1} (b_1 \tilde{b}_1 - \tilde{b}_1^2) \leqslant \frac{\underline{g}_1 \sigma_1}{\gamma_1} \left(\frac{1}{2} b_1^2 + \frac{1}{2} \tilde{b}_1^2 - \tilde{b}_1^2 \right) \tag{5.111}$$

式（5.110）可简化为

$$\dot{V}_1 \leqslant g_1 z_1 z_2 - \underline{g}_1 c_1 z_1^2 - \frac{\underline{g}_1 \sigma_1}{2\gamma_1} \tilde{b}_1^2 + \Delta_1 \tag{5.112}$$

其中，$\Delta_1 = \frac{1}{2\underline{g}_1} + \frac{\underline{g}_1 \sigma_1}{2\gamma_1} b_1^2 > 0$ 是未知常数项；$g_1 z_1 z_2$ 在第 2 步进行处理。

第 2 步，当 $k=2$ 时，根据坐标变换（5.87）可知 $x_3 = z_3 + \alpha_2$，则虚拟误差 z_2 的导数为

$$\dot{z}_2 = \dot{x}_2 - \dot{\alpha}_1 = f_2 + g_2(z_3 + \alpha_2) - \dot{\alpha}_1 \tag{5.113}$$

注意到虚拟控制器 α_1 是关于状态 x_1，理想信号 y_d、$\dot{y}_d$，以及参数估计 $\hat{b}_1$ 的函数，因此：

$$\dot{\alpha}_1 = \frac{\partial \alpha_1}{\partial x_1} \dot{x}_1 + \sum_{k=0}^{1} \frac{\partial \alpha_1}{\partial y_d^{(k)}} y_d^{(k+1)} + \frac{\partial \alpha_1}{\partial \hat{b}_1} \dot{\hat{b}}_1 \tag{5.114}$$

将被控系统第一个子系统代入式（5.113），可得

$$\dot{z}_2 = \dot{x}_2 - \dot{\alpha}_1 = f_2 + g_2(z_3 + \alpha_2) - \frac{\partial \alpha_1}{\partial x_1}(g_1 x_2 + f_1) + \Omega_2 \tag{5.115}$$

其中，$\Omega_2 = -\sum_{k=0}^{1} \frac{\partial \alpha_1}{\partial y_d^{(k)}} y_d^{(k+1)} - \frac{\partial \alpha_1}{\partial \hat{b}_1} \dot{\hat{b}}_1$ 是可计算函数，进一步可得

$$z_2 \dot{z}_2 = g_2 z_2(z_3 + \alpha_2) + \Xi_2 \tag{5.116}$$

$$\Xi_2 = z_2 \left(f_2 - \frac{\partial \alpha_1}{\partial x_1}(g_1 x_2 + f_1) + \Omega_2 \right) \tag{5.117}$$

定义如下二次型函数：

$$V_{21} = V_1 + \frac{1}{2}z_2^2 \tag{5.118}$$

因此，结合式（5.112）和式（5.116），有

$$\dot{V}_{21} \leqslant -\underline{g}_1 c_1 z_1^2 - \frac{g_1 \sigma_1}{2\gamma_1}\tilde{b}_1^2 + \Delta_1 + g_2 z_2 (z_3 + \alpha_2) + \Xi_2' \tag{5.119}$$

其中

$$\Xi_2' = g_1 z_1 z_2 + \Xi_2 \tag{5.120}$$

是总的非线性函数项。

类似于式（5.92）和式（5.93），对 Ξ_2' 利用 Young's 不等式：

$$z_2 f_2 \leqslant |z_2| a_2 \varphi_2 \leqslant \underline{g}_2 a_2^2 z_2^2 \varphi_2^2 + \frac{1}{4\underline{g}_2} \tag{5.121}$$

$$-z_2 \frac{\partial \alpha_1}{\partial x_1} f_1 \leqslant |z_2| \left|\frac{\partial \alpha_1}{\partial x_1}\right| a_1 \varphi_1 \leqslant \underline{g}_2 z_2^2 \left(\frac{\partial \alpha_1}{\partial x_1}\right)^2 a_1^2 \varphi_1^2 + \frac{1}{4\underline{g}_2} \tag{5.122}$$

$$-z_2 \frac{\partial \alpha_1}{\partial x_1} g_1 x_2 \leqslant |z_2| \left|\frac{\partial \alpha_1}{\partial x_1} x_2\right| \bar{g}_1 \leqslant \underline{g}_2 z_2^2 \left(\frac{\partial \alpha_1}{\partial x_1} x_2\right)^2 \bar{g}_1^2 + \frac{1}{4\underline{g}_2} \tag{5.123}$$

$$z_2 \Omega_2 \leqslant \underline{g}_2 z_2^2 \Omega_2^2 + \frac{1}{4\underline{g}_2} \tag{5.124}$$

$$g_1 z_1 z_2 \leqslant \underline{g}_2 z_1^2 z_2^2 + \frac{\bar{g}_1^2}{4\underline{g}_2} \tag{5.125}$$

则 Ξ_2' 可放缩为

$$\Xi_2' \leqslant \underline{g}_2 b_2 z_2^2 \Phi_2 + \frac{4 + \bar{g}_1^2}{4\underline{g}_2} \tag{5.126}$$

其中

$$b_2 = \max\left\{1, a_1^2, a_2^2, \bar{g}_1^2\right\} \tag{5.127}$$

是"虚拟"未知参数；

$$\Phi_2 = \varphi_2^2 + \left(\frac{\partial \alpha_1}{\partial x_1}\right)^2 \varphi_1^2 + \left(\frac{\partial \alpha_1}{\partial x_1} x_2\right)^2 + \Omega_2^2 + z_1^2 \tag{5.128}$$

是可计算函数。因此，式（5.119）可进一步写为

$$\dot{V}_{21} \leqslant -\underline{g}_1 c_1 z_1^2 - \frac{g_1 \sigma_1}{2\gamma_1}\tilde{b}_1^2 + \Delta_1 + g_2 z_2 (z_3 + \alpha_2) + \underline{g}_2 b_2 z_2^2 \Phi_2 + \frac{4 + \bar{g}_1^2}{4\underline{g}_2} \tag{5.129}$$

虚拟控制器 α_2 为

$$\alpha_2 = -c_2 z_2 - \hat{b}_2 z_2 \Phi_2 \tag{5.130}$$

其中，$c_2 > 0$ 是设计参数；$\hat{b}_2$ 是虚拟参数 b_2 的估计值且满足以下自适应律：

$$\dot{\hat{b}}_2 = \gamma_2 z_2^2 \Phi_2 - \sigma_2 \hat{b}_2, \quad \hat{b}_2(0) \geqslant 0 \tag{5.131}$$

其中，γ_2 和 σ_2 是正的设计参数；$\hat{b}_2(0)$ 是参数估计 $\hat{b}_2(t)$ 的初始值。值得说明的是，根据式（5.131）的表达式以及参数估计初值，不难得到 $\hat{b}_2(t) \geqslant 0$。

将虚拟控制器表达式（5.130）代入 $g_2z_2\alpha_2$ 项，利用 $-g_2 \leqslant -\underline{g}_2$，可得

$$g_2z_2\alpha_2 \leqslant -\underline{g}_2c_2z_2^2 - \underline{g}_2\hat{b}_2z_2^2\Phi_2 \tag{5.132}$$

则式（5.129）可表示为

$$\dot{V}_{21} \leqslant g_2z_2z_3 - \sum_{k=1}^{2}\underline{g}_kc_kz_k^2 - \frac{\underline{g}_1\sigma_1}{2\gamma_1}\tilde{b}_1^2 + \Delta_1 + \underline{g}_2\tilde{b}_2z_2^2\Phi_2 + \frac{4+\overline{g}_1^2}{4\underline{g}_2} \tag{5.133}$$

其中，$\tilde{b}_2 = b_2 - \hat{b}_2$ 是参数估计误差。

为进一步处理与参数估计误差相关项，即 $\underline{g}_2\tilde{b}_2z_2^2\Phi_2$，特引入以下形式的二次型函数：

$$V_2 = V_{21} + \frac{\underline{g}_2}{2\gamma_2}\tilde{b}_2^2 \tag{5.134}$$

利用式（5.133），二次型函数 V_2 的时间导数可表示为

$$\dot{V}_2 \leqslant g_2z_2z_3 - \sum_{k=1}^{2}\underline{g}_kc_kz_k^2 - \frac{\underline{g}_1\sigma_1}{2\gamma_1}\tilde{b}_1^2 + \Delta_1 + \underline{g}_2\tilde{b}_2z_2^2\Phi_2 + \frac{4+\overline{g}_1^2}{4\underline{g}_2} - \frac{\underline{g}_2}{\gamma_2}\tilde{b}_2\dot{\hat{b}}_2 \tag{5.135}$$

将自适应律表达式（5.131）代入 $-\dfrac{\underline{g}_2}{\gamma_2}\tilde{b}_2\dot{\hat{b}}_2$ 项，可得

$$-\frac{\underline{g}_2}{\gamma_2}\tilde{b}_2\dot{\hat{b}}_2 = -\frac{\underline{g}_2}{\gamma_2}\tilde{b}_2(\gamma_2z_2^2\Phi_2 - \sigma_2\hat{b}_2) = -\underline{g}_2\tilde{b}_2z_2^2\Phi_2 + \frac{\underline{g}_2\sigma_2}{\gamma_2}\tilde{b}_2\hat{b}_2 \tag{5.136}$$

因为

$$\frac{\underline{g}_2\sigma_2}{\gamma_2}\tilde{b}_2\hat{b}_2 \leqslant \frac{\underline{g}_2\sigma_2}{\gamma_2}\left(\frac{1}{2}b_2^2 - \frac{1}{2}\tilde{b}_2^2\right) \tag{5.137}$$

所以式（5.135）可转换为

$$\dot{V}_2 \leqslant g_2z_2z_3 - \sum_{k=1}^{2}\underline{g}_kc_kz_k^2 - \sum_{k=1}^{2}\frac{\underline{g}_k\sigma_k}{2\gamma_k}\tilde{b}_k^2 + \Delta_2 \tag{5.138}$$

其中，$\Delta_2 = \Delta_1 + \dfrac{4+\overline{g}_1^2}{4\underline{g}_2} + \dfrac{\underline{g}_2\sigma_2}{2\gamma_2}b_2^2 > 0$ 是未知常数项；$g_2z_2z_3$ 项在第3步处理。

第 $i(i=3,4,\cdots,n)$ 步，定义以下参数：

$$b_i = \max\left\{1, a_1^2, \cdots, a_{i-1}^2, a_i^2, \overline{g}_1^2, \cdots, \overline{g}_{i-1}^2\right\} \tag{5.139}$$

根据坐标变换（5.87），可知 $x_{i+1} = z_{i+1} + \alpha_i$；需要说明的是，当 $i = n$ 时，$x_{n+1} = \alpha_n = u$，$z_{n+1} = 0$，则虚拟误差 z_i 的导数为

$$\dot{z}_i = \dot{x}_i - \dot{\alpha}_{i-1} = f_i + g_i(z_{i+1} + \alpha_i) - \dot{\alpha}_{i-1} \tag{5.140}$$

注意到虚拟控制器 α_{i-1} 是关于状态 $x_1, x_2, \cdots, x_{i-1}$，理想信号 $y_d, \dot{y}_d, \cdots, y_d^{(i-1)}$，以及参数估计 $\hat{b}_1, \hat{b}_2, \cdots, \hat{b}_{i-1}$ 的函数，因此

$$\dot{\alpha}_{i-1} = \sum_{k=1}^{i-1}\frac{\partial\alpha_{i-1}}{\partial x_k}(f_k + g_kx_{k+1}) + \sum_{k=0}^{i-1}\frac{\partial\alpha_{i-1}}{\partial y_d^{(k)}}y_d^{(k+1)} + \sum_{k=1}^{i-1}\frac{\partial\alpha_{i-1}}{\partial\hat{b}_k}\dot{\hat{b}}_k \tag{5.141}$$

进一步可得

$$\dot{z}_i = f_i + g_i(z_{i+1} + \alpha_i) - \sum_{k=1}^{i-1} \frac{\partial \alpha_{i-1}}{\partial x_k}(f_k + g_k x_{k+1}) + \Omega_i \qquad (5.142)$$

其中，$\Omega_i = -\sum_{k=0}^{i-1} \frac{\partial \alpha_{i-1}}{\partial y_d^{(k)}} y_d^{(k+1)} - \sum_{k=1}^{i-1} \frac{\partial \alpha_{i-1}}{\partial \hat{b}_k} \dot{\hat{b}}_k$ 是可计算函数，则 $\dfrac{\mathrm{d}}{\mathrm{d}t}\left(\dfrac{1}{2} z_i^2\right)$ 可写为

$$z_i \dot{z}_i = g_i z_i (z_{i+1} + \alpha_i) + \Xi_i \qquad (5.143)$$

其中

$$\Xi_i = z_i \left(f_i - \sum_{k=1}^{i-1} \frac{\partial \alpha_{i-1}}{\partial x_k}(f_k + g_k x_{k+1}) + \Omega_i \right) \qquad (5.144)$$

是非线性项。

定义二次型函数：

$$V_i = V_{i-1} + \frac{1}{2} z_i^2 + \frac{g_i}{2\gamma_i} \tilde{b}_i^2 \qquad (5.145)$$

其中，$\tilde{b}_i = b_i - \hat{b}_i$ 是参数估计误差，$\hat{b}_i$ 是未知虚拟参数 b_i 的估计值；γ_i 是正的设计参数。则二次型函数 V_i 的导数为

$$\dot{V}_i \leqslant -\sum_{k=1}^{i-1} \underline{g}_k c_k z_k^2 - \sum_{k=1}^{i-1} \frac{g_k \sigma_k}{2\gamma_k} \tilde{b}_k^2 + \Delta_{i-1} + g_i z_i(z_{i+1} + \alpha_i) + \Xi_i' - \frac{g_i}{\gamma_i} \tilde{b}_i \dot{\hat{b}}_i \qquad (5.146)$$

其中

$$\Xi_i' = \Xi_i + g_{i-1} z_{i-1} z_i \qquad (5.147)$$

是总的非线性函数项。

类似于式（5.121）～式（5.125），对 Ξ_i' 利用 Young's 不等式：

$$z_i f_i \leqslant |z_i| a_i \varphi_i \leqslant \underline{g}_i a_i^2 z_i^2 \varphi_i^2 + \frac{1}{4\underline{g}_i} \qquad (5.148)$$

$$-z_i \sum_{k=1}^{i-1} \frac{\partial \alpha_{i-1}}{\partial x_k} f_k \leqslant |z_i| \sum_{k=1}^{i-1} \left| \frac{\partial \alpha_{i-1}}{\partial x_k} \right| a_k \varphi_k \leqslant \underline{g}_i z_i^2 \sum_{k=1}^{i-1} \left(\frac{\partial \alpha_{i-1}}{\partial x_k} \right)^2 a_k^2 \varphi_k^2 + \frac{i-1}{4\underline{g}_i} \qquad (5.149)$$

$$-z_i \sum_{k=1}^{i-1} \frac{\partial \alpha_{i-1}}{\partial x_k} g_k x_{k+1} \leqslant |z_i| \sum_{k=1}^{i-1} \left| \frac{\partial \alpha_{i-1}}{\partial x_k} x_{k+1} \right| \bar{g}_k \leqslant \underline{g}_i z_i^2 \sum_{k=1}^{i-1} \left(\frac{\partial \alpha_{i-1}}{\partial x_k} x_{k+1} \right)^2 \bar{g}_k^2 + \frac{i-1}{4\underline{g}_i} \qquad (5.150)$$

$$z_i \Omega_i \leqslant \underline{g}_i z_i^2 \Omega_i^2 + \frac{1}{4\underline{g}_i} \qquad (5.151)$$

$$g_{i-1} z_{i-1} z_i \leqslant \underline{g}_i z_{i-1}^2 z_i^2 + \frac{\bar{g}_{i-1}^2}{4\underline{g}_i} \qquad (5.152)$$

则 Ξ_i' 可放缩为

$$\Xi_i' \leqslant \underline{g}_i b_i z_i^2 \Phi_i + \frac{2i + \bar{g}_{i-1}^2}{4\underline{g}_i} \qquad (5.153)$$

其中，b_i 的定义见式（5.139），Φ_i 定义如下：

$$\Phi_i = \varphi_i^2 + \sum_{k=1}^{i-1} \left(\frac{\partial \alpha_{i-1}}{\partial x_k} \right)^2 \varphi_k^2 + \sum_{k=1}^{i-1} \left(\frac{\partial \alpha_{i-1}}{\partial x_k} x_{k+1} \right)^2 + \Omega_i^2 + z_{i-1}^2 \qquad (5.154)$$

因此，式（5.146）可进一步写为

$$\dot{V}_i \leqslant -\sum_{k=1}^{i-1}\underline{g}_k c_k z_k^2 - \sum_{k=1}^{i-1}\frac{\underline{g}_k\sigma_k}{2\gamma_k}\tilde{b}_k^2 + \Delta_{i-1} + g_i z_i(z_{i+1}+\alpha_i) + \underline{g}_i b_i z_i^2\Phi_i + \frac{2i+\overline{g}_{i-1}^2}{4\underline{g}_i} - \frac{\underline{g}_i}{\gamma_i}\tilde{b}_i\dot{\hat{b}}_i \quad (5.155)$$

虚拟/真实控制器 α_i 为

$$\alpha_i = -c_i z_i - \hat{b}_i z_i\Phi_i \quad (5.156)$$

$$u = \alpha_n \quad (5.157)$$

其中，$c_i > 0$ 是设计参数，自适应律设计为

$$\dot{\hat{b}}_i = \gamma_i z_i^2\Phi_i - \sigma_i\hat{b}_i, \quad \hat{b}_i(0) \geqslant 0 \quad (5.158)$$

其中，γ_i 和 σ_i 是正的设计参数；$\hat{b}_i(0)$ 是参数估计 $\hat{b}_i(t)$ 的初始值。

将虚拟控制器达式（5.156）代入 $g_i z_i\alpha_i$ 项，可得

$$g_i z_i\alpha_i \leqslant -\underline{g}_i c_i z_i^2 - \underline{g}_i\hat{b}_i z_i^2\Phi_i \quad (5.159)$$

利用式（5.159）和自适应律表自适应表达式（5.158），式（5.155）可表示为

$$\dot{V}_i \leqslant -\sum_{k=1}^{i}\underline{g}_k c_k z_k^2 - \sum_{k=1}^{i}\frac{\underline{g}_k\sigma_k}{2\gamma_k}\tilde{b}_k^2 + \Delta_i + g_i z_i z_{i+1} \quad (5.160)$$

其中，$\Delta_i = \Delta_{i-1} + \frac{2i+\overline{g}_{i-1}^2}{4\underline{g}_i} + \frac{\underline{g}_i\sigma_i}{2\gamma_i}b_i^2 > 0$ 是未知常数项。值得关注的是，当 $i=n$ 时，$g_i z_i z_{i+1}=0$，

则式（5.160）可简化为

$$\dot{V}_n \leqslant -\sum_{k=1}^{n}\underline{g}_k c_k z_k^2 - \sum_{k=1}^{n}\frac{\underline{g}_k\sigma_k}{2\gamma_k}\tilde{b}_k^2 + \Delta_n \quad (5.161)$$

5.4.3　定理及稳定性分析

定理 5.2　对于满足假设 5.5～假设 5.8 的不可参数分解的严格反馈非线性系统（5.81），设计鲁棒自适应控制器（5.157）和自适应律（5.158），提出的控制算法不仅保证闭环系统所有信号有界，同时确保跟踪误差收敛到原点的足够小邻域。

证明　选取 Lyapunov 候选函数为

$$V = V_n \quad (5.162)$$

则根据式（5.161），可得

$$\dot{V} \leqslant -\rho V + C \quad (5.163)$$

其中，$\rho = \min\{2\underline{g}_k c_k, \sigma_k\} > 0$，$C = \Delta_n$，$k = 1, 2, \cdots, n$。

首先，分析闭环系统信号的有界性。根据式（5.163）可以得到 $V(t)\in L_\infty$，因此，$z_k\in L_\infty$，$\tilde{b}_k\in L_\infty$，$k=1,2,\cdots,n$。因为 $\tilde{b}_k = b_k - \hat{b}_k$，所以 $\hat{b}_k\in L_\infty$。根据坐标变换 $z_1 = x_1 - y_d$ 且 $y_d\in L_\infty$，则 $x_1\in L_\infty$，利用假设 5.8，非线性函数 f_1 和 φ_1 有界，从而进一步得到 $\Phi_1\in L_\infty$，因此虚拟控制器 α_1 和自适应律 $\dot{\hat{b}}_1$ 有界。类似于以上分析过程，可得系统状态 $x_i(i=2,3,\cdots,n)$，虚拟控制器 $\alpha_j(j=2,3,\cdots,n-1)$、真实控制器 u、自适应律 $\dot{\hat{b}}_i(i=2,3,\cdots,n)$ 有界。

其次，分析跟踪性能。式（5.163）可写为以下形式：

$$\dot{V}_n \leqslant -\underline{g}_1 c_1 z_1^2 + C \qquad (5.164)$$

当 $|z_1| > \sqrt{(C+\mu)/(\underline{g}_1 c_1)}$ 时，$\dot{V}_n$ 为负，其中 μ 是一个小常数，因此 $|z_1|$ 会进入并停留在紧凑集合 $\Omega_{z1} = \left\{ z_1 \in \mathbb{R} \,\middle|\, |z_1| \leqslant \sqrt{(C+\mu)/(\underline{g}_1 c_1)} \right\}$，由此看出，通过增加设计参数 c_1 可确保得到较好的跟踪效果。证明完毕。

5.4.4　数值仿真

仿真环境为 Windows-10 专业版 64 位操作系统，CPU 为 Intel Core i7-8650U @ 1.90GHz 2.11GHz，系统内存为 8GB，仿真软件为 MATLAB R2012a。为验证 5.4.2 节鲁棒自适应算法的有效性，选取以下二阶不可参数分解严格反馈非线性系统：

$$\begin{cases} \dot{x}_1 = g_1(x_1)x_2 + f_1(x_1, \theta_1) \\ \dot{x}_2 = g_2(\bar{x}_2)u \end{cases} \qquad (5.165)$$

其中，非线性函数为 $f_1(x_1, \theta_1) = \theta_{11}x_1 + \exp(-\theta_{12}x_1^2)$，$\theta = [\theta_{11}, \theta_{12}]^\mathrm{T} = [2, 1]^\mathrm{T}$；控制增益为 $g_1(x_1) = 3 + 0.2\cos(x_1)$，$g_2(\bar{x}_2) = 2 + 0.1\sin(x_1 x_2)$。

根据非线性项 f_1 的表达式可知，f_1 不满足参数分解条件，但是其满足假设 5.8，因此可得核心函数：

$$\varphi_1 = x_1^2 + 1 \qquad (5.166)$$

因为 $f_2 = 0$，所以 $\varphi_2 = 0$。

在仿真中，理想信号选取为 $y_d = 0.5\sin(t)$，设计参数设定为 $c_1 = 6$，$c_2 = 6$，$\gamma_1 = 0.5$，$\gamma_2 = 0.2$，$\sigma_1 = 0.5$，$\sigma_2 = 0.5$，系统状态及参数估计初始值为 $x_1(0) = 0.1$，$x_2(0) = -0.5$，$\hat{b}_1(0) = 0$，$\hat{b}_2(0) = 0$。在 5.4.2 节控制算法作用下，仿真结果见图 5.5～图 5.7。图 5.5 是关于系统输出 x_1 和理想信号 $y_d(t)$ 的运行轨迹图，从图中可看出系统输出可较好地跟踪理想信号，图 5.6 是控制输入 u 的运行轨迹图，图 5.7 是参数估计值的运行轨迹图，可看出闭环系统的所有信号都有界，验证了算法的正确性。

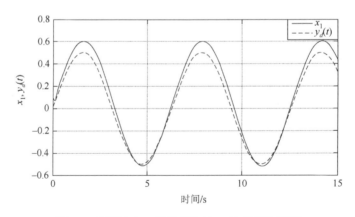

图 5.5　系统输出 x_1 和理想信号 $y_d(t)$ 运行轨迹图

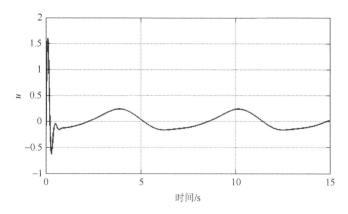

图 5.6　控制输入 u 运行轨迹图

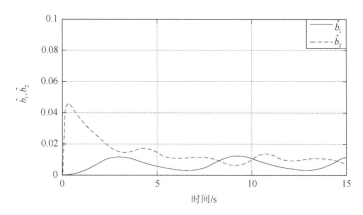

图 5.7　参数估计 $\hat{b}_1$ 和 $\hat{b}_2$ 运行轨迹图

5.5　本　章　小　结

　　本章主要介绍严格反馈非线性系统的状态反馈控制方法，首先针对可参数分解的严格反馈系统，利用调节函数方法和 Backstepping 技术，介绍了一种比较成熟的自适应控制方法；随后，针对不可参数化分解的严格反馈非线性系统，通过利用核心函数法，设计了一套鲁棒自适应控制方法，不仅保证了闭环系统信号的有界性，而且确保跟踪误差一致有界。

　　第 3～5 章均是基于状态反馈设计控制算法，然而在实际工程系统中，系统状态不完全可测，往往需要设计有效的观测器进行状态估计，从而基于观测器设计控制算法。因此，第 6 章将着重介绍观测器相关知识。

习　　　题

　　5.1　分析第 4 章提出的滤波误差方法为何无法处理严格反馈系统的控制问题。

5.2 分析 Backstepping 方法的优势与缺陷。

5.3 针对以下不可参数分解的单关节机器人系统：

$$M\ddot{q} + B\dot{q} + N\sin(q) + d(\theta,t) = u \tag{5.167}$$

其中，$q \in \mathbb{R}$，$\dot{q} \in \mathbb{R}$ 分别代表机器人系统的位移和速度；$u \in \mathbb{R}$ 是控制输入；$d = 0.1\sin(\theta t) \in \mathbb{R}$ 代表外界干扰；系统参数为 $M=1$，$B=1$，$N=10$，$\theta=1$。采用 5.4 节的方法设计一套针对单关节机器人系统的自适应跟踪控制算法，并仿真验证。

5.4 采用 MATLAB 软件仿真验证 5.4 节所提出的控制算法可通过增加控制参数 c_1 提高跟踪精度。

5.5 针对以下纯反馈系统：

$$\begin{cases} \dot{x}_1 = f_1(\theta_1, \bar{x}_2) \\ \dot{x}_2 = f_2(\bar{x}_2, \theta_2, u) \end{cases} \tag{5.168}$$

其中，$f_1(\theta_1,\bar{x}_2) = \theta_{11}x_2 + x_1^2 + 0.5\sin(\theta_{12}x_2)$，$f_2(\theta_2,\bar{x}_2,u) = 3u + \theta_{21}x_1^2x_2 + x_2 + \cos(\theta_{22}u)$，$\theta_1 = [\theta_{11},\theta_{12}]^T = [1,1]^T$，$\theta_2 = [\theta_{21},\theta_{22}]^T = [1,0.1]^T$，请结合文献[3]和文献[4]与 5.4 节的方法，设计一套鲁棒自适应跟踪控制算法，并采用 MATLAB 软件仿真验证。

5.6 针对如下不可参数化分解的严格反馈系统：

$$\begin{cases} \dot{x}_1 = f_1(\theta_1, x_1) + g_1(x_1)x_2 \\ \dot{x}_2 = f_2(\bar{x}_2, \theta_2) + g_2(\bar{x}_2)u \end{cases} \tag{5.169}$$

且

$$\begin{cases} f_1(\theta_1,x_1) = \theta_{11}x_2 + x_1^2 + 0.5\sin(\theta_{12}x_1) \\ f_2(\theta_2,\bar{x}_2) = \theta_{21}x_1^2x_2 + \cos(\theta_{22}x_2) \\ g_1(x_1) = 2 + 0.2\cos(x_1) \\ g_2(\bar{x}_2) = 3 + 0.5\cos(x_1x_2) \end{cases}$$

其中，$\theta_1 = [\theta_{11},\theta_{12}]^T = [1,1]^T$；$\theta_2 = [\theta_{21},\theta_{22}]^T = [1,0.1]^T$。第 3 章与第 4 章的零误差跟踪控制方法（类滑模控制方法）是否适用，即跟踪误差是否可以渐近趋于零？如若可以，请尝试控制器设计和稳定性分析；若不可以，请分析原因。

参 考 文 献

[1] Krstic M，Kanellakopoulos I，Kokotovic P V. Nonlinear and Adaptive Control Design[M]. New York：John Wiley，1995.

[2] Wang M，Ge S S，Hong K S. Approximation-based adaptive tracking control of pure-feedback nonlinear systems with multiple unknown time-varying delays[J]. IEEE Transactions on Neural Networks，2010，21（11）：1804-1816.

[3] Wang M，Liu X，Shi P. Adaptive neural control of pure-feedback nonlinear time-delay systems via dynamic surface technique[J]. IEEE Transactions on Systems，Man，Cybernetics：Part B-Cybernetics，2011，41（6）：1681-1692.

[4] Zhao K，Song Y D，Meng W C, et al. Low-cost approximation-based adaptive tracking control of output-constrained nonlinear systems[J]. IEEE Transactions on Neural Networks and Learning Systems，2021，32（11）：4890-4900.

[5] Kanellakopoulos I，Kokotovic P V，Morse A S. Systematic design of adaptive controllers for feedback linearizable systems[J]. IEEE Transactions on Automatic Control，1991，36（11）：1241-1253.

[6] Song Y D，Zhao K，Krstic M. Adaptive control with exponential regulation in the absence of persistent excitation[J]. IEEE Transactions on Automatic Control，2016，62（5）：2589-2596.

[7] Wen C Y，Zhou J，Liu Z T, et al. Robust adaptive control of uncertain nonlinear systems in the presence of input saturation and

external disturbance[J]. IEEE Transactions on Automatic Control，2011，56（7）：1672-1678.

[8]　　Huang J S，Wang W，Wen C Y，et al. Adaptive event-triggered control of nonlinear systems with controller and parameter estimator triggering[J]. IEEE Transactions on Automatic Control，2019，65（1）：318-324.

[9]　　Song Y D，Huang X，Wen C Y. Tracking control for a class of unknown nonsquare MIMO nonaffine systems：a deep-rooted information based robust adaptive approach[J]. IEEE Transactions on Automatic Control，2015，61（10）：3227-3233.

[10]　Zhao K，Song Y D，Qian J Y，et al. Zero-error tracking control with pre-assignable convergence mode for nonlinear systems under nonvanishing uncertainties and unknown control direction[J]. Systems & Control Letters，2018，115：34-40.

[11]　Wang M S，Zhang S Y，Chen B，et al. Direct adaptive neural control for stabilization of nonlinear time-delay systems[J]. Science China Information Sciences，2010，53（4）：800-812.

第6章 非线性观测器

第 4 章和第 5 章涉及的控制算法要求系统状态完全可测或已知，如在系统（5.1）中，系统状态 $x_1, x_2, \cdots, x_n$ 被假设为完全可测。然而，在许多实际工程系统中，系统高阶状态往往难以测量甚至无法获取，只有系统输出可测。因此，研究如何有效观测系统未知状态是一个很有意义的课题。

本章主要介绍通过设计观测器估计系统状态，以如下单输入单输出系统为例：

$$\dot{x} = f(x,u), \quad y = h(x) \tag{6.1}$$

其中，$u \in \mathbb{R}$ 是给定的输入；$y \in \mathbb{R}$ 是测量的输出。观测器将采取如下一般形式：

$$\dot{\hat{x}} = f(\hat{x},u) + H(\cdot)[y - h(\hat{x})] \tag{6.2}$$

其中，$H(\cdot)$ 是观测器增益，可为定常或时变矩阵；$f(\hat{x},u)$ 是系统动力学的预测项；$H(\cdot)[y - h(\hat{x})]$ 是对应修正项，取决于通过 $h(\hat{x})$ 估计输出 y 的误差。

对于线性系统：

$$\dot{x} = Ax + Bu, \quad y = Cx \tag{6.3}$$

定义相应估计误差为 $\tilde{x} = x - \hat{x}$，并满足以下线性方程：

$$\dot{\tilde{x}} = (A - HC)\tilde{x} \tag{6.4}$$

如果组合 (A,C) 是可检测的，即可观测的或者具有不可观的含有负实部的特征值，通过设计矩阵 H 使得 $A - HC$ 为赫尔维茨矩阵，这意味着 $\lim_{t \to \infty} \tilde{x}(t) = 0$；因此，当 t 趋于无穷大时，估计值 $\hat{x}(t)$ 渐近收敛到 $x(t)$。

对于非线性系统，本章将采用不同方法设计非线性观测器。前两节主要介绍如何通过线性化方法设计观测器。6.1 节的局部观测器设计是通过对系统 $\dot{x} = f(x,u)$ 在平衡点附近进行线性化来实现的；因此，只有当 $\|\tilde{x}(0)\|$ 足够小，且 x 和 u 足够接近平衡点时，该观测器才能有效工作。6.2 节观测器是基于非线性理论中扩展卡尔曼滤波器进行设计的。该观测器是围绕状态 $\hat{x}$ 进行线性化的。由于 $H(t)$ 都依赖于 $\hat{x}(t)$，观测器的增益是时变的，且必须实时计算。此外，该观测器仍需初始估计误差 $\|\tilde{x}(0)\|$ 足够小，但 $x(t)$ 和 $u(t)$ 可以是任意轨迹，但不具有有限的逃逸时间。6.3 节的观测器具有与线性观测器相同的误差动力学。因此，估计误差 $\tilde{x}$ 是全局收敛的，即 $\lim_{t \to \infty} \tilde{x}(t) = 0$ 对于所有初始条件 $\tilde{x}(0)$ 都成立。同样的设计也适用于满足 Lipschitz 条件（Lipschitz 常数足够小）的更一般非线性系统。

前三个部分的观测器都需要非线性函数 f 和 h 完全已知，从而保证误差动力学在原点处都是指数稳定的。当 f 或 h 遭受足够小的外界扰动时，估计误差 $\tilde{x}(t)$ 最终将有一个小的上界。然而，这些观测器无法应付大的扰动。6.4 节的高增益观测器适用于一类特殊的非线性系统，对一定程度的系统不确定性具有鲁棒性，然而 6.1～6.3 节的观测器不具备类似的特性。该观测器的鲁棒性是通过设计足够高的观测器增益来实现的，这使系统的估计误差动力学比系统 $\dot{x} = f(x,u)$ 的动力学快得多。6.5 节将高增益观测器用于高阶非线性系统的输出反馈控制。

6.1　局部观测器

考虑如下非线性系统

$$\dot{x} = f(x,u), \quad y = h(x) \tag{6.5}$$

以及相应的观测器

$$\dot{\hat{x}} = f(\hat{x},u) + H(\cdot)[y - h(\hat{x})] \tag{6.6}$$

其中，$x \in \mathbb{R}^n$，$u \in \mathbb{R}^m$，$y \in \mathbb{R}^p$；f 和 h 是二阶连续可导函数；H 是 $n \times p$ 的常数矩阵。估计误差 $\tilde{x} = x - \hat{x}$ 满足以下方程：

$$\dot{\tilde{x}} = f(x,u) - f(\hat{x},u) - H[h(x) - h(\hat{x})] \tag{6.7}$$

该式在 $\tilde{x} = 0$ 处有一个平衡点。同时，控制目标是设计观测器增益 H 使之在平衡点指数稳定。给定足够小的 $\|\tilde{x}(0)\|$，式（6.7）具有局部解。

将式（6.7）在 $\tilde{x} = 0$ 处进行线性化可得到如下线性时变系统：

$$\dot{\tilde{x}} = \left[\frac{\partial f}{\partial x}(x(t),u(t)) - H \frac{\partial h}{\partial x}(x(t)) \right] \tilde{x} \tag{6.8}$$

设计常数矩阵 H 来稳定上述时变系统的原点几乎是不可能的，特别是考虑到它应该适用于某个领域中的所有初始状态 $x(0)$ 和所有输入 $u(t)$。假设有向量 $x_{ss} \in \mathbb{R}^n$，$u_{ss} \in \mathbb{R}^m$，使系统（6.5）在 $u = u_{ss}$ 处有一个平衡点 $x = x_{ss}$，并且在该平衡点处有 $y = 0$，即

$$0 = f(x_{ss}, u_{ss}), \quad 0 = h(x_{ss}) \tag{6.9}$$

进一步，假设给定 $\varepsilon > 0$，存在 $\delta_1 > 0$ 和 $\delta_2 > 0$，使得以下不等式

$$\|x(0) - x_{ss}\| \leqslant \delta_1, \quad \|u(t) - u_{ss}\| \leqslant \delta_2, \quad \forall t \geqslant 0 \tag{6.10}$$

当 $t \geqslant 0$ 时，$x(t)$ 是有定义的，且满足 $\|x(0) - x_{ss}\| \leqslant \varepsilon$，$\forall t \geqslant 0$。

定义如下变量：

$$A = \frac{\partial f}{\partial x}(x_{ss}, u_{ss}), \quad C = \frac{\partial h}{\partial x}(x_{ss}) \tag{6.11}$$

假设组合 (A,C) 是可检测的，若设计 H 使得 $A - HC$ 是赫尔维茨矩阵，则如下引理成立。

引理 6.1　对于足够小的 $\|\tilde{x}(0)\|$、$\|x(0) - x_{ss}\|$ 和 $\sup_{t \geqslant 0} \|u(0) - u_{ss}\|$，有

$$\lim_{t \to \infty} \tilde{x}(t) = 0 \tag{6.12}$$

证明　通过中值定理，可得

$$f(x,u) - f(\hat{x},u) = \int_0^1 \frac{\partial f}{\partial x}(x - \sigma\tilde{x},u)\mathrm{d}\sigma\tilde{x} \tag{6.13}$$

因此

$$\left\| f(x,u) - f(\hat{x},u) - A\tilde{x} \right\| = \left\| \int_0^1 \left[\frac{\partial f}{\partial x}(x - \sigma\tilde{x},u) - \frac{\partial f}{\partial x}(x,u) + \frac{\partial f}{\partial x}(x,u)\frac{\partial f}{\partial x}(x_{ss},u_{ss}) \right]\mathrm{d}\sigma\tilde{x} \right\|$$
$$\leqslant L_1 \left(\frac{1}{2}\|\tilde{x}\| + \|x - x_{ss}\| + \|u - u_{ss}\| \right)\|\tilde{x}\| \tag{6.14}$$

其中，L_1 为 $\partial f/\partial x$ 的 Lipschitz 常数。类似的，可得如下不等式：

$$\left\| h(x) - h(\hat{x}) - C\tilde{x} \right\| \leqslant L_2 \left(\frac{1}{2}\|\tilde{x}\| + \|x - x_{ss}\| \right)\|\tilde{x}\| \tag{6.15}$$

式中，L_2 为 $\partial h/\partial x$ 的 Lipschitz 常数。因此，估计误差动力学方程可表示为

$$\dot{\tilde{x}} = (A - HC)\tilde{x} + \Delta(x,u,\tilde{x}) \tag{6.16}$$

其中

$$\left\| \Delta(x,u,\tilde{x}) \right\| \leqslant k_1 \|\tilde{x}\|^2 + k_2(\varepsilon + \delta_2)\|\tilde{x}\| \tag{6.17}$$

式中，k_1 和 k_2 为正的常数。

定义

$$V = \tilde{x}^{\mathrm{T}} P \tilde{x} \tag{6.18}$$

其中，P 是以下 Lyapunov 方程的正定解：

$$P(A - HC) + (A - HC)^{\mathrm{T}} P = -I \tag{6.19}$$

则 Lyapunov 候选函数 V 的导数可表示为

$$\dot{V} \leqslant -\|\tilde{x}\|^2 + c_4 k_1 \|\tilde{x}\|^3 + c_4 k_2(\varepsilon + \delta_2)\|\tilde{x}\|^2 \tag{6.20}$$

其中，$c_4 = 2\|P\|$，因此对于 $c_4 k_1 \|\tilde{x}\| \leqslant \frac{1}{3}$ 和 $c_4 k_2(\varepsilon + \delta_2) \leqslant \frac{1}{3}$ 而言，

$$\dot{V} \leqslant -\frac{1}{3}\|\tilde{x}\|^2 \tag{6.21}$$

也就是说，对于足够小的 $\|\tilde{x}(0)\|$、ε 和 δ_2，当 t 趋于无穷时，估计误差收敛于零。选择足够小的 δ_1 和 δ_2 可确保 ε 足够小。

6.2　扩展的卡尔曼滤波器

考虑如下非线性系统：

$$\dot{x} = f(x,u), \quad y = h(x) \tag{6.22}$$

其中，$x \in \mathbb{R}^n$，$u \in \mathbb{R}^m$，$y \in \mathbb{R}^p$；f 和 h 是二阶连续可微函数；$x(t)$ 和 $u(t)$ 对于所有的 $t \geqslant 0$ 是一致有界的。考虑如下观测器方程：

$$\dot{\hat{x}} = f(\hat{x},u) + H(t)[y - h(\hat{x})] \tag{6.23}$$

其中，$H(t)$ 为时变观测器增益。

估计误差定义为 $\tilde{x} = x - \hat{x}$，且满足如下方程：

$$\dot{\tilde{x}} = f(x,u) - f(\hat{x},u) + H(t)[h(x) - h(\hat{x})] \tag{6.24}$$

将式（6.24）右侧在 $\tilde{x} = 0$ 处进行泰勒级数展开，并对雅可比矩阵沿 $\hat{x}$ 方向求值，可得

$$\dot{\tilde{x}} = [A(t) - H(t)C(t)]\tilde{x} + \varDelta(\tilde{x},x,u) \tag{6.25}$$

其中

$$A(t) = \frac{\partial f}{\partial x}\big(\hat{x}(t),u(t)\big), \quad C = \frac{\partial h}{\partial x}\big(\hat{x}(t)\big) \tag{6.26}$$

$$\varDelta = f(x,u) - f(\hat{x},u) - A(t)\tilde{x} - H(t)\big[h(x) - h(\hat{x}) - C(t)\tilde{x}\big] \tag{6.27}$$

在卡尔曼滤波设计中，观测器增益 H 取为

$$H(t) = P(t)C^{\mathrm{T}}(t)G^{-1} \tag{6.28}$$

其中，$P(t)$ 是以下可微 Riccati 方程的解：

$$\dot{P} = AP + PA^{\mathrm{T}} + Q - PC^{\mathrm{T}}G^{-1}CP, \quad P(0) = P_0 \tag{6.29}$$

其中，常数矩阵 P_0、Q 和 G 对称且正定。需要强调的是 Riccati 方程（6.29）和观测器方程（6.23）必须同时求解，这是因为 $A(t)$ 和 $C(t)$ 取决于 $\hat{x}(t)$。

假设 6.1　对于所有的 $t > t_0$，式（6.29）的解 $P(t)$ 满足如下不等式：

$$\alpha_1 I \leqslant P(t) \leqslant \alpha_2 I \tag{6.30}$$

其中，α_1 和 α_2 为正的常数。

假设 6.1 对扩展卡尔曼滤波的有效性至关重要，但难以验证。虽然从 Riccati 方程的性质知道，如果 $A(t)$ 和 $C(t)$ 是有界的，并且组合 $(A(t),C(t))$ 是一致可观测的，则该假设成立。但由于矩阵 $A(t)$ 和 $C(t)$ 是实时生成的，所以很难离线检查它们的可观测性。

引理 6.2　在假设 6.1 下，式（6.25）在原点是指数稳定的，则存在正常数 c、k 和 λ，使得

$$\|\tilde{x}(0)\| \leqslant c \Rightarrow \|\tilde{x}(t)\| \leqslant k\exp(-\lambda t), \quad \forall t \geqslant 0 \tag{6.31}$$

证明　通过中值定理，可得

$$\begin{cases} \left\| f(x,u) - f(\hat{x},u) - A(t)\tilde{x} \right\| = \left\| \int_0^1 \left[\frac{\partial f}{\partial x}(\sigma\tilde{x} + \hat{x},u) - \frac{\partial f}{\partial x}(\hat{x},u) \right]\mathrm{d}\sigma\tilde{x} \right\| \leqslant \frac{1}{2}L_1\|\tilde{x}\|^2 \\ \left\| h(x) - h(\hat{x}) - C(t)\tilde{x} \right\| = \left\| \int_0^1 \left[\frac{\partial h}{\partial x}(\sigma\tilde{x} + \hat{x}) - \frac{\partial h}{\partial x}(\hat{x}) \right]\mathrm{d}\sigma\tilde{x} \right\| \end{cases} \tag{6.32}$$

$$\|C(t)\| = \left\| \frac{\partial h}{\partial x}(x - \tilde{x}) \right\| \leqslant \left\| \frac{\partial h}{\partial x}(0) \right\| + L_2\big(\|x\| + \|\tilde{x}\|\big) \tag{6.33}$$

其中，L_1、L_2 分别为 $\partial f/\partial x$ 和 $\partial h/\partial x$ 的 Lipschitz 常数。此外，存在正常数 k_1、k_2 使得

$$\|\varDelta(\tilde{x},x,u)\| \leqslant k_1\|\tilde{x}\|^2 + k_2\|\tilde{x}\|^3 \tag{6.34}$$

由假设 6.1 可知，对于所有 $t \geqslant 0$，$P^{-1}(t)$ 存在且满足：

$$\alpha_3 I \leqslant P^{-1}(t) \leqslant \alpha_4 I \tag{6.35}$$

其中，α_3 和 α_4 为正的常数。

针对式（6.25），定义 Lyapunov 候选函数为 $V = \tilde{x}^{\mathrm{T}}P^{-1}\tilde{x}$，并注意到 $\mathrm{d}P^{-1}/\mathrm{d}t = -P^{-1}\dot{P}P^{-1}$，因此，$V$ 的导数可表示为

$$\dot{V} = \tilde{x}^{\mathrm{T}} P^{-1} \dot{\tilde{x}} + \dot{\tilde{x}}^{\mathrm{T}} P^{-1} \tilde{x} + \tilde{x}^{\mathrm{T}} \frac{\mathrm{d}}{\mathrm{d}x} P^{-1} \tilde{x}$$

$$= \tilde{x}^{\mathrm{T}} P^{-1} (A - PC^{\mathrm{T}} G^{-1} C) \tilde{x} + \tilde{x}^{\mathrm{T}} (A^{\mathrm{T}} - C^{\mathrm{T}} G^{-1} CP) P^{-1} \tilde{x} - \tilde{x}^{\mathrm{T}} P^{-1} \dot{P} P^{-1} \tilde{x} + 2 \tilde{x}^{T} P^{-1} \varDelta \quad (6.36)$$

$$= \tilde{x}^{\mathrm{T}} P^{-1} (AP + PA^{\mathrm{T}} - PC^{\mathrm{T}} G^{-1} CP - \dot{P}) P^{-1} \tilde{x} - \tilde{x}^{\mathrm{T}} C^{\mathrm{T}} G^{-1} C \tilde{x} + 2 \tilde{x}^{\mathrm{T}} P^{-1} \varDelta$$

用式（6.29）替换 $\dot{P}$ 得

$$\dot{V} = -\tilde{x}^{\mathrm{T}} (P^{-1} Q P^{-1} + C^{\mathrm{T}} G^{-1} C) \tilde{x} + 2 \tilde{x}^{\mathrm{T}} P^{-1} \varDelta \quad (6.37)$$

由式（6.37）可知，矩阵 $P^{-1} Q P^{-1}$ 对 t 一致正定，且矩阵 $C^{\mathrm{T}} G^{-1} C$ 半正定。因此，$P^{-1} Q P^{-1}$ 与 $C^{\mathrm{T}} G^{-1} C$ 矩阵之和对时间 t 一致正定。从而可知 $\dot{V}$ 满足不等式：

$$\dot{V} \leqslant -c_1 \|\tilde{x}\|^2 + c_2 k_1 \|\tilde{x}\|^3 + c_2 k_2 \|\tilde{x}\|^4 \quad (6.38)$$

其中，c_1 和 c_2 为正常数。因此，对于所有 $\|\tilde{x}\| \leqslant r$，可得

$$\dot{V} \leqslant -\frac{1}{2} c_1 \|\tilde{x}\|^2 \quad (6.39)$$

其中，r 是方程 $-\frac{1}{2} c_1 + c_2 k_1 y + c_2 k_2 y^2$ 的正根。上述不等式证明了系统在原点处是指数稳定的。证明完毕。

例 6.1　考虑如下系统：

$$\begin{cases} \dot{x} = A_1 x + B[0.25 x_1^2 x_2 + 0.2 \sin(2t)] \\ y = C_1 x \end{cases} \quad (6.40)$$

其中

$$A_1 = \begin{bmatrix} 0 & 1 \\ -1 & -2 \end{bmatrix}, \quad B_1 = \begin{bmatrix} 0 \\ 1 \end{bmatrix}, \quad C_1 = \begin{bmatrix} 1 & 0 \end{bmatrix} \quad (6.41)$$

首先研究 $x(t)$ 的有界性。选取 $V_1(x) = x^{\mathrm{T}} P_1 x$，其中 $P_1 = \frac{1}{2} \begin{bmatrix} 3 & 1 \\ 1 & 1 \end{bmatrix}$ 是李雅普诺夫方程 $P_1 A_1 + A_1^{\mathrm{T}} P_1 = -I$ 的解，从而对于任意 $x_1^2 \leqslant \sqrt{2}$ 有

$$\dot{V} = -x^{\mathrm{T}} x + 2 x^{\mathrm{T}} P_1 B_1 [0.25 x_1^2 x_2 + 0.2 \sin(2t)]$$

$$\leqslant -\|x\|^2 + \frac{x_1^2}{2\sqrt{2}} \|x\|^2 + \frac{0.4}{\sqrt{2}} \|x\| \quad (6.42)$$

$$\leqslant -0.5 \|x\|^2 + \frac{0.4}{\sqrt{2}} \|x\|$$

注意到 $\min_{x_1^2 = \sqrt{2}} x^{\mathrm{T}} P x \sqrt{2} / b^{\mathrm{T}} P^{-1} b = \sqrt{2}$，其中 $b = \mathrm{col}(1,0)$，定义 $\varOmega = \{V_1(x) \leqslant \sqrt{2}\} \subset \{x_1^2 \leqslant \sqrt{2}\}$。因此，在集合 $\varOmega$ 内：

$$\dot{V}_1 \leqslant -0.5 \|x\|^2 + \frac{0.4}{\sqrt{2}} \|x\| \leqslant -0.15 \|x\|^2, \quad \forall \|x\| \geqslant \frac{0.4}{0.35\sqrt{2}} = 0.8081 \quad (6.43)$$

因为 $\lambda_{\max}(P_1) = 1.7071$，所以 $(0.8081)^2 \lambda_{\max}(P_1) < \sqrt{2}$，则球 $\{\|x\| \leqslant 0.8081\}$ 在集合 $\varOmega$ 内部。这表明 $\dot{V}$ 在边界 $\partial \varOmega$ 上是负的。进一步可得，$\varOmega$ 为不变集且对于所有的 $x(0) \in \varOmega$，$x(t)$ 有界。

接下来，对于 $x(0) \in \varOmega$，设计一个扩展卡尔曼滤波器来估计 $x(t)$。令 $Q = G = P(0) = I$，

则 Riccati 方程（6.29）为

$$\dot{P} = AP + PA^{\mathrm{T}} + I - PC^{\mathrm{T}}CP, \quad P(0) = I \tag{6.44}$$

其中

$$A(t) = \begin{bmatrix} 0 & 1 \\ -1 + 0.5\hat{x}_1(t)\hat{x}_2(t) & -2 + 0.25\hat{x}_1^2(t) \end{bmatrix}, \quad C = \begin{bmatrix} 1 & 0 \end{bmatrix} \tag{6.45}$$

定义 $P = \begin{bmatrix} p_{11} & p_{12} \\ p_{12} & p_{22} \end{bmatrix}$，则扩展的卡尔曼滤波器由以下 5 个联合方程决定：

$$\begin{cases} \dot{\hat{x}}_1 = \hat{x}_2 + p_{11}(y - \hat{x}_1) \\ \dot{\hat{x}}_2 = -\hat{x}_1 - 2\hat{x}_2 + 0.25\hat{x}_1^2\hat{x}_2 + 0.2\sin(2t) + p_{12}(y - \hat{x}_1) \\ \dot{p}_{11} = 2p_{12} + 1 - p_{11}^2 \\ \dot{p}_{12} = p_{11}(-1 + 0.5\hat{x}_1\hat{x}_2) + p_{12}(-2 + 0.25\hat{x}_1^2) + p_{22} - p_{11}p_{12} \\ \dot{p}_{22} = 2p_{12}(-1 + 0.5\hat{x}_1\hat{x}_2) + 2p_{22}(-2 + 0.25\hat{x}_1^2) + 1 - p_{12}^2 \end{cases} \tag{6.46}$$

其初始条件为 $\hat{x}_1(0)$，$\hat{x}_2(0)$，$p_{11}(0) = 1$，$p_{12}(0) = 0$ 以及 $p_{22}(0) = 1$。

6.3　全局观测器

考虑如下以观测器形式表示的非线性系统：

$$\begin{cases} \dot{x} = Ax + \psi(u, y) \\ y = Cx \end{cases} \tag{6.47}$$

其中，$x \in \mathbb{R}^n$，$u \in \mathbb{R}^m$，$y \in \mathbb{R}^p$；(A, C) 是可观测的；ψ 是局部利普希茨函数；$x(t)$ 和 $u(t)$ 是定义在 $t \geqslant 0$ 上的函数，则式（6.47）的观测器可设计为

$$\dot{\hat{x}} = A\hat{x} + \psi(u, y) + H(y - C\hat{x}) \tag{6.48}$$

估计误差 $\tilde{x} = x - \hat{x}$ 满足如下线性方程：

$$\dot{\tilde{x}} = (A - HC)\tilde{x} \tag{6.49}$$

其中，需设计矩阵 H 使得 $A - HC$ 为赫尔维茨矩阵，从而对于所有初始条件 $\tilde{x}(0)$ 有 $\lim_{t \to \infty} \tilde{x}(t) = 0$。一般地，将式（6.48）称为具有线性误差动力学特性的观测器。

现在考虑更加普遍的系统：

$$\begin{cases} \dot{x} = Ax + \psi(u, y) + \varphi(x, u) \\ y = Cx \end{cases} \tag{6.50}$$

其中，组合 (A, C) 是可观测的；ψ 和 φ 满足局部利普希茨条件；$x(t)$ 和 $u(t)$ 是定义在 $t \geqslant 0$ 上的函数，$\varphi(x, u)$ 是关于 x 的全局利普希茨函数，且一致于 u，即对所有 x、z 和 u，有

$$\|\varphi(x, u) - \psi(z, u)\| \leqslant L\|x - z\| \tag{6.51}$$

式（6.50）的观测器可设计为

$$\dot{\hat{x}} = A\hat{x} + \psi(u, y) + \varphi(\hat{x}, u) + H(y - C\hat{x}) \tag{6.52}$$

同样的，设计矩阵 H 使得 $A - HC$ 满足赫尔维茨条件。

相应的估计误差应满足以下方程：

$$\dot{\tilde{x}} = (A - HC)\tilde{x} + \varphi(x,u) - \varphi(\hat{x},u) \tag{6.53}$$

选定 $V = \tilde{x}^{\mathrm{T}} P \tilde{x}$ 为式（6.53）的李雅普诺夫候选函数，其中 P 为李雅普诺夫方程 $P(A - HC) + (A - HC)^{\mathrm{T}} P = -I$ 的正定解，进一步可得

$$\dot{V} = -\tilde{x}^{\mathrm{T}}\tilde{x} + 2\tilde{x}^{\mathrm{T}} P[\varphi(x,u) - \varphi(\hat{x},u)] \leqslant -\|\tilde{x}\|^2 + 2L\|P\|\|\tilde{x}\|^2 \tag{6.54}$$

因此，如果以下条件成立：

$$L < \frac{1}{2\|P\|} \tag{6.55}$$

则式（6.53）在原点处全局指数稳定。从式（6.55）可以看出，L 的取值范围由 P 决定，而 H 的取值可以决定 P 的范围，所以对于给定 L 而言，可以设计 H 满足式（6.55）或者使 $1/(2\|P\|)$ 足够大，从而使得条件（6.55）成立。

6.4　高增益观测器

定理 6.1　设 $D \subset \mathbb{R}^n$ 包含于 B_μ，$V(x)$ 是一个连续可微函数且满足以下条件：

$$c_1 \|x\|^2 \leqslant V(x) \leqslant c_2 \|x\|^2 \tag{6.56}$$

$$\frac{\partial V}{\partial x} f(t,x) \leqslant -c_3 \|x\|^2, \quad \forall x \in D \text{ 且 } \|x\| \geqslant \mu^2, \quad \forall t > 0 \tag{6.57}$$

其中，c_1、c_2 和 c_3 为正的常数，且 $\mu < \sqrt{c/c_2}$（c 为正的常数）。定义集合 $\Omega_c = \{V(x) \leqslant c\}$，则 n 维系统解的有界性对于每个初始状态 $x(0) \in \Omega_c$ 都是不变的，且 $V(x(t))$ 和 $\|x(t)\|$ 满足下列不等式：

$$V(x(t)) \leqslant \max\{V(x(0))\exp(-(c_3/c_2)t), c_2 \mu^2\}, \quad \forall t \geqslant 0 \tag{6.58}$$

$$\|x(t)\| \leqslant \sqrt{\frac{c_2}{c_1}} \max\{\|x(0)\|\exp(-(c_3/c_2)t/2), \mu\}, \quad \forall t \geqslant 0 \tag{6.59}$$

如果这些假设成立，那么它们对于任何初始状态 $x(0)$ 都成立，并且不受 μ 大小的限制。

接下来，用一个例子来进一步了解高增益观测器[1]。

例 6.2　考虑如下二维系统：

$$\begin{cases} \dot{x}_1 = x_2 \\ \dot{x}_2 = \varphi(x,u) \\ y = x_1 \end{cases} \tag{6.60}$$

其中，$x = \mathrm{col}(x_1, x_2)$，函数 φ 满足局部利普希茨条件，$x(t)$ 和 $u(t)$ 都是定义在 $t \geqslant 0$ 上的函数。相应的观测器可设计为

$$\begin{cases} \dot{\hat{x}}_1 = \dot{\hat{x}}_2 + h_1(y - \hat{x}_1) \\ \dot{\hat{x}}_2 = \varphi_0(\hat{x}_1, \hat{x}_2, u) + h_2(y - \hat{x}_1) \end{cases} \tag{6.61}$$

其中，$\varphi_0(x,u)$ 是 $\varphi(x,u)$ 的一个简单模型。与前面不同的是，这里不需要 φ_0 与 φ 完全相同，甚至可以令 $\varphi_0 = 0$，从而将观测器简化成线性模型。无论 φ_0 取值多少，都可以假设：

$$\left|\varphi_0(z,u) - \varphi(x,u)\right| \leqslant L\|x - z\| + M \tag{6.62}$$

其中，L 和 M 为非负常数，(x,z,u) 可取定义域内的任意值。在特殊情况下，即 $\varphi_0 = \varphi$ 以及 φ 是关于 x 的利普希茨函数，且独立于 u，则当 $M = 0$ 时，上述不等式也成立。估计误差 $\tilde{x} = x - \hat{x}$ 满足下列等式：

$$\dot{\tilde{x}} = A_0\tilde{x} + B\delta(x,\tilde{x},u) \tag{6.63}$$

其中，$A_0 = \begin{bmatrix} -h_1 & 1 \\ -h_2 & 0 \end{bmatrix}$，$B = \begin{bmatrix} 0 \\ 1 \end{bmatrix}$，并且 $\delta(x,\tilde{x},u) = \varphi(x,u) - \varphi_0(\hat{x},u)$。此外，可以将 δ 看作线性系统 $\tilde{x} = A_0 x$ 的扰动项。如果 δ 不存在，通过选取 $H = \mathrm{col}(h_1, h_2)$ 使得 A_0 为赫尔维茨矩阵，从而保证估计误差渐近收敛到 0。当 δ 存在时，在设计 H 过程中需要消除 δ 对 $\tilde{x}$ 的影响。对于任意给定 δ，如果从 δ 到 $\tilde{x}$ 的传递函数

$$G_0(s) = \frac{1}{s^2 + h_1 s + h_2}\begin{bmatrix} 1 \\ s + h_1 \end{bmatrix} \tag{6.64}$$

等于 0，则 δ 对 $\tilde{x}$ 的影响可以被完全消除。虽然 $G_0(s)$ 为零是不可能的，但是可以选取 $h_2 \gg h_1 \gg 1$，使得 $\sup_{\omega \in \mathbb{R}}\|G_0(\mathrm{j}\omega)\|$ 尽可能小。特别地，可以选取：

$$h_1 = \frac{\alpha_1}{\varepsilon}, \quad h_2 = \frac{\alpha_2}{\varepsilon} \tag{6.65}$$

其中，α_1、α_2、ε 是正的常数且 $\varepsilon \ll 1$，从而可将式（6.65）改写为

$$G_0(s) = \frac{1}{(\varepsilon s)^2 + \alpha_1 \varepsilon s + \alpha_2}\begin{bmatrix} \varepsilon \\ \varepsilon s + \alpha_1 \end{bmatrix} \tag{6.66}$$

因此 $\lim_{s \to 0} G_0(s) = 0$。通过对估计误差进行适当放缩，可以从高增益观测器的时域中观察到其抗干扰特性。定义

$$\eta_1 = \frac{\tilde{x}_1}{\varepsilon}, \quad \eta_2 = \tilde{x}_2 \tag{6.67}$$

进一步可得

$$\varepsilon\dot{\eta} = F\eta + \varepsilon B\delta \tag{6.68}$$

$$F = \begin{bmatrix} -\alpha_1 & 1 \\ -\alpha_2 & 0 \end{bmatrix} \tag{6.69}$$

其中，α_1 和 α_2 都是正数，所以 F 为赫尔维茨矩阵。通过相似度转换（6.67）将矩阵 A_0 和 F/ε 联系起来。因此，A_0 的特征值是 F 的特征值的 $1/\varepsilon$ 倍。利用不等式 $|\delta| \leqslant L\|\tilde{x}\| + M \leqslant L\|\eta\| + M$ 和李雅普诺夫函数 $V = \eta^{\mathrm{T}} P\eta$，其中 P 是方程 $PF + F^{\mathrm{T}}P = -I$ 的解，可得

$$\varepsilon\dot{V} = -\eta^{\mathrm{T}}\eta + 2\varepsilon\eta^{\mathrm{T}}PB\delta \leqslant -\|\eta\|^2 + 2\varepsilon L\|PB\|\|\eta\|^2 + 2\varepsilon M\|PB\|\|\eta\| \tag{6.70}$$

当 $\varepsilon L\|PB\| \leqslant \dfrac{1}{4}$ 时，有

$$\varepsilon\dot{V} = -\frac{1}{2}\|\eta\|^2 + 2\varepsilon M\|PB\|\|\eta\| \tag{6.71}$$

因此，根据引理 6.1 可以得到 $\|\eta\| \leqslant \varepsilon cM$ 以及 $\|\tilde{x}\| \leqslant \varepsilon cM$，其中 $c > 0$，此外

$$\|\eta(t)\| \leqslant \max\left\{k\exp(-at/\varepsilon)\|\eta(0)\|, \varepsilon cM\right\}, \quad \forall t \geqslant 0 \tag{6.72}$$

其中，a 和 k 为正常数。由此可见，$\eta(t)$ 以指数的速度收敛到最终的界且 ε 越小，衰减的速度越快，这表明对于足够小的估计误差，$\tilde{x}$ 将比 x 的变化快得多。当 ε 足够小时，最终的界限值可以任意小。如果 $M=0$，即当 $\varphi_0 = \varphi$ 时，随着 t 趋于无穷，$\tilde{x}$ 收敛到零。值得注意的是，只要 $x_1(0) \neq \hat{x}_1(0)$，则 $\eta_1(0) = O(1/\varepsilon)$，其中 $O(1/\varepsilon)$ 表示 $1/\varepsilon$ 的高阶无穷小。因此，式（6.68）的解中肯定包含 $(1/\varepsilon)^{-at/\varepsilon}$，其中 $a>0$。当 ε 足够小时，指数部分迅速衰减并表现出一种类似脉冲的行为，即在瞬态衰减到零之前将迅速收敛到 $O(1/\varepsilon)$。实际上，当 ε 趋于零时，函数 $(a/\varepsilon)^{-at/\varepsilon}$ 趋于脉冲函数，这种特性被称为峰值现象。当观测器用于反馈控制时，会产生严重的影响。在例 6.1 中，对于所有 $x(0) \in \Omega = \left\{1.5x_1^2 + x_1x_2 + 0.5x_2^2 \leqslant \sqrt{2}\right\}$，系统状态 $x(t)$ 满足：

$$\begin{cases} \dot{x}_1 = x_2 \\ \dot{x}_2 = -x_1 - 2x_2 + ax_1^2 x_2 + b\sin(2t) \\ y = x_1 \end{cases} \tag{6.73}$$

当 $a=0.25$，$b=0.2$ 时，高增益观测器可设计为

$$\begin{cases} \dot{\hat{x}}_1 = \hat{x}_2 + \dfrac{2}{\varepsilon}(y - \hat{x}_1) \\ \dot{\hat{x}}_2 = -\hat{x}_1 - 2\hat{x}_2 + \hat{a}\hat{x}_1^2\hat{x}_2 + \hat{b}\sin(2t) + \dfrac{1}{\varepsilon^2}(y - \hat{x}_1) \end{cases} \tag{6.74}$$

其中，组合 $(\hat{a}, \hat{b})$ 存在两种不同的选择。当 $a=0.25$，$b=0.2$ 时，取 $\hat{a}=0.25$，$\hat{b}=0.2$。这种情况下不存在模型不确定性，且 $\varphi_0 = \varphi$。另一种情况是系数 a 和 b 未知时，取 $\hat{a}=\hat{b}=0$。另外，可以进一步通过讨论测量噪声对高增益观测器性能的影响来总结这个例子。假设测量的 y 受有界噪声 v 的影响，即 $y = x_1 + v$，且 $|v(t)| \leqslant N$。通过式（6.68）可得

$$\varepsilon\dot{\eta} = F\eta + \varepsilon B\delta - \dfrac{1}{\varepsilon}Ev, \quad E = \begin{bmatrix} \alpha_1 \\ \alpha_2 \end{bmatrix} \tag{6.75}$$

从而 $\dot{V}$ 满足以下不等式：

$$\varepsilon\dot{V} \leqslant -\dfrac{1}{2}\|\eta\|^2 + 2\varepsilon M\|PB\|\|\eta\| + \dfrac{2N}{\varepsilon}\|PB\|\|\eta\| \tag{6.76}$$

因此，$\|\tilde{x}\|$ 最终受限于

$$\|\tilde{x}\| \leqslant c_1 M\varepsilon + \dfrac{c_2 N}{\varepsilon} \tag{6.77}$$

其中，c_1 和 c_2 为正的常数，这个不等式显示了模型不确定性和测量噪声之间的权衡关系。随着 ε 的增加，不等式（6.77）右边逐渐减小，直到 $\varepsilon = \sqrt{c_2 N/(c_1 M)}$；而随着 ε 的减少，不等式（6.77）右边逐渐增加。为了维持高增益观测器的有效性，N/M 应相对较小，从而通过选择 ε 来减弱不确定性的影响，同时保证观测器响应足够迅速。值得注意的是，当不存在模型不确定性，即 $M=0$ 时，选取较小的 N，可确保设计的观测器足够快，并保证

估计误差的极限值处在可接受的范围。

现在将高增益观测器用于以下形式的非线性系统：

$$
\begin{cases}
\dot{\omega} = f_0(\omega, x, u) \\
\dot{x}_i = x_{i+1} + \psi_i(x_1, \cdots, x_i, u), \ 1 \leqslant i \leqslant \rho - 1 \\
\dot{x}_\rho = \varphi(\omega, x, u) \\
y = x_1
\end{cases}
\tag{6.78}
$$

其中，$\omega \in \mathbb{R}^l$ 和 $x = \mathrm{col}(x_1, x_2, \cdots, x_\rho) \in \mathbb{R}^\rho$ 是状态向量；$u \in \mathbb{R}^m$ 是输入信号；$y \in \mathbb{R}$ 为实测输出信号。可以看到，当 $\psi_i = 0$，f_0 独立于 u 以及 $\varphi(\omega, x, u) = \varphi_1(\omega, x) + \varphi_2(\omega, x)u$ 时，该系统变为标准形式。此外，当 $g_i = 1$，$1 \leqslant i \leqslant k-1$，$f_0$ 和 ψ_i 独立于 u，以及 $f_0(\omega, x) = f_{01}(\omega) + f_{02}(\omega)x_1$，$\varphi(\omega, x, u) = \varphi_1(\omega, x) + \varphi_2(\omega, x)u$ 时，该系统变为严格反馈形式。假设 f_0，ψ_1，ψ_2，$\cdots$，$\psi_{\rho-1}$ 和 φ 在定义域内是关于自变量的局部利普希茨函数，且 ψ_1，ψ_2，$\cdots$，$\psi_{\rho-1}$ 关于 x 满足利普希茨条件，且独立于 u，即

$$
\left| \psi_i(x_1, \cdots, x_i, u) - \psi_i(z_1, \cdots, z_i, u) \right| \leqslant L_i \sum_{k=1}^{i} |x_k - z_k|
\tag{6.79}
$$

此外，需要假设函数 $\omega(t)$、$x(t)$ 和 $u(t)$ 在 $t \geqslant 0$ 上都是有界函数。

用于观测状态 x 的局部状态观测器可设计为

$$
\dot{\hat{x}}_i = \hat{x}_{i+1} + \psi_i(\hat{x}_1, \cdots, \hat{x}_i, u) + \frac{\alpha_i}{\varepsilon^i}(y - \hat{x}_1), \ 1 \leqslant i \leqslant \rho - 1
\tag{6.80}
$$

$$
\dot{\hat{x}}_\rho = \varphi_0(\hat{x}, u) + \frac{\alpha_\rho}{\varepsilon^\rho}(y - \hat{x}_1)
\tag{6.81}
$$

其中，φ_0 是关于 x 的利普希茨函数且独立于 u；ε 是足够小的正数；α_1 到 α_ρ 的取值需使得下列等式

$$
s^\rho + \alpha_1 s^{\rho-1} + \cdots + \alpha_{\rho-1}s + \alpha_\rho = 0
\tag{6.82}
$$

的根具有负实部。式（6.81）中的函数 φ_0 是 φ 的初始模型。假设：

$$
\left\| \varphi(\omega, x, u) - \varphi_0(z, u) \right\| \leqslant L \|x - z\| + M
\tag{6.83}
$$

由于

$$
\varphi(\omega, x, u) - \varphi_0(z, u) = \varphi(\omega, x, u) - \varphi_0(x, u) + \varphi_0(x, u) - \varphi_0(z, u)
\tag{6.84}
$$

且 φ_0 满足利普希茨条件，式（6.84）要求模型误差 $\varphi(\omega, x, u) - \varphi_0(x, u)$ 是有界的。

引理 6.3　在既定假设条件下，存在 $\varepsilon^* > 0$ 使得对于所有 $0 < \varepsilon \leqslant \varepsilon^*$，高增益观测器（6.80）和（6.81）所对应的估计误差 $\tilde{x}_i = x_i - \hat{x}_i$，$1 \leqslant i \leqslant \rho$，满足如下不等式：

$$
|\tilde{x}_i| \leqslant \max\left\{ \frac{b}{\varepsilon^{i-1}} \exp(-at/\varepsilon), \varepsilon^{\rho+1-i}cM \right\}
\tag{6.85}
$$

其中，a、b 和 c 为正常数。

证明 定义如下缩放估计误差：

$$\begin{cases} \eta_1 = \dfrac{x_1 - \hat{x}_1}{\varepsilon^{\rho-1}} \\[2mm] \eta_2 = \dfrac{x_2 - \hat{x}_2}{\varepsilon^{\rho-2}} \\[2mm] \quad\vdots \\[2mm] \eta_{\rho-1} = \dfrac{x_{\rho-1} - \hat{x}_{\rho-1}}{\varepsilon} \\[2mm] \eta_\rho = x_\rho - \hat{x}_\rho \end{cases} \tag{6.86}$$

且 $\eta = \mathrm{col}(\eta_1, \eta_2, \cdots, \eta_\rho)$，则有

$$\varepsilon\dot{\eta} = F\eta + \varepsilon\delta(\omega, x, \tilde{x}, u) \tag{6.87}$$

其中，$\delta = \mathrm{col}(\delta_1, \delta_2, \cdots, \delta_\rho)$，

$$F = \begin{bmatrix} -\alpha_1 & 1 & 0 & \cdots & 0 \\ -\alpha_2 & 0 & 1 & \cdots & 0 \\ \vdots & \vdots & \vdots & & \vdots \\ -\alpha_{\rho-1} & 0 & 0 & \cdots & 1 \\ -\alpha_\rho & 0 & 0 & \cdots & 0 \end{bmatrix}, \quad \delta_\rho = \varphi(\omega, x, u) - \varphi_0(\hat{x}, u) \tag{6.88}$$

且

$$\delta_i = \frac{1}{\varepsilon^{\rho-i}}\big[\psi_i(x_1, \cdots, x_i, u) - \psi_i(\hat{x}_1, \cdots, \hat{x}_i, u)\big], \quad 1 \leqslant i \leqslant \rho - 1 \tag{6.89}$$

在式（6.87）中，由于与矩阵 F 所对应的特征方程是式（6.82）且 F 满足赫尔维茨条件。通过式（6.79），δ_1 到 $\delta_{\rho-1}$ 应满足以下不等式：

$$|\delta_i| \leqslant \frac{L_i}{\varepsilon^{\rho-i}} \sum_{k=1}^{i} |x_k - \hat{x}_k| = \frac{L_i}{\varepsilon^{\rho-i}} \sum_{k=1}^{i} \varepsilon^{\rho-k} |\eta_k| = L_i \sum_{k=1}^{i} \varepsilon^{i-k} |\eta_k| \tag{6.90}$$

由上述不等式和式（6.83）可得出

$$\|\delta\| \leqslant L_\delta \|\eta\| + M \tag{6.91}$$

对于任意 $\varepsilon \leqslant \varepsilon^*$，$L_\delta$ 独立于 ε 且 $\varepsilon^* > 0$。

定义 $V = \eta^{\mathrm{T}} P \eta$，其中 $P = P^{\mathrm{T}} > 0$ 是李雅普诺夫方程 $PF + F^{\mathrm{T}}P = -I$ 的解，则进一步得到

$$\varepsilon\dot{V} = -\eta^{\mathrm{T}}P\eta + 2\varepsilon\eta^{\mathrm{T}}P\delta \tag{6.92}$$

利用式（6.92）可得 $\varepsilon\dot{V} = -\|\eta\|^2 + 2\varepsilon\|P\|L_\delta\|\eta\|^2 + 2\varepsilon\|P\|M\|\eta\|$。因此，对于所有 $\varepsilon\|P\|L_\delta \leqslant \dfrac{1}{4}$，有

$$\varepsilon\dot{V} = -\|\eta\|^2 + 2\varepsilon\|P\|M\|\eta\| \leqslant -\frac{1}{4}\|\eta\|^2, \quad \forall \|\eta\| \geqslant 8\varepsilon\|P\|M \tag{6.93}$$

通过定理 6.1，可以得到

$$\|\eta(t)\| \leqslant \max\big\{k\exp(-at/\varepsilon)\|\eta(0)\|, \varepsilon c M\big\}, \quad \forall t \geqslant 0 \tag{6.94}$$

其中，a、c 和 k 是大于零的常数。此外，由式（6.86）可得 $\|\eta(0)\| \leqslant \beta/\varepsilon^{\rho-1}$，$|\tilde{x}_i| \leqslant \varepsilon^{\rho-i}|\eta_i|$，若 $\beta > 0$，则式（6.94）成立。证明完毕。

6.5 基于高增益观测器的输出反馈控制

本节将阐述如何通过高增益控制器估计一般高阶系统的未知状态，并通过设计输出反馈控制器实现输出约束条件下的跟踪控制。

6.5.1 系统描述

考虑如下纯反馈系统[1]：

$$\begin{cases} \dot{x}_i = f_i(\overline{x}_i, x_{i+1}), & i = 1, 2, \cdots, n-1 \\ \dot{x}_n = f_n(\overline{x}_n, u) \\ y = x_1 \end{cases} \tag{6.95}$$

其中，$\overline{x}_i = [x_1, x_2, \cdots, x_i]^T \in \mathbb{R}^i (i = 1, 2, \cdots, n)$ 为系统未知状态向量；$f_i(\cdot) \in \mathbb{R}$ 为未知光滑函数；$u \in \mathbb{R}$ 表示系统输入；$y \in \mathbb{R}$ 为系统输出。同时，出于实际系统物理限制、性能需要以及安全方面的考虑，系统输出要求满足如下非对称时变约束：

$$-b_1(t) < y(t) < p_1(t) \tag{6.96}$$

其中，$b_1(t)$ 和 $p_1(t)$ 为约束函数且满足 $b_1(t) \in [b_l, b_m]$ 和 $p_1(t) \in [p_l, p_m]$，其中 b_l、b_m、p_l 和 p_m 为大于零的常数。

因为纯反馈非线性系统无显式的控制增益，所以为处理纯反馈系统的控制问题，特定义如下变量：

$$g_i(\overline{x}_i, x_{i+1}) = \frac{\partial f_i(\overline{x}_i, x_{i+1})}{\partial x_{i+1}}, \quad i = 1, 2, \cdots, n \tag{6.97}$$

其中，$x_{n+1} = u$，$g_i(\overline{x}_i, x_{i+1})$ 称为虚拟控制增益。

为实现跟踪控制，定义跟踪误差为 $e(t) = y(t) - y_d(t)$，其中 $y_d(t)$ 为理想轨迹。

控制目标为针对纯反馈非线性系统（6.95），设计输出反馈跟踪控制器使得：①跟踪误差 $e(t)$ 渐近收敛到原点附近的紧凑集合；②闭环系统所有信号有界；③系统输出永远满足约束条件（6.96）。

为便于控制器设计，引入以下假设条件。

假设 6.2 约束函数 $b_1(t)$ 和 $p_1(t)$ 及它们的 n 阶导数已知有界且分段连续。此外，存在常数 $c_p > 0$ 使得 $p_1(t) - b_1(t) \geqslant c_p$。

假设 6.3 理想轨迹 $y_d(t)$ 及其 n 阶导数已知有界且分段连续。此外，存在时变函数 $\underline{y}_d(t)$、$\overline{y}_d(t)$ 以及满足 $p_1(t) - \overline{y}_d(t) \geqslant c_i$ 和 $b_1(t) - \underline{y}_d(t) \geqslant c_i$ 条件的常数 $c_i > 0$ 使得 $-b_1(t) < -\underline{y}_d(t) \leqslant y_d(t) \leqslant \overline{y}_d(t) < p_1(t)$。

假设 6.4 虚拟控制增益 $g_i(\overline{x}_{i+1})$ 的符号已知且为正，即对于任意的 $\overline{x}_{i+1}$，存在未知常数 $\underline{g}_i$ 和 $\overline{g}_i$ 使得 $0 < \underline{g}_i \leqslant g_i(\overline{x}_{i+1}) \leqslant \overline{g}_i < \infty$，$\Omega$ 为系统吸引域且 $i = 1, 2, \cdots, n$。

6.5.2　标度函数

为处理输出约束（6.96），特定义如下标度函数：

$$T(\chi,t) = \ln \frac{b_1(t)+\chi}{p_1(t)-\chi}, \quad \chi(0) \in (-b_1(0), p_1(0)) \tag{6.98}$$

其中，$b_1(t)$ 和 $p_1(t)$ 为变量 χ 的上下边界。结合 $T(\chi,t)$ 的表达式，给出以下引理来阐述其性质。

引理 6.4　标度函数 $T(\chi,t)$ 具有如下性质：

（1）对于任意的 $\forall \chi \in (-b_1, p_1)$，$\partial T(\cdot)/\partial \chi > 0$ 恒成立；

（2）$\lim\limits_{\chi \to -b_1} T(\cdot) = -\infty$ 且 $\lim\limits_{\chi \to p_1} T(\cdot) = \infty$；

（3）对于任意连续可导 $\chi(t)$，$T(\cdot)$ 关于 t 连续可导；

（4）对于任意 $\chi \in (-b_1+c_t, p_1-c_t)$，$c_t > 0$ 为小常数，如果 $\dot{\chi}$ 有界，则 $\dot{T}(\cdot)$ 有界。

引理 6.5　给定光滑函数 $z = f(x,y): \Omega_x \times \Omega_y \to \Omega_z$，若对于 $\forall x \in \Omega_x, y \in \Omega_y$，$\partial f(x,y)/\partial y > 0$ 和 $\partial x/\partial y = 0$ 恒成立，则存在光滑函数 $g(\cdot)$ 使得 $y = g(x,z): \Omega_x \times \Omega_z \to \Omega_y$。

引理 6.6　给定光滑函数 $z = f(y): \Omega_y \to \Omega_z$ 和 $y = g(x): \Omega_x \to \Omega_y$，若对于 $\forall y \in \Omega_y$，$\partial f(y)/\partial y > 0$ 恒成立，则嵌套函数 $h(g(x)) = h \circ g(x) > 0, \forall x \in \Omega_x$。

6.5.3　系统变换和误差动力学

首先进行系统变换。引入一组新变量 $\{z_i\}, i = 1, 2, \cdots, n+1$，并定义 $\bar{z}_i = [z_1, z_2, \cdots, z_i]^{\mathrm{T}}$，$\bar{d}_i = \left[d_1, \cdots, d_1^{(i-1)} \right]^{\mathrm{T}}$，$\bar{p}_i = \left[p_1, \cdots, p_1^{(i-1)} \right]^{\mathrm{T}}$ 和 $\bar{y}_d = \left[y_d, \cdots, y_d^{(n)} \right]^{\mathrm{T}}$，通过如下系统转换可将受限的纯反馈非线性系统（6.95）的控制问题转化为不受限系统状态有界性控制问题，其转换过程分为以下几步。

第 1 步，定义如下变量：

$$z_1 = T(x_1, t) \triangleq h_0(x_1, t) \tag{6.99}$$

根据式（6.98）和式（6.99），可得

$$x_1 = \frac{p_1(t)\exp(z_1) - b_1}{\exp(z_1) + 1} \triangleq \phi_1(z_1, t) \tag{6.100}$$

其中，$\phi_1(z_1, t)$ 为关于 z_1、b_1 和 p_1 的光滑函数。

第 2 步：定义 $z_2 = \dot{z}_1$，根据式（6.98）可得

$$\begin{aligned}
z_2 = \dot{z}_1 &= \frac{\partial h_0}{\partial t} + \frac{\partial h_0}{\partial x_1} f_1(x_1, x_2) \\
&= \psi_1(x_1, t) + \theta(x_1, t) f_1(x_1, x_2) \\
&\triangleq h_1(\bar{x}_2, t)
\end{aligned} \tag{6.101}$$

其中，$\psi_1 = \dfrac{\partial h_0}{\partial t}$ 且 θ 定义为

$$\theta = \frac{p_1(t) + b_1(t)}{(b_1(t) + x_1)(p_1(t) - x_1)} \tag{6.102}$$

由于 ψ_1、θ 和 f_1 为光滑函数，所以 $h_1(\bar{x}_2, t)$ 也是光滑的。根据假设 6.3 可知，对于任意 $x_1 \in (-b_1, p_1)$，$\theta > 0$ 和 $\partial f_1(x_1, x_2)/\partial x_2 > 0$ 成立，则 $h_1(\bar{x}_2, t)$ 是关于 x_2 的光滑函数。依据引理 6.5，存在未知光滑函数 ϕ_2 使得

$$x_2 = \phi_2(\bar{z}_2, t) \tag{6.103}$$

第 $i(i = 3, 4, \cdots, n+1)$ 步，类似于前两步变换，定义 $z_i = \dot{z}_{i-1}$，则

$$z_i = \dot{z}_{i-1} = \sum_{j=1}^{i-2} \frac{\partial h_{i-2}}{\partial x_j} \dot{x}_j + \sum_{j=1}^{i-1} \frac{\partial h_{i-2}}{\partial t} + \theta(x_1, t) \prod_{j=1}^{i-2} g_j(\bar{x}_{j+1}) f_{i-1}(\bar{x}_{i-1}, x_i)$$

$$= \psi_{i-1}(\bar{x}_{i-1}, t) + \theta(x_1, t) \prod_{j=1}^{i-2} g_j(\bar{x}_{j+1}) f_{i-1}(\bar{x}_{i-1}, x_i) \tag{6.104}$$

$$\triangleq h_{i-1}(\bar{x}_i, t)$$

其中，$\psi_{i-1} = \sum_{j=1}^{i-2} \frac{\partial h_{i-2}}{\partial x_j} \dot{x}_j + \sum_{j=1}^{i-1} \frac{\partial h_{i-2}}{\partial b_j} \dot{b}_j + \sum_{j=1}^{i-1} \frac{\partial h_{i-2}}{\partial p_j} \dot{p}_j$。由于 $f_{i-1}(\cdot)$、$\psi_{i-1}(\cdot)$ 和 $g_j (j = 1, 2, \cdots, i-2)$ 都

为光滑函数，$h_{i-1}(\bar{x}_i, t)$ 也为光滑函数。同样的，由于 $\dfrac{\partial h_{i-1}(\cdot)}{\partial x_i} = \theta \prod_{j=1}^{i-1} g_j > 0$，根据引理 6.5，

存在光滑函数 $\phi_i(\cdot)$ 使得

$$x_i = \phi_i(\bar{z}_i, t) \tag{6.105}$$

利用中值定理，$f_n(\bar{x}_n, u)$ 可表示为

$$f_n(\bar{x}_n, u) = f_n(\bar{x}_n, 0) + g_n(\bar{x}_n, \lambda x_{n+1}) u \tag{6.106}$$

其中，$\lambda \in (0, 1)$ 为未知常数。

总结以上 $n+1$ 步推导过程，原纯反馈非线性系统（6.95）可转换为如下形式：

$$\begin{cases} \dot{\bar{z}}_n = A\bar{z}_n + B(\psi_{n+1}(\bar{x}_n, t) + \theta(x_1, t) g(\bar{x}_{n+1}) u) \\ \eta = C^{\mathrm{T}} \bar{z}_n \end{cases} \tag{6.107}$$

其中

$$g(\cdot) = \prod_{j=1}^{n} g_j(\bar{x}_{j+1}) \tag{6.108}$$

$$\psi_{n+1}(\cdot) = \psi_n(\bar{x}_n, t) + \theta(\cdot) \prod_{j=1}^{n-1} g_j(\bar{x}_{j+1}) f_n(\bar{x}_n, 0) \tag{6.109}$$

以及 (A, B, C) 为 n 阶积分器的三元组合，且有

$$A = \begin{bmatrix} 0 & 1 & 0 & \cdots & 0 \\ 0 & 0 & 1 & \cdots & 0 \\ \vdots & \vdots & \vdots & & \vdots \\ 0 & 0 & 0 & \cdots & 1 \\ 0 & 0 & 0 & \cdots & 0 \end{bmatrix}_{n \times n}, \quad B = \begin{bmatrix} 0 \\ 0 \\ \vdots \\ 0 \\ 1 \end{bmatrix}_{n \times 1}, \quad C = \begin{bmatrix} 1 \\ 0 \\ \vdots \\ 0 \\ 0 \end{bmatrix}_{n \times 1}^{\mathrm{T}}$$

基于假设 6.4，可以推断出存在未知正常数 $\underline{g}_0 = \prod\limits_{j=1}^{n} \underline{g}_j$ 使得 $g(\cdot) \geqslant \underline{g}_0$。定义 $z_{n+1} = x_{n+1}$ 以及 $\overline{\phi}_n = [\phi_1, \phi_2, \cdots, \phi_n]^{\mathrm{T}}$。将式（6.99）、式（6.102）、式（6.104）代入式（6.107），可进一步得到

$$\begin{cases} \dot{\overline{z}}_n = A\overline{z}_n + B(\psi_z(\overline{z}_n, t) + \beta(z_1, t)g_z(\overline{z}_{n+1}, t)u) \\ \eta = C^{\mathrm{T}}\overline{z}_n \end{cases} \tag{6.110}$$

其中，嵌套函数 $\psi_z(\cdot) = \psi_{n+1} \circ \overline{\phi}_n$ 与 $g_z(\cdot) = g \circ \overline{\phi}_n$ 为光滑函数，且

$$\beta(\cdot) = \theta \circ \phi_1 = \frac{\exp(z_1) + \exp(-z_1) + 2}{b(t) + p(t)} \tag{6.111}$$

严格为正且已知。根据引理 6.6 可得：对于任意 $\overline{z}_{n+1} \in \Omega_{\overline{z}}$，$g_z(\cdot) \geqslant \underline{g}_0$ 成立。至此，自变量为 $\overline{x}_n$ 的纯反馈系统（6.95）已转换为基于 $\overline{z}_n$、$\overline{b}_{n+1}$ 和 $\overline{p}_{n+1}$ 的标准形式（6.110）。

针对该转换系统，相应理想跟踪轨迹 $\eta_d(t)$ 可定义为

$$\eta_d(y_d, t) = T(y_d, t) \tag{6.112}$$

其中，$T(\cdot)$ 定义于式（6.98）。对应的输出跟踪误差定义为

$$\varepsilon(t) = z_1(t) - \eta_d(y_d, t) \tag{6.113}$$

推论 6.1　基于假设 6.2～假设 6.4，实现转换系统（6.110）的输出反馈控制是实现原输出受限系统（6.96）输出反馈控制的充分条件。

证明　根据中值定理，有

$$\varepsilon(t) = T(x_1, t) - T(y_d, t) = \left. \frac{\partial T(v, t)}{\partial v} \right|_{v = \lambda x_1 + (1-\lambda)y_d} e = \left. \frac{b_1(t) + p_1(t)}{(b_1(t) + v)(p_1(t) - v)} \right|_{v = \lambda x_1 + (1-\lambda)y_d} e \tag{6.114}$$

其中，$\lambda \in (0,1)$ 为未知常数。根据式（6.113），进一步可得

$$|\varepsilon| \geqslant \frac{4}{b_1(t) + p_1(t)}|e| \geqslant \frac{4}{b_m + p_m}|e| \tag{6.115}$$

显而易见，若 $\varepsilon \to 0$，则 $e \to 0$。当新系统（6.110）稳定时，$\overline{z}_n$ 和 u 有界。利用式（6.98）以及 z_1 的有界性可知输出约束（6.96）得以维持，且存在正常数 c_i 使得 $-b_1(t) + c_i \leqslant x_1(t) \leqslant p_1(t) - c_i$。通过式（6.102）可得 θ 有界且大于 0。同时，利用 x_1、z_2、b_1、b_2、p_1 与 p_2 的有界性以及 h_0 和 f_1 的光滑性，可从式（6.103）得到 $x_2(t)$ 有界。同理，通过 $g_1(\cdot) > \underline{g}_1$、$x_1$、$x_2$、$z_3$、$b_1$、$b_2$、$b_3$、$p_1$、$p_2$、$p_3$ 的有界性以及 h_1、f_1 和 f_2 的光滑性，从式（6.105）可得 $x_3(t)$ 有界。以此类推，可得 $x_4 \sim x_n$ 有界。证明完毕。

其次，定义滤波误差。定义如下变量：

$$\begin{cases} \overline{\varepsilon} = [\varepsilon_1, \varepsilon_2, \cdots, \varepsilon_n]^{\mathrm{T}} \\ \overline{\eta}_d = \left[\eta_d, \cdots, \eta_d^{(n)}\right]^{\mathrm{T}} \\ \varepsilon_i = \varepsilon^{(i-1)} = z_1^{(i-1)} - \eta_d^{(i-1)}, \quad i = 1, 2, \cdots, n \end{cases} \tag{6.116}$$

则滤波误差设定为

$$s = \varepsilon^{(n-1)} + d_1\varepsilon^{(n-2)} + \cdots + d_{n-1}\varepsilon = [\Lambda, 1]\overline{\varepsilon} \tag{6.117}$$

其中，$\Lambda = [d_{n-1}, d_{n-2}, \cdots, d_1]$，$d_1 \sim d_{n-1}$ 为设计常数且需要保证多项式 $q^{n-1} + d_1 q^{n-2} + \cdots + d_{n-2} q + d_{n-1}$ 满足 Hurwitz 条件。根据引理 4.1 可知：当 s 有界时，$\bar{\varepsilon}$ 有界；当 $s \to 0$ 时，$\bar{\varepsilon} \to 0$。

根据式（6.110），滤波误差 s 关于时间 t 的导数可表示为

$$\dot{s} = [0, \Lambda]\bar{\varepsilon} + \dot{z}_n - \eta_d^{(n)} = \psi_z(\bar{z}_n, t) + \beta(z_1, t) g_z(\bar{z}_{n+1}, t) u + [0, \Lambda]\bar{\varepsilon} - \eta_d^{(n)} \qquad (6.118)$$

接下来，将针对误差动力学系统（6.118）进行控制器设计。首先考虑状态完全可测的情形。

6.5.4　状态反馈控制

若系统状态完全可测量，则设计标准的状态反馈控制器。针对误差动力学系统（6.118），存在如下理想控制器 u^*：

$$u^* = -\frac{1}{\beta(\cdot)}(ks + \Delta u) \qquad (6.119)$$

其中，$k > 0$ 为设计参数；$\beta(\cdot)$ 由式（6.111）给定，且

$$\Delta u = \frac{\psi_z(\cdot) + [0, \Lambda]\bar{\varepsilon} - \eta_d^{(n)}}{g_z(\cdot)} \qquad (6.120)$$

由于 $\psi_z(\cdot)$ 和 $g_z(\cdot)$ 未知，该理想控制器（6.119）不可用。为了解决该问题，本节采用神经网络近似器对 Δu 项进行补偿，即

$$\Delta u = W^{\mathrm{T}}\phi(Z) + o(Z) \qquad (6.121)$$

其中，$Z = \left[\bar{z}_n^{\mathrm{T}}, \|\hat{W}\|, \bar{b}_{n+1}^{\mathrm{T}}, \bar{p}_{n+1}^{\mathrm{T}}, \bar{y}_d\right]^{\mathrm{T}} \in \Omega_Z \subset \mathbb{R}^{4n+4}$ 为神经网络输入；W 为理想权值向量；$o(Z)$ 为估计误差。

根据神经网络的万能逼近定律[2-4]可知：存在未知正常数 c_o 和 c_w 使得 $\|W\| \leqslant c_w$，$|o(Z)| \leqslant c_o$。因此，实际的状态反馈控制器 u 可设计为

$$u = -\frac{1}{\beta(\cdot)}(ks + \hat{W}^{\mathrm{T}}\phi(Z)) \qquad (6.122)$$

其中，$k > 0$ 是设计参数，$\hat{W}$ 为理想权值 W 的估计且按照如下形式进行更新：

$$\dot{\hat{W}} = \gamma(\phi(Z) - \delta\hat{W}), \quad \hat{W}(0) \geqslant 0 \qquad (6.123)$$

其中，γ 和 δ 为大于零的设计参数。此外，神经网络权值估计误差定义为 $\tilde{W} = W - \hat{W}$。

利用式（6.122）和式（6.123），状态反馈下的闭环动力学模型为

$$\begin{cases} \dot{s} = \psi_z(\cdot) - kg_z(\cdot)s - g_z(\cdot)\hat{W}^{\mathrm{T}}\phi(Z) + [0, \Lambda]\bar{\varepsilon} - \eta_d^{(n)} \\ \dot{\hat{W}} = \gamma(\phi(Z) - \delta\hat{W}) \end{cases} \qquad (6.124)$$

引理 6.7[4]　对于神经网络权值更新律（6.123），存在如下不变集：

$$\Omega_{\tilde{W}} = \left\{\tilde{W} \,\middle|\, \|\tilde{W}\| \leqslant c_{\tilde{W}} + c_t\right\}, \quad \tilde{W}(0) \in \Omega_{\tilde{W}} \qquad (6.125)$$

其中，$c_{\tilde{W}} = \dfrac{\sup\{\|\phi(Z)\|\} + \delta c_w}{\delta}$，$c_t$ 为小常数，使得对于 $\forall t \geqslant 0$，$\tilde{W} \in \Omega_{\tilde{W}}$ 成立。

接下来可以给定如下定理。

定理 6.2　考虑满足假设 6.1～假设 6.4 的纯反馈系统（6.95），若任意初值条件满足 $y(0) \in (-b_1(0), p_1(0))$ 以及 $\Omega_{Z0} \subset \Omega_Z$，则状态反馈控制器（6.122）以及权值自适应律（6.123）可保证：①滤波误差收敛到零附近的紧凑集合内；②闭环系统内的所有信号有界；③系统输出永远在约束范围内运行。

证明　选定李雅普诺夫候选函数为

$$V = \frac{1}{2}s^2 \tag{6.126}$$

根据式（6.118）和式（6.124），V 关于时间 t 的导数为

$$\begin{aligned}
\dot{V} &= s\dot{s} \\
&= s\left(\psi_z(\cdot) + \beta(\cdot)g_z(\cdot)u + [0,\Lambda]\overline{\varepsilon} - \eta_d^{(n)}\right) \\
&= g_z s\left(-ks - \hat{W}^{\mathrm{T}}\phi(Z) + W^{\mathrm{T}}\phi(Z) + o(Z)\right) \\
&\leqslant -g_z|s|\left(|s| - \|\tilde{W}\|\sup\{\|\phi(Z)\|\} - |o(Z)|\right) \\
&\leqslant -g_z|s|\left(k|s| - c_\tau\right)
\end{aligned} \tag{6.127}$$

其中，$c_\tau = c_{\tilde{W}}\sup\{\|\phi(Z)\|\} + c_o + c_t$。从式（6.127）可得：当 s 在集合 $\{s\|s| \leqslant c_\tau/k\}$ 范围外时，$\dot{V}$ 为负数。因此，存在一个时刻 $\tau > 0$，对于所有 $t \geqslant \tau$，有 $s \in O(c_\tau/k)$；同时，根据式（6.127）可得，存在紧集 Ω_{s0} 使得对于任意 $Z(0) \in \Omega_{Z0}$，有 $s(0) \in \Omega_{s0}$。定义 $\Omega_s = \{s\|s| \leqslant \overline{c}_s\}$，其中，$\overline{c}_s > \max\left\{\sup_{s(0)\in\Omega_{s0}}\{\sqrt{2V_s}\}, c_\tau/k + c_t\right\}$，则 Ω_s 为 s 的不变集。由滤波变量 s 的有界性，则根据式（6.115）可得 $\overline{\varepsilon}$ 有界。因为 $\overline{\varepsilon} = \overline{z} - \overline{\eta}_d$ 且 $\overline{\eta}_d$ 有界，不难得到 $\overline{z}$ 有界。注意到 $b_1 \geqslant b_l$，$p_1 \geqslant p_l$，从式（6.111）可得 β^{-1} 有界，从而进一步根据控制器表达式（6.122）得到 $u \in L_\infty$。此外，根据推论 6.1，可判断出 $\overline{x}_n$ 有界。同时，x_1 始终保持在 $(-b_1, p_1)$ 范围内，从而满足输出约束条件。证明完毕。

6.5.5　输出反馈控制

在输出反馈情形下，新系统状态 $\overline{z}_n$ 和原始系统状态 $\overline{x}_n$ 都未知，因此，需要通过设计观测器对 $\overline{z}_n$ 进行估计。高增益观测器设计为[2]：

$$\dot{\hat{z}}_i = \hat{z}_{i+1} + \frac{\lambda_i}{\mu^i}(z_1 - \hat{z}_1), \quad 1 \leqslant i \leqslant n-1 \tag{6.128}$$

$$\dot{\hat{z}}_n = \frac{\lambda_n}{\mu^n}(z_1 - \hat{z}_1) \tag{6.129}$$

其中，$\mu > 0$ 设计为小常数；$\hat{z}_i$ 为 z_i 的估计状态；$\lambda_1 \sim \lambda_n$ 为设计参数并使 $q^n + \lambda_1 q^{n-1} + \cdots + \lambda_{n-1}q + \lambda_n$ 为 Hurwitz 多项式。

将状态反馈控制器中的未知变量相应地用其估计值替代，得到如下形式的输出反馈控制器：

$$u = -\frac{1}{\beta}(k\hat{s}_{\text{sat}} + \hat{u}_{\text{NN}}) \tag{6.130}$$

其中

$$\hat{s}_{\text{sat}} = \kappa_s \text{sat}\{\hat{s}/\kappa_s\}, \quad \hat{s} = [\varLambda,1](\hat{\bar{z}} - \bar{\eta}_d) \tag{6.131}$$

$$\hat{u}_{\text{NN}} = \hat{W}_o^{\text{T}}\phi(\hat{Z}_{\text{sat}}), \quad \hat{Z}_{\text{sat}} = \left[\hat{\bar{z}}_{\text{sat}}^{\text{T}}, \left\|\hat{W}_o\right\|, \bar{b}_{n+1}^{\text{T}}, \bar{p}_{n+1}^{\text{T}}, \bar{y}_d\right]^{\text{T}} \tag{6.132}$$

$$\hat{\bar{z}}_{\text{sat}} = \left[\kappa_{z_1}\text{sat}\{\hat{z}_1/\kappa_{z_1}\}, \cdots, \kappa_{z_n}\text{sat}\{\hat{z}_n/\kappa_{z_n}\}\right]^{\text{T}} \tag{6.133}$$

式中，k、κ_s、κ_{z_1}、$\cdots$、κ_{z_n} 为正的设计参数；$\text{sat}\{\cdot\}$ 表示饱和函数；$\hat{\bar{z}} \triangleq [\hat{z}_1, \hat{z}_2, \cdots, \hat{z}_n]^{\text{T}}$；$\hat{W}_o$ 为输出反馈情形下针对理想权值 W 的估计值且按照如下形式更新：

$$\dot{\hat{W}}_o = \gamma(\phi(\hat{Z}_{\text{sat}}) - \delta\hat{W}_o), \quad \hat{W}_o(0) \geqslant 0 \tag{6.134}$$

其中，γ 和 δ 为大于零的设计参数。在式（6.130）～式（6.133）中，所有估计值均需通过饱和函数将其限制在合理的区域范围内，从而防止系统出现峰值现象。同时，$\kappa_s, \kappa_{z_1}, \cdots, \kappa_{z_n}$ 的取值需要结合 $\hat{z}_i$ 和 $\hat{s}$ 的幅值来进行确定。

定义 $\tilde{\xi}_i = \dfrac{z_i - \hat{z}_i}{\mu^{n-i}}(i = 1, 2, \cdots, n)$ 以及 $\tilde{\xi} = \left[\tilde{\xi}_1, \tilde{\xi}_2, \cdots, \tilde{\xi}_n\right]^{\text{T}}$，则输出反馈下的闭环系统可表示为如下奇异摄动形式：

$$\dot{s} = \varPsi_z(\cdot) - kg(\cdot)\hat{s}_{\text{sat}} - g_z(\cdot)\hat{u}_{\text{NN}} + [0, \varLambda]\bar{\varepsilon} - \eta_d^{(n)} \tag{6.135}$$

$$\dot{\hat{W}}_o = \gamma(\phi(\hat{Z}_{\text{sat}}) - \delta\hat{W}_o) \tag{6.136}$$

$$\mu\dot{\tilde{\xi}} = (A - HC)\tilde{\xi} + \mu B(\psi_z - kg_z\hat{s}_{\text{sat}} - g_z\hat{u}_{\text{NN}}) \tag{6.137}$$

其中，$H = [\lambda_1, \cdots, \lambda_n]$ 和 $A - HC$ 满足 Hurwitz 条件。显然，奇异摄动系统（6.135）～（6.137）具有两个时间尺度：第一，$\dot{s}$ 和 $\dot{\hat{W}}_o$ 所在通道组成慢时变子系统；第二，$\dot{\tilde{\xi}}$ 所在通道为快时变子系统。

应当注意的是，奇异摄动系统中的简化系统由式（6.135）和式（6.136）构成，且神经网络权值更新律与状态反馈闭环系统中的更新律（6.123）一致。定义估计误差为 $\tilde{W}_o = \hat{W}_o - W$，则根据引理 6.7 可知，对于 $\forall t \geqslant 0$，存在不变集 $\varOmega_{\tilde{W}_0}$ 使得 $\tilde{W}_o \in \varOmega_{\tilde{W}_0}$。

6.5.6　稳定性分析

根据输出反馈控制器（6.130），提出以下定理。

定理 6.3　考虑满足假设 6.3 和假设 6.4 的纯反馈非线性系统（6.95），若初值条件满足 $y(0) \in (-b_1(0), p_1(0))$ 及 $\varOmega_{Z0} \subset \varOmega_Z$，则提出的输出反馈控制策略（6.130）～（6.134）可保证：①滤波误差 s 渐近收敛到零附近的紧凑集合内；②输出反馈闭环系统所有信号有界；③系统输出满足约束条件。

证明　该证明由两部分构成。第一部分证明快变量 $\tilde{\xi}$ 在极端瞬间收敛到 $O(\mu)$，同时慢变量 s 则基本不变并保持在吸引域内的某一子集中。

定义 $\varOmega_s = \left\{s\big|\|s\| \leqslant \bar{c}_s\right\}$，其中 $\bar{c}_s > \max\left\{\sup_{s(0)\in\varOmega_{S_0}}\left\{\sqrt{2V_s}\right\}, c_\tau/k + c_l\right\}$。由于 $\hat{s}_{\text{sat}}$ 和 $\hat{u}_{\text{NN}}$ 关于 μ

一致有界，则存在有限时刻 $T^\dagger$ 使得对于 $\forall t \in [0, T^\dagger]$，有 $s \in \Omega_s, Z \in \Omega_Z$。选定如下李雅普诺夫候选函数：

$$V_\xi = \frac{1}{2} \tilde{\xi}^{\mathrm{T}} P \tilde{\xi} \tag{6.138}$$

其中，$P = P^{\mathrm{T}} > 0$ 是方程 $P(A - HC) + (A - HC)^{\mathrm{T}} P = -I$ 的解。同时，由于 $\psi_0(\cdot)$ 和 $g(\cdot)$ 在集合 Ω_Z 内有界，则对于任意 $T^* \in \left(0, \dfrac{T^\dagger}{2}\right)$，存在 $u^* > 0$ 使得对于 $\forall \mu < \mu^*$，有 $V_\xi \leqslant \mu^2 C_0$，即对于 $\forall \mu \in (0, \mu^*)$ 和 $t \in [T^*, T_\infty]$，有 $\tilde{\xi} \in O(\mu)$，其中 C_0 为未知正常数，T^* 为关于 μ 的函数。此外，若 $\mu \to 0$，则 $T^* \to 0$。值得注意的是 T_∞ 可为 ∞ [5]。

第二部分分析式（6.135）中第一个通道在区间 $[T^*, T_\infty]$ 内的变化情况。由于峰值情况只可能出现在 $t \in [0, T^\dagger]$，饱和函数在 $t \in [T^*, T_\infty]$ 内不会发挥作用。因此，式（6.135）可以表示为

$$\dot{s} = \psi_z(\cdot) - k g_z(\cdot) \hat{s} - g_z(\cdot) \hat{u}_{\mathrm{NN}} + [0, \Lambda] \overline{\varepsilon} - \eta_d^{(n)} \tag{6.139}$$

选定 $V_s = \dfrac{1}{2} s^2$，则根据式（6.132）和式（6.139），V_s 的导数可计算为

$$\begin{aligned}
\dot{V}_s &= s\left(\psi_z(\cdot) - k g_z(\cdot) \hat{s} - g_z(\cdot) \hat{u}_{\mathrm{NN}} + [0, \Lambda] \overline{\varepsilon} - \eta_d^{(n)}\right) \\
&= g_z(\cdot) s\left(-k\hat{s} - \hat{W}_o^{\mathrm{T}} \phi(\hat{Z}) + W^{\mathrm{T}} \phi(Z) + o(Z)\right) \\
&\leqslant -g_z(\cdot)|s|\left(k|s| - k|\hat{s} - s| - c_{\tilde{W}}\left\|\phi(\hat{Z})\right\| - c_W\left\|\phi(Z) - \phi(\hat{Z})\right\| - c_o\right)
\end{aligned} \tag{6.140}$$

因为

$$|\hat{s} - s| \leqslant \|\Lambda, 1\| \left\|\hat{\overline{z}} - \overline{z}\right\| \leqslant \|\Lambda, 1\| \|\overline{\mu}\| \left\|\tilde{\xi}\right\| \tag{6.141}$$

$$\left\|\phi(Z) - \phi(\hat{Z})\right\| \leqslant \left\|\frac{\partial \phi(Z)}{\partial Z}\Big|_{Z = Z_0}\right\| \left\|\hat{\overline{z}} - \overline{z}\right\| \tag{6.142}$$

其中，$\overline{\mu} = [\mu^{n-1}, \mu^{n-2}, \cdots, 1]^{\mathrm{T}}$，$Z_0 = \rho_0(\hat{Z} - Z) + Z$ 且 $\rho_0 \in (0, 1)$，所以 $\hat{s} - s \in O(\mu)$，$\phi(Z) - \phi(\hat{Z}) \in O(\mu)$，则式（6.140）可进一步放缩为

$$\begin{aligned}
\dot{V}_s &\leqslant -g_z(\cdot)|s|\left(k|s| - c_{\tilde{W}}\left\|\phi(\hat{Z})\right\| - c_\mu \mu - c_o\right) \\
&\leqslant -g_z(\cdot)|s|\left(k|s| - c_\tau - c_\mu \mu\right)
\end{aligned} \tag{6.143}$$

其中，$c_\mu > 0$，$c_\tau = c_{\tilde{W}} \sup\left\{\|\phi(\cdot)\|\right\} + c_o + c_\tau$。根据式（6.143）不难得到：当 s 在 $\left\{s\big||s| \leqslant (c_\tau + c_\mu \mu)/k\right\}$ 之外时，$\dot{V}_s$ 为负，即存在一个时刻 $\tau_0 \geqslant T^*$，使得 $s \in O\left((c_\tau + c_\mu \mu)/k\right)$，因此 Ω_s 为系统（6.135）～系统（6.137）的不变集且 $T_\infty = \infty$。

最后，证明闭环系统中所有信号有界。基于 s 的有界性，根据式（6.115）可得 $\overline{\varepsilon} \in L_\infty$。因为 $\overline{\varepsilon} = \overline{z} - \overline{\eta}_d$ 且 $\overline{\eta}_d$ 有界，所以 $\overline{z} \in L_\infty$。结合 $\tilde{\xi}$ 的有界性，从式（6.141）和式（6.128）进一步可得 $\hat{s}$ 和 $\hat{\overline{z}}$ 有界。此外，结合 s、$\|\hat{W}_o\|$ 以及 $\|\phi\|$ 的有界性，从式（6.130）可得 u 有界。根据推论 6.1，进一步得到 $\overline{x}_n$ 有界。同时，x_1 始终保持在 $(-b_1, p_1)$ 范围内，从而保证输出约束不受破坏。证明完毕。

6.5.7　飞行器中的应用

仿真环境为 Windows-10 专业版 64 位操作系统,CPU 为 Intel Core i7-8650U @ 1.90GHz 2.11GHz, 系统内存为 8GB, 仿真软件为 MATLAB R2012a。为验证算法有效性,考虑刚性飞机的短周期动力学模型如下[6]:

$$\begin{cases} \dot{\alpha} = L_\alpha \alpha / V_p + q \\ \dot{q} = M_\alpha \dot{\alpha} + M_q q + M_\delta(\delta_e + h(\alpha, \delta_e)) \\ y = \alpha \end{cases} \tag{6.144}$$

其中, α 表示攻角且需满足如下条件:

$$-b_1(t) < \alpha < p_1(t) \tag{6.145}$$

b_1 和 p_1 表示约束边界; q 表示俯仰率; δ_e 表示升降力矩; L_α 表示在 α 处的已知升曲线的斜率; V_p 表示修正空速; M_q 表示飞机俯仰阻尼; M_α 和 M_δ ($M_\delta \neq 0$)表示已知常数; $h(\alpha, \delta_e)$ 表示系统匹配的未知非线性控制效果,其具体表达式为

$$h(\alpha, \delta_e) = \big((1-C_0)\exp(-(\alpha-\alpha_0)^2/\varsigma^2)+C_0\big)(\tanh(\delta_e+\lambda_0)+\tanh(\delta_e-\lambda_0)+0.01\delta_e) \tag{6.146}$$

其中, ς 、 C_0 和 λ_0 代表未知正的常数。

控制目标:①设计合适的升降力矩 δ_e 使得攻击角 α 跟踪理想时变信号 y_d ;②保证闭环系统所有信号有界;③系统输出满足约束条件。

通过选取 $x_1=\alpha$, $x_2=q$, $u=\delta_e$,动态系统(6.144)可以转换为纯反馈形式且系统阶数 $n=2$,虚拟控制增益 $g_1=1$,且

$$g_2(\cdot) = M_\delta + M_\delta\big((1-C_0)\exp(-(x_1-x_0)^2/\varsigma^2)+C_0\big) \\ \cdot(2.01-\tanh^2(\mu+\lambda_0)-\tanh^2(\mu-\lambda_0)) \tag{6.147}$$

其中,当 $M_\delta>0$ 时, $g_2(\overline{x}_2,u)>M_\delta>0$,否则, $g_2(\overline{x}_2,u)<M_\delta<0$ 。

仿真共分为两部分:一是状态反馈控制;二是输出反馈控制。接下来将分别给出其对应的表达式。

(1)状态反馈控制器可构造为

$$u = -\frac{\text{sgn}\{M_\delta\}}{\beta}\big(ks+\hat{W}^{\text{T}}\phi(Z)\big) \tag{6.148}$$

$$\dot{\hat{W}} = \gamma\big(\phi(Z)-\delta\hat{W}\big), \quad \hat{W}(0)=0 \tag{6.149}$$

其中, $k>0$, $\gamma>0$, $\delta>0$ 为设计参数,神经网络输入为

$$Z = \Big[\overline{z}_2^{\text{T}}, \big\|\hat{W}\big\|, \overline{b}_3^{\text{T}}, \overline{p}_3^{\text{T}}, y_d, \dot{y}_d, \ddot{y}_d\Big]^{\text{T}} \tag{6.150}$$

(2)输出反馈情形下,高增益观测器设计为

$$\dot{\hat{z}} = \hat{z}_2 + \frac{\lambda_1}{\mu}(z_1-\hat{z}_1) \tag{6.151}$$

$$\dot{\hat{z}}_2 + \frac{\lambda_2}{\mu^2}(z_1-\hat{z}_1) \tag{6.152}$$

输出反馈控制器设计为

$$u = -\frac{\text{sgn}\{M_\delta\}}{\beta(\cdot)}\left(k\kappa_s\text{sat}\{\hat{s}/\kappa_s\} + \hat{W}_o^{\text{T}}\phi(\hat{Z}_{\text{sat}})\right) \tag{6.153}$$

$$\dot{\hat{W}}_o = \gamma\left(\phi(\hat{Z}_{\text{sat}}) - \delta\hat{W}_o\right), \quad \hat{W}_o(0) = 0 \tag{6.154}$$

其中，$\hat{Z}_{\text{sat}} = \left[\hat{\bar{z}}_{\text{sat}}^{\text{T}}, \|\hat{W}_o\|, \bar{b}_3^{\text{T}}, \bar{p}_3^{\text{T}}, y_d, \dot{y}_d, \ddot{y}_d\right]^{\text{T}}$，$\hat{\bar{z}}_{\text{sat}} = \left[\kappa_{z_1}\text{sat}\{\hat{z}_1/\kappa_{z_1}\}, \kappa_{z_2}\text{sat}\{\hat{z}_2/\kappa_{z_2}\}\right]^{\text{T}}$，此外 κ_{z_1}、κ_{z_2}、λ_1、λ_2、k、κ_s、γ、δ 为正的设计参数。仿真中，系统参数选定为[7]：$V_p = 502\ \text{ft/s}^①$，$L_\alpha = -511.538$，$M_\delta = -0.1756$，$M_q = -1.0774$，$M_\alpha = 0.8223$，$x_0 = 2.11°$，$C_0 = 0.1$，$\varsigma = 0.3536$，$\lambda_0 = 0.14$。理想跟踪信号 y_d [单位为（°）]选取为

$$y_d = \frac{171}{\pi}\left(\frac{0.5}{1+\exp(t-8)} + \frac{1}{1+\exp(t-20)} - \exp(-0.2t) - 0.5\right) \tag{6.155}$$

该理想信号表示具有攻击性的机动行为，显然 $\dot{y}_d$ 和 $\ddot{y}_d$ 可计算且有界。攻击角的界限选取为（$[-35-\sin(t)]°, [40+\cos(t)]°$），即 $b_1(t) = 35+\sin(t)$，$p_1(t) = 40-\cos(t)$。在状态反馈和输出反馈下的控制器参数与初始条件选定为 $k = 8$，$\gamma = 0.1$，$\delta = 5$，$d_1 = 20$，$\lambda_1 = 4$，$\lambda_2 = 4$，$\kappa_{z_1} = 3$，$\mu \in \{0.001, 0.05\}$，$\kappa_s = 35$，$\kappa_{z_2} = 3.5$，$x_1(0) = (90/\pi)°$，$x_2(0) = 0°/s$，$\hat{z}_1 = 0$，$\hat{z}_2 = 0$，$\hat{W}(0) = 0$ 以及 $\hat{W}_o(0) = 0$，选取 κ_s、κ_{z_1} 和 κ_{z_2} 的值需大于它们各自在状态反馈下的最大幅值以防止系统出现峰值现象。此外，在状态反馈控制和输出反馈控制中，神经网络逼近器都是由 10 个神经元构成且中心均匀分配在 $[-4,4]\times[-3,3]\times[-5,5]\times[-41,41]\times[-1,1]\times[-1,1]\times[-36,36]\times[-1,1]\times[-1,1]\times[-35,35]\times[-15,15]\times[-8,8]$ 上，神经元宽度都选为 5。

　　仿真结果如图 6.1～图 6.5 所示。从图 6.1 和图 6.2 可以明显看出，无论基于状态反馈控制还是输出反馈控制，跟踪效果都很可观。此外，当高增益观测器的增益选定为 $\mu = 0.001$

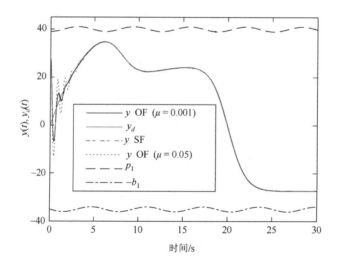

图 6.1　状态反馈（SF）控制和输出反馈（OF）控制下的跟踪过程

---

① 1ft/s = 0.3048m/s。

时，状态反馈和输出反馈控制下的响应很难区分。同时，输出限制条件可以得到很好的维持。图 6.3 表明：当 μ 越小时，估计误差 $\tilde{\xi}_1$ 和 $\tilde{\xi}_2$ 将在很短的瞬间收敛到 $O(\mu)$。同时，输出反馈控制下的跟踪误差 $e(t)$ 曲线将越来越靠近状态反馈控制下的跟踪误差曲线。$\|\hat{w}\|$ 和 $\|\hat{w}_o\|$ 的有界性在图 6.4 中得以体现，图 6.5 给出了所需的控制信号 $u(t)$，从中可以观察到：当 μ 足够小时，输出反馈所需的控制信号与状态反馈控制所需的信号相差无几。

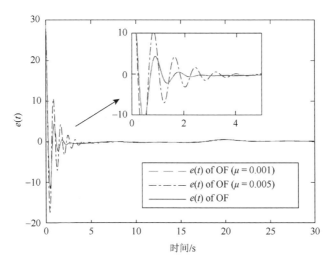

图 6.2 状态反馈（SF）控制和输出反馈（OF）控制下的跟踪误差

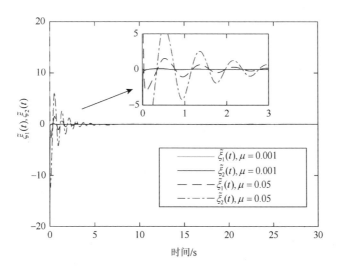

图 6.3 输出反馈控制下的状态估计误差

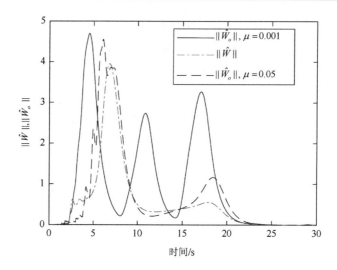

图 6.4　状态反馈（SF）控制和输出反馈（OF）控制下的神经网络权值估计

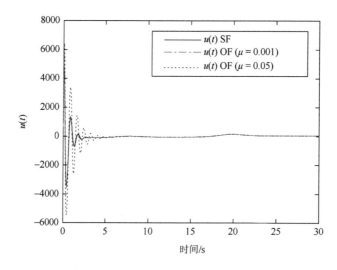

图 6.5　状态反馈（SF）控制和输出反馈（OF）控制下的输入信号

6.6　本 章 小 结

　　本章主要介绍了几种常见的非线性观测器，分别为局部观测器、扩展的卡尔曼滤波器、全局观测器以及高增益观测器，其中需要着重掌握高增益观测器的设计，因为它对非线性系统的不确定性具有一定的鲁棒性。最后详细展示了如何利用高增益观测器实现一类高阶非线性系统的输出反馈控制。

　　第 7 章将介绍另一种有效的观测器设计方法，并基于此提出针对不确定非线性系统的输出反馈控制算法。

习　题

6.1　考虑范德波尔方程:

$$\begin{cases} \dot{x}_1 = x_2 \\ \dot{x}_2 = -2\left(1-x_1^2\right)x_2 - x_1 \\ y = x_1 \end{cases} \quad (6.156)$$

（1）设计扩展卡尔曼滤波器;

（2）设计 $\varepsilon = 0.01$ 的高增益观测器;

（3）利用仿真的方法比较上述两种观测器的性能。

6.2　考虑归一化状态模型,其 Duffing 方程为

$$\begin{cases} \dot{x}_1 = x_2 \\ \dot{x}_2 = -2\left(1-x_1^2\right)x_2 - x_1 \\ y = x_1 \end{cases} \quad (6.157)$$

（1）设计一种 $k=1$ 时的线性误差动态观测器;

（2）设计一种 $\varepsilon = 0.01$ 时的高增益观测器;

（3）通过仿真比较了 k 扰动时两种观测器的性能（当观测器保持 $k=1$ 时,在系统方程中 k 逐渐增加）。

6.3　考虑如下系统:

$$\begin{cases} \dot{x}_1 = \beta_1(x_1) + x_2 \\ \dot{x}_2 = \beta_2(x_1) + \beta_3(x_1)x_2 + u \\ y = x_1 \end{cases} \quad (6.158)$$

其中, $\beta_1 \sim \beta_3$ 是光滑函数,考虑如下三种情况:

（1）设计一种具有线性误差的动态观测器;

（2）设计一种高增益观测器;

（3）若函数 β_2 和 β_3 未知,重做（2）。

6.4　考虑如下系统:

$$\begin{cases} \dot{x}_1 = x_2 \\ \dot{x}_2 = -x_1 + \left(1-x_1^2\right)x_2 \\ y = x_1 \end{cases} \quad (6.159)$$

（1）设计一种扩展卡尔曼滤波器;

（2）将 Riccati 方程（6.12）改为如下等式后,重新设计一种扩展卡尔曼滤波器:

$$\dot{P} = (A+\alpha I)P + P(A^{\mathrm{T}}+\alpha I) + Q - PC^{\mathrm{T}}G^{-1}CP, \quad P(0) = P_0 \quad (6.160)$$

通过仿真分析 α ,讨论对系统稳定性的影响。

参 考 文 献

[1]　Huang X C，Song Y D，Wen C Y. Output feedback control for constrained pure-feedback systems: a non-recursive and transformational observer based approach[J]. Automatica，2020，113：108789.

[2]　Huang X C，Khalil H K，Song Y D. Regulation of nonminimum-phase nonlinear systems using slow integrators and high-gain feedback[J]. IEEE Transactions on Automatic Control，2018，64（2）：640-653.

[3]　Huang X C，Song Y D，Lai J F. Neuro-adaptive control with given performance specifications for strict feedback systems under full-state constraints[J]. IEEE Transactions on Neural Networks and Learning Systems，2018，30（1）：25-34.

[4]　Meng W C，Yang Q M，Jagannathan S，et al. Adaptive neural control of high-order uncertain nonaffine systems: a transformation to affine systems approach[J]. Automatica，2014，50（5）：1473-1480.

[5]　Seshagiri S，Khalil H K. Output feedback control of nonlinear systems using RBF neural networks[J]. IEEE Transactions on Neural Networks，2000，11（1）：69-79.

[6]　Young A，Cao C Y，Patel V，et al. Adaptive control design methodology for nonlinear-in-control systems in aircraft applications[J]. Journal of Guidance，Control，and Dynamics，2007，30（6）：1770-1782.

[7]　Stevens B L，Lewis F L. Aircraft Control and Simulation[M]. New York：Wiley，1992.

第7章 非线性系统输出反馈控制

第6章主要介绍了系统观测器设计,本章将重点介绍包含未知参数的不确定非线性系统的输出反馈设计方法,其中系统的非线性项只依赖于输出信号。针对这类系统,通常设计指数收敛的非线性观测器,用其估计值代替不可测量或未知的状态,并利用非线性阻尼项抵消观测器误差引起的失稳效应,从而得到全局结果。为便于理解,本章7.1节介绍模型和参数已知系统的输出反馈控制策略,7.2节和7.3节分别介绍三阶和 n 阶不确定系统的自适应输出反馈控制策略。

7.1 基于模型的输出反馈控制

正如 5.2 节所介绍的内容,针对具有非匹配不确定性的非线性系统,基于 Lyapunov 稳定性理论的反步法是一种常见的控制器设计方法[1]。反步观测器的设计思路是:首先,设计一个非线性观测器,该观测器能实现不可测量状态的指数收敛估计。然后,将反步方法应用于一个新系统,并使用观测器估计方程代替不可测量的状态方程。在设计的每一步,观测误差被看作干扰项,利用非线性阻尼项加以处理。

考虑一个具有输出反馈形式的二阶系统,其中非线性项仅依赖于输出信号 y,它是唯一可测量的信号:

$$\begin{cases} \dot{x}_1 = x_2 + \varphi_1(y) \\ \dot{x}_2 = \varphi_2(y) + b_0\beta(y)u \\ y = x_1 \end{cases} \tag{7.1}$$

其中,x_1 和 x_2 代表系统状态;y 代表系统输出;$\varphi_1(y)$ 和 $\varphi_2(y)$ 代表已知光滑函数;b_0 代表非零已知常数;函数 $\beta(y)$ 光滑已知且永远不为零,存在常数 $\underline{\beta}$ 和 $\bar{\beta}$ 使得 $0 < \underline{\beta} \leqslant |\beta(y)| \leqslant \bar{\beta} < \infty$。不失一般性,本节仅考虑 $\beta(y)$ 符号为正的情况。

首先推导系统(7.1)的观测器,系统(7.1)重新写为

$$\begin{cases} \dot{x} = Ax + \varphi(y) + b\beta(y)u \\ y = c^T x \end{cases} \tag{7.2}$$

其中

$$A = \begin{bmatrix} 0 & 1 \\ 0 & 0 \end{bmatrix}, \quad b = \begin{bmatrix} 0 \\ b_0 \end{bmatrix}, \quad \varphi(y) = \begin{bmatrix} \varphi_1(y) \\ \varphi_2(y) \end{bmatrix}, \quad c = \begin{bmatrix} 1 \\ 0 \end{bmatrix}$$

式(7.2)的状态观测器为

$$\begin{cases} \dot{\hat{x}} = A\hat{x} + k(y - \hat{y}) + \varphi(y) + b\beta(y)u \\ \hat{y} = c^T \hat{x} \end{cases} \tag{7.3}$$

其中，$\hat{x}=[\hat{x}_1,\hat{x}_2]^T$ 为系统状态 x 的估计值；$k=[k_1,k_2]^T$ 为设计参数使得 $A_0=A-kc^T$ 满足赫尔维茨条件。

式（7.2）减去式（7.3）可得

$$\dot{\tilde{x}}=A_0\tilde{x} \tag{7.4}$$

其中，$\tilde{x}=x-\hat{x}=[\tilde{x}_1,\tilde{x}_2]^T$ 为观测器误差，从式（7.4）不难得到观测器误差指数收敛为零。

接下来，使用观测器（7.3），设计输出反馈控制器使得系统（7.1）的输出 y 渐近跟踪期望轨迹 $y_d(t)$。为便于控制器设计，假设期望轨迹 y_d 以及导数 $\dot{y}_d$、$\ddot{y}_d$ 分段连续且已知有界。

定理 7.1　对于非线性系统（7.1），输出反馈控制器设计为

$$u=\frac{1}{b_0\beta(y)}(\alpha_2+\ddot{y}_d) \tag{7.5}$$

该控制器不仅能保证 $x(t)$ 和 $\hat{x}(t)$ 全局有界并且跟踪误差渐近收敛，即

$$\lim_{t\to\infty}[y(t)-y_d(t)]=0 \tag{7.6}$$

其中

$$z_1=y-y_d \tag{7.7}$$

$$z_2=\hat{x}_2-\alpha_1(y,\hat{x}_1,y_d)-\dot{y}_d \tag{7.8}$$

$$\alpha_1=-c_1z_1-d_1z_1-\varphi_1(y) \tag{7.9}$$

$$\begin{aligned}\alpha_2=&-c_2z_2-z_1-d_2\left(\frac{\partial\alpha_1}{\partial y}\right)^2z_2-k_2(y-\hat{x})-\varphi_2(y)\\&+\frac{\partial\alpha_1}{\partial y}[\hat{x}_2+\varphi_1(y)]+\frac{\partial\alpha_1}{\partial y_d}\dot{y}_d\end{aligned} \tag{7.10}$$

其中，c_1、c_2、d_1、d_2 是正的设计参数。

证明　根据式（7.1）、式（7.3）、式（7.5）、式（7.7）～式（7.10），误差变量 z_1、z_2 的导数可表示为

$$\begin{aligned}\dot{z}_1=\dot{y}-\dot{y}_d&=\hat{x}_2+\tilde{x}_2+\varphi_1(y)-\dot{y}_d\\&=z_2+\alpha_1+\tilde{x}_2+\varphi_1(y)\\&=-c_1z_1+z_2-d_1z_1+\tilde{x}_2\end{aligned} \tag{7.11}$$

$$\begin{aligned}\dot{z}_2=&b_0\beta(y)u+k_2(y-\hat{x}_1)+\varphi_2(y)-\frac{\partial\alpha_1}{\partial y}[\hat{x}_2+\varphi_1(y)+\tilde{x}_2]-\frac{\partial\alpha_1}{\partial y_d}\dot{y}_d-\ddot{y}_d\\=&-c_2z_2-z_1-d_2\left(\frac{\partial\alpha_1}{\partial y}\right)^2z_2-\frac{\partial\alpha_1}{\partial y}\tilde{x}_2\end{aligned} \tag{7.12}$$

选择李雅普诺夫候选函数为

$$V=\sum_{j=1}^2\left(\frac{1}{2}z_j^2+\frac{1}{d_j}\tilde{x}^TP_0\tilde{x}\right) \tag{7.13}$$

其中，P_0 是 $P_0A_0+A_0^TP_0=-I$ 的正定对称解（I 为单位矩阵），则 V 的导数为

$$\dot{V}\leqslant-\sum_{j=1}^2\left(c_jz_j^2+\frac{3}{4d_j}\|\tilde{x}\|^2\right)\leqslant 0 \tag{7.14}$$

对式（7.14）在区间$[0,t]$上积分：

$$V(t)+c_1\int_0^t z_1^2(\tau)\mathrm{d}\tau+c_2\int_0^t z_2^2(\tau)\mathrm{d}\tau+\frac{3}{4d_1}\int_0^t\|\tilde{x}(\tau)\|^2\mathrm{d}\tau+\frac{3}{4d_2}\int_0^t\|\tilde{x}(\tau)\|^2\mathrm{d}\tau\leqslant V(0) \quad (7.15)$$

根据式（7.15）z_1以及z_2有界，因为z_1和y_d有界，所以y有界。由$\hat{x}_1=y-\tilde{x}_1$，$\tilde{x}$和y的有界性表明$\tilde{x}_1$有界。因为z_2有界，所以$\hat{x}_2$有界；注意到$b_0\beta(y)$有界且恒大于零，由式（7.5）可知控制器u有界，$\dot{z}_1$以及$\dot{z}_2$有界。此外，根据式（7.15）可知$\int_0^t z_j^2(\tau)\mathrm{d}\tau$有界，注意到$z_j$有界且$\dot{z}_j$有界，因此，利用 Barbalat 引理：

$$\lim_{t\to\infty}z_j(t)=0, \quad j=1,2 \tag{7.16}$$

证明完毕。

7.2　三阶非线性系统输出反馈控制

本节介绍含有未知参数非线性系统的自适应输出反馈控制：

$$\begin{cases}\dot{x}_1=x_2+\theta\varphi_1(y)\\\dot{x}_2=x_3+\theta\varphi_2(y)+u\\\dot{x}_3=u\\y=x_1\end{cases} \tag{7.17}$$

其中，$x_1\in\mathbb{R}$，$x_2\in\mathbb{R}$，$x_3\in\mathbb{R}$表示系统状态；$y\in\mathbb{R}$表示系统输出；$\theta\in\mathbb{R}$表示系统未知参数；$\varphi_1(y)\in\mathbb{R}$和$\varphi_2(y)\in\mathbb{R}$表示光滑函数；$u\in\mathbb{R}$表示控制输入。为介绍未知参数系统的输出反馈控制，特假设系统（7.17）只有输出$y=x_1$可以测量，状态x_2和x_3不可测量。

本节控制目标：设计自适应非线性输出反馈控制器使得输出y渐近跟踪期望轨迹$y_d(t)$，同时闭环系统所有信号有界。为实现跟踪目标，特假设期望轨迹y_d以及导数$\dot{y}_d$、$\ddot{y}_d$分段连续且已知有界。

7.2.1　滤波器设计

本节使用两个滤波器来重构系统的所有状态，一个针对模型中不包含θ的部分，另一个针对模型的未知部分。用ξ_0和ξ_1分别表示两个滤波器的状态，对应的虚拟估计是$\xi_0+\theta\xi_1$，它依赖于未知参数θ。此时状态可重构为

$$x=\xi_0+\theta\xi_1+\varepsilon \tag{7.18}$$

其中，$\xi_0=[\xi_{01},\xi_{02},\xi_{03}]^\mathrm{T}$；$\xi_1=[\xi_{11},\xi_{12},\xi_{13}]^\mathrm{T}$；$\varepsilon$为估计误差。利用式（7.18）进行反步控制器设计的前提条件是误差ε渐近趋于零。为确保这一点，构造如下两个滤波器：

$$\begin{cases}\dot{\xi}_{01}=k_1(y-\xi_{01})+\xi_{02}\\\dot{\xi}_{02}=k_2(y-\xi_{01})+\xi_{03}+u,\\\dot{\xi}_{03}=k_3(y-\xi_{01})+u\end{cases}\qquad\begin{cases}\dot{\xi}_{11}=-k_1\xi_{11}+\xi_{12}+\varphi_1(y)\\\dot{\xi}_{12}=-k_2\xi_{11}+\xi_{13}+\varphi_2(y)\\\dot{\xi}_{13}=-k_3\xi_{11}\end{cases} \tag{7.19}$$

$k=[k_1,k_2,k_3]^\mathrm{T}$为设计参数使得

$$A_0 = \begin{bmatrix} -k_1 & 1 & 0 \\ -k_2 & 0 & 1 \\ -k_3 & 0 & 0 \end{bmatrix} \tag{7.20}$$

满足赫尔维茨条件。从而系统模型（7.17）可表示为

$$\dot{x} = A_0 x + ky + bu + \theta\varphi(y), \quad b = \begin{bmatrix} 0 \\ 1 \\ 1 \end{bmatrix}, \quad \varphi(y) = \begin{bmatrix} \varphi_1(y) \\ \varphi_2(y) \\ 0 \end{bmatrix} \tag{7.21}$$

将式（7.19）的滤波器 ξ_0 和 ξ_1 写成矢量形式：

$$\dot{\xi}_0 = A_0 \xi_0 + ky + bu, \quad \dot{\xi}_1 = A_0 \xi_1 + \varphi(y) \tag{7.22}$$

结合方程（7.17）～方程（7.21），可推导出误差 $\varepsilon = x - \xi_0 - \theta\xi_1$ 的导数：

$$\begin{aligned}
\dot{\varepsilon} &= \dot{x} - \dot{\xi}_0 - \theta\dot{\xi}_1 \\
&= A_0 x + ky + bu + \theta\varphi(y) - A_0\xi_0 - ky - bu - A_0\theta\xi_1 - \theta\varphi(y) \\
&= A_0(x - \xi_0 - \theta\xi_1) \\
&= A_0\varepsilon
\end{aligned} \tag{7.23}$$

A_0 是赫尔维茨矩阵，ε 指数收敛于 0。

7.2.2　输出反馈控制器设计

类似于状态反馈控制器，针对具有非匹配不确定性系统的输出反馈控制，仍采用反步法进行控制器设计。

第 1 步，为使输出 y 跟踪期望轨迹 $y_d(t)$，定义如下变量（即跟踪误差）：

$$z_1 = y - y_d \tag{7.24}$$

则 z_1 的导数为

$$\dot{z}_1 = \dot{y} - \dot{y}_d = x_2 + \theta\varphi_1(y) - \dot{y}_d \tag{7.25}$$

因为 x_2 不可测量得到，所以不能参考第 5 章状态反馈控制器的步骤将其设计为虚拟控制。为进行输出反馈，用"虚拟估计" $\xi_{02} + \theta\xi_{12}$ 与相应误差 ε_2（误差 ε 的第二个分量）的总和来代替：

$$x_2 = \xi_{02} + \theta\xi_{12} + \varepsilon_2 \tag{7.26}$$

将其代入式（7.25），可得

$$\dot{z}_1 = \xi_{02} + \theta\underbrace{[\varphi_1(y) + \xi_{12}]}_{\omega} - \dot{y}_d + \varepsilon_2 \tag{7.27}$$

现在需要选择一个出现在方程（7.27）中的已知变量作为虚拟控制。引入第二个误差变量：

$$z_2 = \xi_{02} - \alpha_1 - \dot{y}_d \tag{7.28}$$

将其代入式（7.27）：

$$\dot{z}_1 = z_2 + \alpha_1 + \theta\omega + \varepsilon_2 \tag{7.29}$$

将 θ 的第一个估计表示为 ϑ_1，则第一个稳定方程 α_1 可选为

$$\alpha_1 = -c_1 z_1 - d_1 z_1 - \vartheta_1 \omega \tag{7.30}$$

其中，c_1 和 d_1 是正的设计参数。从而 $\dot{z}_1$ 可进一步表示为

$$\dot{z}_1 = -c_1 z_1 + z_2 - d_1 z_1 + (\theta - \vartheta_1)\omega + \varepsilon_2 \tag{7.31}$$

选取第一个李雅普诺夫函数为

$$V_1 = \frac{1}{2}z_1^2 + \frac{1}{2\gamma}(\theta - \vartheta_1)^2 + \frac{1}{d_1}\varepsilon^{\mathrm{T}}P_0\varepsilon \tag{7.32}$$

其中，$\gamma > 0$ 为自适应增益，$P_0 = P_0^{\mathrm{T}} > 0$ 满足 $P_0 A_0 + A_0^{\mathrm{T}}P_0 = -I$，，则 V_1 的导数为

$$
\begin{aligned}
\dot{V}_1 &= z_1\dot{z}_1 - \frac{1}{\gamma}(\theta - \vartheta_1)\dot{\vartheta}_1 + \frac{1}{d_1}\frac{\mathrm{d}}{\mathrm{d}t}(\varepsilon^{\mathrm{T}}P_0\varepsilon) \\
&= z_1 z_2 - c_1 z_1^2 - d_1 z_1^2 + (\theta - \vartheta_1)\left(z_1\omega - \frac{1}{\gamma}\dot{\vartheta}_1\right) + z_1\varepsilon_2 - \frac{1}{d_1}\varepsilon^{\mathrm{T}}\varepsilon \\
&= z_1 z_2 - c_1 z_1^2 + (\theta - \vartheta_1)\left(z_1\omega - \frac{1}{\gamma}\dot{\vartheta}_1\right) \\
&\quad - d_1\left(z_1 - \frac{1}{2d_1}\varepsilon_2\right)^2 + \frac{1}{4d_1}\varepsilon_2^2 - \frac{1}{d_1}\varepsilon^{\mathrm{T}}\varepsilon \\
&\leqslant z_1 z_2 - c_1 z_1^2 + (\theta - \vartheta_1)\left(z_1\omega - \frac{1}{\gamma}\dot{\vartheta}_1\right) - \frac{3}{4d_1}\varepsilon^{\mathrm{T}}\varepsilon
\end{aligned} \tag{7.33}
$$

其中，$\theta - \vartheta_1$ 项可以通过选择以下更新律来抵消：

$$\dot{\vartheta}_1 = \gamma z_1\omega \tag{7.34}$$

第 2 步，根据式（7.28），则 z_2 的导数表示为

$$
\begin{aligned}
\dot{z}_2 &= \dot{\xi}_{02} - \dot{\alpha}_1 - \ddot{y}_d \\
&= u + k_2(y - \xi_{01}) + \xi_{03} - \frac{\partial\alpha_1}{\partial y}\dot{y} \\
&\quad - \frac{\partial\alpha_1}{\partial\xi_{12}}\underbrace{(-k_2\xi_{11} + \xi_{13} + \varphi_2(y))}_{\dot{\xi}_{12}} - \frac{\partial\alpha_1}{\partial y_d}\dot{y}_d - \frac{\partial\alpha_1}{\partial\theta_1}\dot{\vartheta}_1 - \ddot{y}_d \\
&= u + k_2(y - \xi_{01}) + \xi_{03} - \frac{\partial\alpha_1}{\partial y}\underbrace{(\xi_{02} + \theta\omega + \varepsilon_2)}_{\dot{y}} \\
&\quad - \frac{\partial\alpha_1}{\partial\xi_{12}}(-k_2\xi_{11} + \xi_{13} + \varphi_2(y)) - \frac{\partial\alpha_1}{\partial y_d}\dot{y}_d - \frac{\partial\alpha_1}{\partial\vartheta_1}\underbrace{\gamma\omega z_1}_{\dot{\vartheta}_1} - \ddot{y}_d \\
&= u + k_2(y - \xi_{01}) + \xi_{03} - \frac{\partial\alpha_1}{\partial y}\xi_{02} - \frac{\partial\alpha_1}{\partial\xi_{12}}(-k_2\xi_{11} + \xi_{13} + \varphi_2(y)) \\
&\quad - \frac{\partial\alpha_1}{\partial y_d}\dot{y}_d - \frac{\partial\alpha_1}{\partial\vartheta_1}\gamma\omega z_1 - \frac{\partial\alpha_1}{\partial y}\theta\omega - \frac{\partial\alpha_1}{\partial y}\varepsilon_2 - \ddot{y}_d
\end{aligned} \tag{7.35}
$$

由于未知参数 θ 出现在式（7.35），且与 θ 相关的非线性项 $\dfrac{\partial\alpha_1}{\partial y}\omega$ 不同于第 1 步中的非线性项 ω，因此需要设计一个新的估计 ϑ_2。为了消除系数为非线性项 $\dfrac{\partial\alpha_1}{\partial y}$ 的扰动 ε_2，需使用

非线性阻尼项 $-d_2\left(\dfrac{\partial \alpha_1}{\partial y}\right)^2 z_2$。因此，控制律设计为

$$
\begin{aligned}
u = &-c_2 z_2 - z_1 - d_2\left(\frac{\partial \alpha_1}{\partial y}\right)^2 z_2 - k_2(y-\xi_{01}) - \xi_{03} + \frac{\partial \alpha_1}{\partial y}(\xi_{02}+\vartheta_2\omega)\\
&+\frac{\partial \alpha_1}{\partial \xi_{12}}(-k_2\xi_{11}+\xi_{13}+\phi_2(y))+\frac{\partial \alpha_1}{\partial y_d}\dot y_d + \frac{\partial \alpha_1}{\partial \vartheta_1}\gamma\omega z_1 + \ddot y_d
\end{aligned} \tag{7.36}
$$

式（7.35）可写为

$$
\dot z_2 = -c_2 z_2 - z_1 - \frac{\partial \alpha_1}{\partial y}\omega(\theta-\vartheta_2) - d_2\left(\frac{\partial \alpha_1}{\partial y}\right)^2 z_2 - \frac{\partial \alpha_1}{\partial y}\varepsilon_2 \tag{7.37}
$$

利用式（7.33）、式（7.34）、式（7.37），选择第二个李雅普诺夫函数为

$$
V_2 = V_1 + \frac{1}{2}z_2^2 + \frac{1}{2\gamma}(\theta-\vartheta_2)^2 + \frac{1}{d_2}\varepsilon^{\mathrm T}P_0\varepsilon \tag{7.38}
$$

其导数为

$$
\begin{aligned}
\dot V_2 =& \dot V_1 + z_2\dot z_2 - \frac{1}{\gamma}\dot\vartheta_2(\theta-\vartheta_2) - \frac{1}{d_2}\varepsilon^{\mathrm T}\varepsilon\\
\leqslant& z_1 z_2 - c_1 z_1^2 - \frac{3}{4d_1}\varepsilon^{\mathrm T}\varepsilon - c_2 z_2^2 - z_1 z_2\\
&-\left(\frac{\partial \alpha_1}{\partial y}\omega z_2 + \frac{1}{\gamma}\dot\vartheta_2\right)(\theta-\vartheta_2) - d_2\left(\frac{\partial \alpha_1}{\partial y}\right)^2 z_2^2 - \frac{\partial \alpha_1}{\partial y}z_2\varepsilon_2 - \frac{1}{d_2}\varepsilon^{\mathrm T}\varepsilon\\
\leqslant& -c_1 z_1^2 - c_2 z_2^2 - \left(\frac{3}{4d_1}+\frac{3}{4d_2}\right)\varepsilon^{\mathrm T}\varepsilon - \left(\frac{\partial \alpha_1}{\partial y}\omega z_2 + \frac{1}{\gamma}\dot\vartheta_2\right)(\theta-\vartheta_2)
\end{aligned} \tag{7.39}
$$

其中，$\theta-\vartheta_2$ 这一项将会被抵消，设计更新律为

$$
\dot\vartheta_2 = -\gamma\frac{\partial \alpha_1}{\partial y}\omega z_2 \tag{7.40}
$$

使得

$$
\dot V_2 \leqslant -c_1 z_1^2 - c_2 z_2^2 - \frac{3}{4}\left(\frac{1}{d_1}+\frac{1}{d_2}\right)\varepsilon^{\mathrm T}\varepsilon \tag{7.41}
$$

对式（7.41）在区间 $[0,t]$ 上积分：

$$
V_2(t) + c_1\int_0^t z_1^2(\tau)\mathrm d\tau + c_2\int_0^t z_2^2(\tau)\mathrm d\tau + \frac{3}{4d_1}\int_0^t \varepsilon^{\mathrm T}(\tau)\varepsilon(\tau)\mathrm d\tau + \frac{3}{4d_2}\int_0^t \varepsilon^{\mathrm T}(\tau)\varepsilon(\tau)\mathrm d\tau \leqslant V_2(0) \tag{7.42}
$$

根据式（7.38）和式（7.42）可知 z_1、z_2、ϑ_1、ϑ_2、ε 有界，则进一步得到 $y=x_1=z_1+y_d$ 有界。从式（7.19）中对 ξ_1 的定义以及 y 的有界性，可得 ξ_1 有界。为证明 ξ_0、x_2 和 x_3 的有界性，根据定义 $\varepsilon=x-\xi_0-\theta\xi_1$ 可得 $\xi_{01}=x_1-\varepsilon_1-\theta\xi_{11}=y-\varepsilon_1-\theta\xi_{11}$ 有界。因为 $\omega=\varphi_1(y)+\xi_{12}$ 有界，由式（7.30）可得 α_1 有界，从而得到 $\partial\alpha_1/\partial y$、$\partial\alpha_1/\partial\xi_{12}$、$\partial\alpha_1/\partial y_d$、$\partial\alpha_1/\partial\vartheta_1$ 有界。结合式（7.28）以及 z_2、α_1、$\dot y_d$ 的有界性，可以判断 ξ_{02} 和系统状态 $x_2=\varepsilon_2+\xi_{02}+\theta\xi_{12}$ 有界。此外，为了证明系统状态 x_3 的有界性，定义变量 $\zeta=x_3-x_2+y$，则其导数可表示为

$$\begin{aligned}
\dot{\zeta} &= \dot{x}_3 - \dot{x}_2 + \dot{x}_1 \\
&= u - x_3 - \theta\varphi_2(y) - u + x_2 + \theta\varphi_1(y) \\
&= -\zeta + y + \theta[\varphi_1(y) - \varphi_2(y)]
\end{aligned} \tag{7.43}$$

由系统输出 y 的有界性和函数 $\varphi_1(y)$ 与 $\varphi_2(y)$ 的光滑性,不难得出非线性项 $y + \theta(\varphi_1(y) - \varphi_2(y))$ 有界,即存在常数 $m > 0$ 使得 $|y + \theta(\varphi_1(y) - \varphi_2(y))| \leqslant m$。令 $\Lambda = y + \theta(\varphi_1(y) - \varphi_2(y))$,则式(7.43)可表示为

$$\dot{\zeta} = -\zeta + \Lambda \tag{7.44}$$

对其在区间 $[0,t]$ 上积分,可得

$$\zeta(t) = \zeta(0)\exp(-t) + \exp(-t)\int_0^t \Lambda(\tau)\exp(\tau)\mathrm{d}\tau \tag{7.45}$$

因为 $|\Lambda(t)| \leqslant m$,

$$\begin{aligned}
\zeta(t) &\leqslant \zeta(0)\exp(-t) + m\exp(-t)\int_0^t \exp(\tau)\mathrm{d}\tau \\
&\leqslant \zeta(0)\exp(-t) + m(1 - \exp(-t))
\end{aligned} \tag{7.46}$$

所以 ζ 有界,根据 $\zeta = x_3 - x_2 + y$,不难得到 $x_3 = \zeta + x_2 - y$ 和 $\xi_{03} = x_3 - \varepsilon_3 - \theta\xi_{13}$ 有界,进一步根据式(7.31)、式(7.36)、式(7.37)的表达式可判断控制信号 u、$\dot{z}_1$ 与 $\dot{z}_2$ 有界。此外,根据式(7.42)可知 $\int_0^t z_j^2(\tau)\mathrm{d}\tau (j = 1, 2)$ 有界,注意到 $z_j \in L_\infty$,$\dot{z}_j \in L_\infty$,利用 Barbalat 引理可得

$$\lim_{t\to\infty} z_j(t) = 0, \quad j = 1, 2 \tag{7.47}$$

证明完毕。

7.3 高阶非线性系统输出反馈控制

7.2 节主要介绍了三阶系统的输出反馈控制,本节将拓展到 n 阶非线性系统的输出反馈设计方法[2]:

$$\begin{cases}
\dot{x}_1 = x_2 + \phi_1^{\mathrm{T}}(y)\theta + \psi_1(y) \\
\quad\vdots \\
\dot{x}_{\rho-1} = x_\rho + \phi_{\rho-1}^{\mathrm{T}}(y)\theta + \psi_{\rho-1}(y) \\
\dot{x}_\rho = x_{\rho+1} + \phi_\rho^{\mathrm{T}}(y)\theta + \psi_\rho(y) + b_m u, \quad \rho = 1, 2, \cdots, n \\
\quad\vdots \\
\dot{x}_{n-1} = x_n + \phi_{n-1}^{\mathrm{T}}(y)\theta + \psi_{n-1}(y) + b_1 u \\
\dot{x}_n = \phi_n^{\mathrm{T}}(y)\theta + \psi_n(y) + b_0 u \\
y = x_1
\end{cases} \tag{7.48}$$

其中,$x_1 \in \mathbb{R}, \cdots x_n \in \mathbb{R}, y \in \mathbb{R}$ 和 $u \in \mathbb{R}$ 分别是系统状态、输出和输入;向量 $\theta \in \mathbb{R}^r$ 是未知常数;$\psi_i(y) \in \mathbb{R}$ 与 $\phi_i(y) \in \mathbb{R}^r (i = 1, 2, \cdots, n)$ 是已知光滑非线性函数且仅依赖于输出信号 y;$b_m, \cdots, b_0$ 是未知常数。

为了便于设计控制律,需要以下假设。

假设 7.1　b_m 符号已知。

假设 7.2　相对阶 $\rho = n - m$ 已知，系统为最小相位。

假设 7.3　期望轨迹 y_d 及其 ρ 阶导数分段连续，已知且有界。

本节控制目标：设计有效的输出反馈控制器使系统（7.48）全局稳定，并实现 y 对 y_d 的渐近跟踪。

7.3.1　状态估计滤波器

为了设计期望的自适应输出反馈控制律，将系统（7.48）改写为以下形式：

$$\dot{x} = Ax + \Phi(y)\theta + \Psi(y) + \begin{bmatrix} 0 \\ b \end{bmatrix} u \tag{7.49}$$

其中

$$A = \begin{bmatrix} 0 & 1 & 0 & \cdots & 0 \\ 0 & 0 & 1 & \cdots & 0 \\ \vdots & \vdots & \vdots & & \vdots \\ 0 & 0 & 0 & \cdots & 1 \\ 0 & 0 & 0 & \cdots & 0 \end{bmatrix}, \quad \Psi(y) = \begin{bmatrix} \psi_1(y) \\ \vdots \\ \psi_n(y) \end{bmatrix} \tag{7.50}$$

$$\Phi(y) = \begin{bmatrix} \phi_1^{\mathrm{T}}(y) \\ \vdots \\ \phi_n^{\mathrm{T}}(y) \end{bmatrix}, \quad b = \begin{bmatrix} b_m \\ \vdots \\ b_0 \end{bmatrix} \tag{7.51}$$

其中仅输出信号 y 是可以测量的，系统状态 x 不可利用。因此，需要设计滤波器来估计 x，并产生一些信号用于控制器设计。这些滤波器总结如下：

$$\dot{\xi} = A_0\xi + ky + \Psi(y) \tag{7.52}$$

$$\dot{\Xi}^{\mathrm{T}} = A_0\Xi^{\mathrm{T}} + \Phi(y) \tag{7.53}$$

$$\dot{\lambda} = A_0\lambda + e_n u \tag{7.54}$$

$$v_i = A_0^i \lambda, \quad i = 0, 1, \cdots, m \tag{7.55}$$

其中，$k = [k_1, \cdots, k_n]^{\mathrm{T}}$ 为设计参数使得矩阵 $A_0 = A - ke_1^{\mathrm{T}}$ 满足赫尔维茨条件；ξ、Ξ 和 λ 为滤波器的状态；$e_1 = [1, 0, \cdots, 0, 0]$；$e_n = [0, 0, \cdots, 0, 1]$；$A_0^i$ 为矩阵 A_0 的 i 次方。

系统状态估计由式（7.56）给出：

$$\hat{x}(t) = \xi + \Xi^{\mathrm{T}}\theta + \sum_{i=0}^{m} b_j v_j \tag{7.56}$$

值得注意的是由于参数 θ 和 b 未知，状态估计 $\hat{x}(t)$ 不可直接利用，则控制器设计中，无法使用估计值 $\hat{x}(t)$。然而，它将用于稳定性分析。$\hat{x}(t)$ 的导数可表示为

$$\dot{\hat{x}}(t) = \dot{\xi} + \dot{\Xi}^{\mathrm{T}}\theta + \sum_{i=0}^{m}b_i\dot{v}_i$$

$$= A_0\xi + ky + \Psi(y) + \left(A_0\Xi^{\mathrm{T}} + \Phi(y)\right)\theta + \sum_{i=0}^{m}b_iA_0^i(A_0\lambda + e_nu)$$

$$= A_0\left(\xi + \Xi^{\mathrm{T}}\theta + \sum_{i=0}^{m}b_iv_i\right) + ky + \Phi(y)\theta + \Psi(y) + \begin{bmatrix}0\\b\end{bmatrix}u \qquad (7.57)$$

$$= A_0\hat{x} + ky + \Phi(y)\theta + \Psi(y) + \begin{bmatrix}0\\b\end{bmatrix}u$$

可以看出，状态估计误差为

$$\varepsilon = x(t) - \hat{x}(t) \qquad (7.58)$$

其导数可以表示为

$$\begin{aligned}\dot{\varepsilon} &= \dot{x}(t) - \dot{\hat{x}}(t)\\ &= Ax - ky - A_0\hat{x}\\ &= \left(A_0 + ke_1^{\mathrm{T}}\right)x - ky - A_0\hat{x}\\ &= A_0\varepsilon\end{aligned} \qquad (7.59)$$

选取李雅普诺夫候选函数为

$$V_\varepsilon = \varepsilon^{\mathrm{T}}P\varepsilon \qquad (7.60)$$

其中 $P \in \mathbb{R}^{n\times n}$ 为正定矩阵且满足 $PA_0 + A_0^{\mathrm{T}}P = -I$，对 V_ε 求导可得

$$\dot{V}_\varepsilon = \varepsilon^{\mathrm{T}}\left(PA_0 + A_0^{\mathrm{T}}P\right)\varepsilon = -\varepsilon^{\mathrm{T}}\varepsilon \qquad (7.61)$$

根据式（7.61）不难得到估计误差渐近收敛为零，即 $\lim_{t\to\infty}\varepsilon(t) = 0$，从而保证 $\hat{x}(t) \to x(t)$。

系统输出 y 是控制器设计中唯一可利用的系统状态，其动态方程为

$$\begin{aligned}\dot{y} &= x_2 + \phi_1^{\mathrm{T}}(y)\theta(t) + \psi_1(y)\\ &= b_mv_{m,2} + \xi_2 + \psi_1(y) + \bar{\omega}^{\mathrm{T}}\Theta + \varepsilon_2\end{aligned} \qquad (7.62)$$

其中

$$\Theta = [b_m, \cdots, b_0, \theta^{\mathrm{T}}]^{\mathrm{T}} \qquad (7.63)$$

$$\omega = [v_{m,2}, v_{m-1,2}, \cdots, v_{0,2}, \Xi_2 + \phi_1^{\mathrm{T}}]^{\mathrm{T}} \qquad (7.64)$$

$$\bar{\omega} = [0, v_{m-1,2}, \cdots, v_{0,2}, \Xi_2 + \phi_1^{\mathrm{T}}]^{\mathrm{T}} \qquad (7.65)$$

在上述等式中，ε_2、$v_{i,2}$、ξ_2 和 Ξ_2 分别表示 ε、v_i、ξ 和 Ξ 的第二项，y、v_i、ξ、Ξ 都是可获得的信号。

结合系统（7.62）和滤波器（7.52）～（7.55），系统（7.48）可表示为

$$\dot{y} = b_mv_{m,2} + \xi_2 + \psi_1(y) + \bar{\omega}^{\mathrm{T}}\Theta + \varepsilon_2 \qquad (7.66)$$

$$\dot{v}_{m,i} = v_{m,i+1} - k_iv_{m,1}, \quad i = 2,3,\cdots,\rho-1 \qquad (7.67)$$

$$\dot{v}_{m,\rho} = v_{m,\rho+1} - k_\rho v_{m,1} + u \qquad (7.68)$$

系统（7.66）～（7.68）为相应的设计系统，其状态 y、$v_{m,2}$，$\cdots$，$v_{m,\rho}$ 可利用。

7.3.2　设计步骤和稳定性分析

本节将提供一种基于反步技术的自适应控制设计方法，该方法一共需要 ρ 步。首先，考虑如下坐标变换：

$$z_1 = y - y_d \tag{7.69}$$

$$z_i = v_{m,i} - \alpha_{i-1} - \hat{\varrho} y_d^{(i-1)}, \quad i = 2,3,\cdots,\rho \tag{7.70}$$

其中，$\hat{\varrho}$ 是 $\varrho = 1/b_m$ 的估计值；α_{i-1} 是每一步需设计的虚拟控制器。

第 1 步，根据式（7.66）和式（7.69），跟踪误差 z_1 的导数可表示为

$$\dot{z} = b_m v_{m,2} + \xi_2 + \psi_1(y) + \bar{\omega}^{\mathrm{T}}\Theta + \varepsilon_2 - \dot{y}_d \tag{7.71}$$

当 $i = 2$ 时，将式（7.70）代入式（7.71），并且令 $\tilde{\varrho} = \varrho - \hat{\varrho}$，则

$$\dot{z}_1 = b_m \alpha_1 + \xi_2 + \psi_1(y) + \bar{\omega}^{\mathrm{T}}\Theta + \varepsilon_2 - b_m \tilde{\varrho}\dot{y}_d + b_m z_2 \tag{7.72}$$

通过考虑将 $v_{m,2}$ 作为第一虚拟控制，选择虚拟控制律 α_1 为

$$\alpha_1 = \hat{\varrho}\bar{\alpha} \tag{7.73}$$

$$\bar{\alpha}_1 = -c_1 z_1 - d_1 z_1 - \xi_2 - \psi_1(y) - \bar{\omega}^{\mathrm{T}}\hat{\Theta} \tag{7.74}$$

其中，c_1 和 d_1 为正设计参数；$\hat{\Theta}$ 为 Θ 的估计值。

由于 $\Theta = [b_m,\cdots,b_0,\theta^{\mathrm{T}}]^{\mathrm{T}}$，$b_m$ 可写为 $b_m = e_1^{\mathrm{T}}\Theta$；注意到 $\omega = [v_{m,2},v_{m-1,2},\cdots,v_{0,2},\varXi_2 + \phi_1^{\mathrm{T}}]^{\mathrm{T}}$，$\bar{\omega} = [0,v_{m-1,2},\cdots,v_{0,2},\varXi_2 + \phi_1^{\mathrm{T}}]^{\mathrm{T}}$，则 $\omega = \bar{\omega} + [v_{m,2},0,\cdots,0]^{\mathrm{T}}$。因此，式（7.72）右侧第一项 $b_m\alpha_1$ 可写为

$$b_m \alpha_1 = b_m \tilde{\varrho}\bar{\alpha}_1 = \bar{\alpha}_1 - b_m \tilde{\varrho}\bar{\alpha}_1 \tag{7.75}$$

$$\begin{aligned}
\bar{\omega}^{\mathrm{T}}\tilde{\Theta} + b_m z_2 &= \bar{\omega}^{\mathrm{T}}\tilde{\Theta} + \tilde{b}_m z_2 + \hat{b}_m z_2 \\
&= \bar{\omega}^{\mathrm{T}}\tilde{\Theta} + (v_{m,2} - \hat{\varrho}\dot{y}_d - \alpha_1)e_1^{\mathrm{T}}\tilde{\Theta} + \hat{b}_m z_2 \\
&= (\omega - \hat{\varrho}(\dot{y}_d + \bar{\alpha}_1)e_1)^{\mathrm{T}}\tilde{\Theta} + \hat{b}_m z_2
\end{aligned} \tag{7.76}$$

因此，式（7.72）可进一步写为

$$\begin{aligned}
\dot{z}_1 &= -c_1 z_1 - d_1 z_1 + \varepsilon_2 + \bar{\omega}^{\mathrm{T}}\tilde{\Theta} - b_m(\dot{y}_d + \bar{\alpha}_1)\tilde{\varrho} + b_m z_2 \\
&= -(c_1 + d)_1 z_1 + \varepsilon_2 + (\omega - \hat{\varrho}(\dot{y}_d + \bar{\alpha}_1)e_1)^{\mathrm{T}}\tilde{\Theta} - b_m(\dot{y}_d + \bar{\alpha}_1)\tilde{\varrho} + \hat{b}_m z_2
\end{aligned} \tag{7.77}$$

其中，$\tilde{\Theta} = \Theta - \hat{\Theta}$。

选取李雅普诺夫函数为

$$V_1 = \frac{1}{2}z_1^2 + \frac{1}{2}\tilde{\Theta}^{\mathrm{T}}\Gamma^{-1}\tilde{\Theta} + \frac{|b_m|}{2\gamma}\tilde{\varrho}^2 + \frac{1}{2d_1}\varepsilon^{\mathrm{T}}P\varepsilon \tag{7.78}$$

其中，Γ 是一个正定对称矩阵；γ 是一个正的常数；$P = P^{\mathrm{T}} > 0$ 是一个正定矩阵且满足

$PA_0 + A_0^T P = -I$。则 V_1 的导数可表示为

$$\dot{V} \leq z_1 \dot{z}_1 - \tilde{\Theta}^T \Gamma^{-1} \dot{\hat{\Theta}} - \frac{|b_m|}{\gamma} \tilde{\varrho} \dot{\hat{\varrho}} - \frac{1}{2d_1} \varepsilon^T \varepsilon$$

$$\leq -c_1 z_1^2 + \hat{b}_m z_1 z_2 - \frac{1}{4d_1} \varepsilon^T \varepsilon - |b_m| \tilde{\varrho} \frac{1}{\gamma} \left(\gamma \operatorname{sgn}(b_m)(\dot{y}_d + \bar{\alpha}_1) z_1 + \dot{\hat{\varrho}} \right) \quad (7.79)$$

$$+ \tilde{\Theta}^T \left(\left(\omega - \hat{\varrho}(\dot{y}_d + \bar{\alpha}_1) e_1 \right) z_1 - \Gamma^{-1} \dot{\hat{\Theta}} \right) - d_1 z_1^2 + z_1 \varepsilon_2 - \frac{\|\varepsilon\|^2}{4d_1}$$

选取自适应律 $\dot{\hat{\varrho}}$ 为

$$\dot{\hat{\varrho}} = -\gamma \operatorname{sgn}(b_m)(\dot{y}_d + \bar{\alpha}_1) z_1 \quad (7.80)$$

定义

$$\tau_1 = (\omega - \hat{\varrho}(\dot{y}_d + \bar{\alpha}_1) e_1) z_1 \quad (7.81)$$

利用 Young's 不等式以及式（7.80）和式（7.81），根据式（7.79）可推导得出：

$$\dot{V}_1 \leq -c_1 z_1^2 + \hat{b}_m z_1 z_2 - \frac{1}{4d_1} \varepsilon^T \varepsilon + \tilde{\Theta}^T \left(\tau_1 - \Gamma^{-1} \dot{\hat{\Theta}} \right) \quad (7.82)$$

若 $z_2 = 0$，选择 $\dot{\hat{\Theta}} = \Gamma \tau_1$，则 V_1 的导数可写为

$$\dot{V}_1 \leq -c_1 z_1^2 - \frac{1}{4d_1} \varepsilon^T \varepsilon \leq -c_1 z_1^2 \quad (7.83)$$

这意味着 z_1 渐近收敛为零。由于 $z_2 \neq 0$，因此 $\dot{\hat{\Theta}} = \Gamma \tau_1$ 不能作为自适应律，以避免过度参数化问题。

第 2 步，虚拟误差 z_2 的导数可表示为

$$\dot{z}_2 = \dot{v}_{m,2} - \dot{\alpha}_1 - \dot{\hat{\varrho}} \dot{y}_d - \hat{\varrho} \ddot{y}_d$$

$$= v_{m,3} - k_2 v_{m,1} - \frac{\partial \alpha_1}{\partial y}(b_m v_{m,2} + \xi_2 + \psi_1 + \bar{\omega}^T \Theta + \varepsilon_2) - \frac{\partial \alpha_1}{\partial y_d} \dot{y}_d$$

$$- \sum_{j=1}^{m+i-1} \frac{\partial \alpha_1}{\partial \lambda_j}(-k_j \lambda_1 + \lambda_{j+1}) - \frac{\partial \alpha_1}{\partial \xi}(A_0 \xi + ky + \Psi(y)) \quad (7.84)$$

$$- \frac{\partial \alpha_1}{\partial \Xi}(A_0 \Xi^T + \Phi(y)) - \frac{\partial \alpha_1}{\partial \hat{\Theta}} \dot{\hat{\Theta}} - \frac{\partial \alpha_1}{\partial \hat{\varrho}} \dot{\hat{\varrho}} - \hat{\varrho} \ddot{y}_d$$

$$= v_{m,3} - \hat{\varrho} \ddot{y}_d - \beta_2 - \frac{\partial \alpha_1}{\partial y}(\omega^T \tilde{\Theta} + \varepsilon_2) - \frac{\partial \alpha_1}{\partial \hat{\Theta}} \dot{\hat{\Theta}}$$

其中

$$\beta_2 = \frac{\partial \alpha_1}{\partial y}(\xi_2 + \psi_1 + \omega^T \hat{\Theta}) + k_2 v_{m,1} + \frac{\partial \alpha_1}{\partial y_d} \dot{y}_d + \left(\dot{y}_d + \frac{\partial \alpha_1}{\partial \hat{\varrho}} \right) \dot{\hat{\varrho}}$$

$$+ \sum_{j}^{m+i-1} \frac{\partial \alpha_1}{\partial \lambda_j}(-k_j \lambda_1 + \lambda_{j+1}) + \frac{\partial \alpha_1}{\partial \xi}(A_0 \xi + ky + \Psi(y)) \quad (7.85)$$

$$+ \frac{\partial \alpha_1}{\partial \Xi^T}(A_0 \Xi^T + \Phi(y))$$

是可计算函数。将 $v_{m,3}$ 作为虚拟控制输入并使用 $z_3 = v_{m,3} - \alpha_2 - \hat{\varrho}\ddot{y}_d$，可得

$$\dot{z}_2 = z_3 + \alpha_2 - \beta_2 - \frac{\partial \alpha_1}{\partial y}(\omega^{\mathrm{T}}\tilde{\Theta} + \varepsilon_2) - \frac{\partial \alpha_1}{\partial \hat{\Theta}}\dot{\hat{\Theta}} \tag{7.86}$$

选取如下李雅普诺夫候选函数：

$$V_2 = V_1 + \frac{1}{2}z_2^2 + \frac{1}{2d_2}\varepsilon^{\mathrm{T}}P\varepsilon \tag{7.87}$$

设计第二个虚拟控制律 α_2 和调节函数如下：

$$\alpha_2 = -\hat{b}_m z_1 - \left(c_2 + d_2\left(\frac{\partial \alpha_1}{\partial y}\right)^2\right)z_2 + \beta_2 + \frac{\partial \alpha_1}{\partial \hat{\Theta}}\Gamma\tau_2 \tag{7.88}$$

$$\tau_2 = \tau_1 - \frac{\partial \alpha_1}{\partial y}\omega z_2 \tag{7.89}$$

则 $\dot{V}_2$ 可写为

$$\begin{aligned}
\dot{V}_2 &= \dot{V}_1 + z_2\dot{z}_2 - \frac{1}{2d_2}\varepsilon^{\mathrm{T}}\varepsilon \\
&\leqslant -c_1 z_1^2 + \hat{b}_m z_1 z_2 + z_2\left(z_3 + \alpha_2 - \beta_2 - \frac{\partial \alpha_1}{\partial y}(\omega^{\mathrm{T}}\tilde{\Theta} + \varepsilon_2) - \frac{\partial \alpha_1}{\partial \hat{\Theta}}\dot{\hat{\Theta}}\right) \\
&\quad - \frac{1}{2d_2}\varepsilon^{\mathrm{T}}\varepsilon - \frac{1}{4d_1}\varepsilon^{\mathrm{T}}\varepsilon + \tilde{\Theta}^{\mathrm{T}}\left(\tau_1 - \Gamma^{-1}\dot{\hat{\Theta}}\right) \\
&= -c_1 z_1^2 - c_2 z_2^2 + z_2 z_3 - d_2\left(\frac{\partial \alpha_1}{\partial y}\right)^2 z_2^2 - \frac{\partial \alpha_1}{\partial y}\varepsilon_2 z_2 - \frac{1}{4d_2}\varepsilon^{\mathrm{T}}\varepsilon \\
&\quad - \frac{1}{4d_2}\varepsilon^{\mathrm{T}}\varepsilon - \frac{1}{4d_1}\varepsilon^{\mathrm{T}}\varepsilon + \tilde{\Theta}^{\mathrm{T}}\left(\tau_1 - \frac{\partial \alpha_1}{\partial y}\omega z_2 - \Gamma^{-1}\dot{\hat{\Theta}}\right) + \frac{\partial \alpha_1}{\partial \hat{\Theta}}\left(\Gamma\tau_2 - \dot{\hat{\Theta}}\right) \\
&\leqslant -\sum_{i=1}^{2}\left(c_i z_i^2 + \frac{1}{4d_i}\varepsilon^{\mathrm{T}}\varepsilon\right) + z_2 z_3 + \tilde{\Theta}^{\mathrm{T}}\left(\tau_2 - \Gamma^{-1}\dot{\hat{\Theta}}\right) + \frac{\partial \alpha_1}{\partial \hat{\Theta}}\left(\Gamma\tau_2 - \dot{\hat{\Theta}}\right)
\end{aligned} \tag{7.90}$$

根据与之前类似的结论，可选择 $\dot{\hat{\Theta}} = \Gamma\tau_2$，若 $z_3 = 0$，这将使得 $\dot{V}_2 \leqslant -c_1 z_1^2 - c_2 z_2^2$。但是 $z_3 \neq 0$，因此，不使用它作为 $\hat{\Theta}$ 的更新律来克服过度参数化问题。

第 $i(i=3,4,\cdots,\rho)$ 步，选择虚拟控制律为

$$\begin{aligned}
\alpha_i &= -z_{i-1} - \left[c_i + d_i\left(\frac{\partial \alpha_{i-1}}{\partial y}\right)^2\right]z_i + \beta_i + \frac{\partial \alpha_{i-1}}{\partial \hat{\Theta}}\Gamma\tau_i \\
&\quad - \left(\sum_{k=2}^{i-1}z_k\frac{\partial \alpha_{k-1}}{\partial \hat{\Theta}}\right)\Gamma\frac{\partial \alpha_{i-1}}{\partial y}\omega, \quad i=3,4,\cdots,p
\end{aligned} \tag{7.91}$$

其中，c_i 是正设计参数，且

$$\tau_i = \tau_{i-1} - \frac{\partial \alpha_{i-1}}{\partial y} \omega z_i \qquad (7.92)$$

$$\beta_i = \frac{\partial \alpha_{i-1}}{\partial y}(\xi_2 + \psi_1 + \omega^{\mathrm{T}} \hat{\Theta}) + k_i v_{m,1} + \sum_{j=1}^{i-1} \frac{\partial \alpha_{i-1}}{\partial y_d^{(j-1)}} y_d^{(j)} + \left(y_d^{(i-1)} + \frac{\partial \alpha_{i-1}}{\partial \hat{\varrho}} \right) \dot{\hat{\varrho}}$$
$$+ \sum_{j=1}^{m+i-1} \frac{\partial \alpha_{i-1}}{\partial \lambda_j}(-k_j \lambda_1 + \lambda_{j+1}) + \frac{\partial \alpha_{i-1}}{\partial \xi}(A_0 \xi + ky + \Psi(y)) \qquad (7.93)$$
$$+ \frac{\partial \alpha_{i-1}}{\partial \Xi^{\mathrm{T}}}(A_0 \Xi^{\mathrm{T}} + \Phi(y))$$

需要注意的是，在第 ρ 步，设计如下形式的自适应控制器和参数更新律：

$$u = \alpha_\rho - v_{m,\rho+1} + \hat{\varrho} y_d^{(\rho)} \qquad (7.94)$$

$$\dot{\hat{\Theta}} = \Gamma \tau_\rho \qquad (7.95)$$

选取李雅普诺夫候选函数 V_ρ 为

$$V_\rho = \sum_{i=1}^{\rho} \frac{1}{2} z_i^2 + \frac{1}{2} \tilde{\Theta}^{\mathrm{T}} \Gamma^{-1} \tilde{\Theta} + \frac{|b_m|}{2\gamma} \tilde{\varrho}^2 + \sum_{i=1}^{\rho} \frac{1}{2d_i} \varepsilon^{\mathrm{T}} P \varepsilon \qquad (7.96)$$

因为

$$\Gamma \tau_{i-1} - \dot{\hat{\Theta}} = \Gamma \tau_{i-1} - \Gamma \tau_i + \Gamma \tau_i - \dot{\hat{\Theta}} = \Gamma \frac{\partial \alpha_{i-1}}{\partial y} \omega z_i + \left(\Gamma \tau_i - \dot{\hat{\Theta}} \right) \qquad (7.97)$$

则由式（7.91）~式（7.95）可知，李雅普诺夫函数关于时间的导数为

$$\dot{V}_\rho = \sum_{i=1}^{\rho} z_i \dot{z}_i - \tilde{\Theta}^{\mathrm{T}} \Gamma^{-1} \dot{\hat{\Theta}} - \frac{|b_m|}{\gamma} \tilde{\varrho} \dot{\varrho} - \sum_{i=1}^{\rho} \frac{1}{2d_i} \varepsilon^{\mathrm{T}} \varepsilon$$

$$\leqslant -\sum_{i=1}^{\rho} c_i z_i^2 - \sum_{i=1}^{\rho} \frac{1}{4d_i} \varepsilon^{\mathrm{T}} \varepsilon - \tilde{\Theta}^{\mathrm{T}} \Gamma^{-1} \left(\dot{\hat{\Theta}} - \Gamma \tau_\rho \right) + \left(\sum_{k=2}^{\rho} z_k \frac{\partial \alpha_{k-1}}{\partial \hat{\Theta}} \right) \left(\Gamma \tau_\rho - \dot{\hat{\Theta}} \right) \qquad (7.98)$$

$$\leqslant -\sum_{i=1}^{\rho} c_i z_i^2 - \sum_{i=1}^{\rho} \frac{1}{4d_i} \varepsilon^{\mathrm{T}} \varepsilon$$

基于所设计的控制器，给出以下定理。

定理 7.2 考虑由参数估计器（7.80）和（7.95），自适应控制器（7.94），虚拟控制律（7.73）、（7.88）、（7.91），滤波器（7.52）~（7.55），以及被控对象（7.48）组成的闭环系统，提出的输出反馈控制策略不仅保证闭环系统所有信号有界，而且实现渐近跟踪，即

$$\lim_{t \to \infty} [y(t) - y_d(t)] = 0 \qquad (7.99)$$

且瞬态跟踪误差性能由式（7.100）给出：

$$\|y(t) - y_d(t)\|_2 \leqslant \frac{1}{\sqrt{c_1}} \left(\frac{1}{2} \tilde{\Theta}(0)^{\mathrm{T}} \Gamma^{-1} \tilde{\Theta}(0) + \frac{|b_m|}{2\gamma} \tilde{\varrho}(0)^2 + \frac{1}{2d_0} \| \varepsilon(0) \|_P^2 \right)^{1/2} \qquad (7.100)$$

其中，$z_i(0) = 0(i = 1, 2, \cdots, \rho)$，$d_0 = \left(\sum_{i=1}^{\rho} \frac{1}{d_i} \right)^{-1}$，$\| \varepsilon(0) \|_P^2 = \varepsilon(0)^{\mathrm{T}} P \varepsilon(0)$。

证明 由于 $y_d(t), \cdots y_d^{(\rho)}(t)$ 的分段连续性以及控制律、参数更新律和滤波器的光滑性，闭环自适应系统的解存在。从式（7.98）可以看出，V_ρ 有界，因此，z_i、$\hat{\Theta}$、$\hat{\varrho}$ 和 ε 有界。因

为 z_1 和 y_d 有界，则 y 有界。由于 A_0 是赫尔维茨矩阵，从式（7.52）和式（7.53）中得出 ξ 和 $\varXi$ 有界。从式（7.54）和假设 7.2，可以得到 $\lambda_1,\cdots\lambda_{m+1}$ 有界。根据坐标变换（7.70），可得到

$$v_{m,i}=z_i+\hat{\varrho}y_d^{(i-1)}+\alpha_{i-1}\left(y,\xi,\varXi,\hat{\varTheta},\hat{\varrho},\bar{\lambda}_{m+i-1},\bar{y}_d^{(i-2)}\right),\quad i=2,3,\cdots,\rho \qquad (7.101)$$

其中，$\bar{\lambda}_k=[\lambda_1,\cdots,\lambda_k]^{\mathrm{T}}$；$\bar{y}_d^{(k)}=\left[y_d,\cdots,y_d^{(k)}\right]^{\mathrm{T}}$。对于 $i=2$，由 λ_{m+1}、z_2、y、ξ、$\hat{\varTheta}$、$\hat{\varrho}$、y_d 和 $\dot{y}_d$ 的有界性，可证明 $v_{m,2}$ 有界，由式（7.55）可知，λ_{m+2} 有界。按照同样的递归分析过程，可证明 λ 有界。根据式（7.56）和 ξ、$\varXi$、λ 及 ε 的有界性可以得出 x 有界。

为证明全局一致稳定性，必须保证 $m=n-\rho$ 维状态 ζ 的有界性，与零动力学相关的状态 ζ 可以被证明满足：

$$\dot{\zeta}=A_b\zeta+b_by+T\varPhi(y)\theta+\varGamma\varPsi(y) \qquad (7.102)$$

其中，$\zeta=Tx$；$b_b\in\mathbb{R}^{m\times m}$。矩阵 $A_b\in\mathbb{R}^{m\times m}$ 的特征值如下：

$$A_b=\begin{bmatrix}-b_{m-1}/b_m & 1 & 0 & \cdots & 0\\ -b_{m-2}/b_m & 0 & 1 & & 0\\ \vdots & \vdots & \vdots & & \vdots\\ -b_1/b_m & 0 & 0 & \cdots & 1\\ -b_0/b_m & 0 & 0 & \cdots & 0\end{bmatrix} \qquad (7.103)$$

$$T=[(A_b)^\rho e_1,\cdots,A_be_1,I_m] \qquad (7.104)$$

通过假设 7.2，可推断出 A_b 是赫尔维茨矩阵。因此，存在这样的矩阵 P 使得

$$PA_b+(A_b)^{\mathrm{T}}P=-2I \qquad (7.105)$$

现在将系统零动态的李雅普诺夫函数选取为 $V_\xi=\zeta^{\mathrm{T}}P\zeta$，可得

$$\begin{aligned}\dot{V}_\zeta&=2\zeta^{\mathrm{T}}P(A_b\zeta+b_by+T\varPhi(y)\theta+T\varPsi(y))\\&=-2\zeta^{\mathrm{T}}\zeta+2\zeta^{\mathrm{T}}P(b_by+T\varPhi(y)\theta+T\varPsi(y))\\&\leqslant-2\zeta^{\mathrm{T}}\zeta+\zeta^{\mathrm{T}}\zeta+\|P(b_by+T\varPhi(y)\theta+T\varPsi(y))\|^2\\&\leqslant-\zeta^{\mathrm{T}}\zeta+\|P(b_by+T\varPhi(y)\theta+T\varPsi(y))\|^2\end{aligned} \qquad (7.106)$$

因为式（7.106）第二项 $\|P(b_by+T\varPhi(y)\theta+T\varPsi(y))\|^2$ 中的所有信号和函数都是有界的，所以 ζ 有界。则闭环系统所有信号全局一致有界。此外，通过将拉塞尔不变集定理应用于式（7.98），进一步得出：当 $t\to\infty$ 时，$z(t)\to0$，即 $\lim_{t\to0}[y(t)-y_d(t)]=0$。

根据 L_2 范数分析跟踪误差边界。如式（7.98）所示，V_ρ 的导数为

$$\dot{V}_\rho\leqslant-\sum_{i=1}^\rho c_iz_i^2\leqslant-c_1z_1^2 \qquad (7.107)$$

对其积分，可得

$$\|z_1\|_2^2=\int_0^\infty|z_1(\tau)|^2\,\mathrm{d}\tau\leqslant\frac{1}{c_1}(V_\rho(0)-V_\rho(t))\leqslant\frac{1}{c_1}V_\rho(0) \qquad (7.108)$$

通过适当初始化参考轨迹将 $z_i(0)$ 设置为零，如下所示：

$$y_d(0)=y(0) \qquad (7.109)$$

$$y_d^{(i)}(0)=\frac{1}{\hat{\varrho}(0)}\left(v_{m,i+1}(0)-\alpha_i(y(0),\xi(0),\varXi(0),\hat{\varTheta}(0),\hat{\varrho}(0),\bar{\lambda}_{m+i}(0),\bar{y}_d^{(i-1)}(0)\right) \qquad (7.110)$$

其中，$i = 1, 2, \cdots, \rho - 1$。因此，通过设置 $z_i(0) = 0$，可得

$$V_\rho(0) = \frac{1}{2}\tilde{\Theta}(0)^{\mathrm{T}}\Gamma^{-1}\tilde{\Theta}(0) + \frac{|b_m|}{2\gamma}\hat{\varrho}(0)^2 + \frac{1}{2d_0}\|\varepsilon(0)\|_P^2 \tag{7.111}$$

是关于 γ、η 和 Γ 的递减函数且独立于 c_1，根据式（7.108）和式（7.111）可进一步得到

$$\|z_1\|_2 \leqslant \frac{1}{\sqrt{c_1}}\left(\frac{1}{2}\tilde{\Theta}(0)^{\mathrm{T}}\Gamma^{-1}\tilde{\Theta}(0) + \frac{|b_m|}{2\gamma}\tilde{\varrho}(0)^2 + \frac{1}{2d_0}\|\varepsilon(0)\|_P^2\right)^{1/2} \tag{7.112}$$

注释 7.1　①瞬态性能取决于初始估计误差 $\tilde{\Theta}(0)$、$\tilde{\varrho}(0)$，以及设计参数 c_1、Γ、γ 和 d_0。若 $\hat{\Theta}(0)$ 和 $\tilde{\varrho}(0)$ 的初始估计值与 Θ 和 ϱ 的真实值越接近，瞬态性能越好；②$\|y(t) - y_d(t)\|_2$ 的上界是设计参数的显式函数，通过增加自适应增益 Γ、γ、d_0 或 c_1 可以降低初始误差估计对瞬态性能的影响。

7.4　数值仿真

仿真环境为 Windows-10 专业版 64 位操作系统，CPU 为 Intel Core i7-8650U @ 1.90GHz 2.11GHz，系统内存为 8GB，仿真软件为 MATLAB R2012a。为验证 7.2 节自适应算法的有效性，考虑以下三阶非线性系统：

$$\begin{cases} \dot{x}_1 = x_2 + \theta\varphi_1(y) \\ \dot{x}_2 = x_3 + \theta\varphi_2(y) + u \\ \dot{x}_3 = u \\ y = x_1 \end{cases} \tag{7.113}$$

其中，$\varphi_1(y) = \sin(y)$，$\varphi_2(y) = \cos(3y)$，$\theta = 1$。在数值仿真中，理想信号选取为 $y_d = \sin(t)$。设计参数设定为 $c_1 = c_2 = 2$，$d_1 = d_2 = 1$，$k_1 = k_2 = k_3 = 5$，$\Gamma = 10$，系统状态初始值为 $x_1(0) = y(0) = 1$，其余初始值均为 0。在 7.2 节的控制算法作用下，仿真结果如图 7.1～图 7.5 所示。图 7.1 是关于系统输出 y 和理想信号 y_d 的运行轨迹图，图 7.2 是跟踪误差 z_1 的运行轨迹图，可以观察到跟踪误差会渐近趋于零，从而与 7.2 节自适应控制算法理论分析匹配，验证了该算法的有效性。此外，图 7.3～图 7.5 给出了自适应控制输入和参数估计的运行轨迹图，验证了闭环系统信号的有界性。

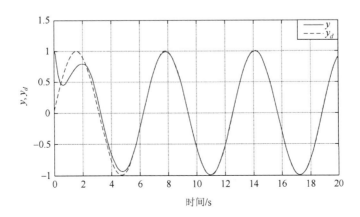

图 7.1　系统输出 y 和理想轨迹 y_d 运行轨迹图

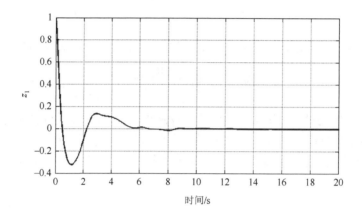

图 7.2　跟踪误差 z_1 运行轨迹图

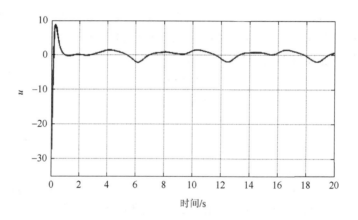

图 7.3　控制输入 u 运行轨迹图

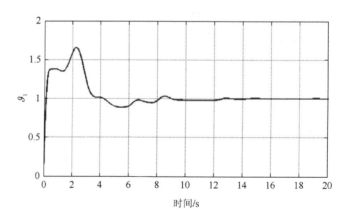

图 7.4　参数估计 ϑ_1 运行轨迹图

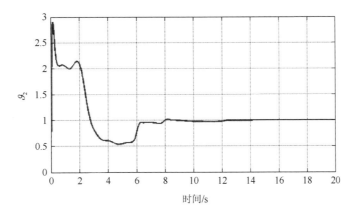

图 7.5　参数估计 ϑ_2 运行轨迹图

7.5　本章小结

本章主要介绍了非线性系统的输出反馈设计方法,所针对的系统从模型已知拓展到参数未知的不确定系统。重点需要掌握系统参数未知情况下如何设计状态观测器,如何分析系统的稳定性,以及如何避免过参数化问题。为了估计不可测量或未知状态,针对不同的系统,除了本章所介绍的状态观测器,还可以设计局部观测器、卡尔曼滤波器、全局观测器和高增益观测器等,可参考第 6 章内容。

第 3~7 章的控制理论侧重于系统稳定性研究,随着现代化科学技术的飞速发展以及高质量产品需求量的日益增加,研究人员对系统的暂态和稳态性能提出了越来越高的要求,即要求系统响应足够快、精度足够高、超调足够小等,这对非线性系统控制提出了新的挑战。因此,研究如何提升非线性系统的暂态和稳态性能在控制领域引起了极大关注。第 8 章将重点介绍非线性系统的预设性能问题。

习　题

7.1　如何避免 7.2 节中的过参数化问题?

7.2　针对未知参数的二阶系统,向量 $\theta \in \mathbb{R}^r$ 是未知常数,$\varphi_i(y) \in \mathbb{R}^r (i=1,2)$ 是已知光滑非线性函数,采用 7.2 节或 7.3 节的方法设计输出反馈控制算法。

$$\begin{cases} \dot{x}_1 = x_2 + \varphi_1^{\mathrm{T}}(y)\theta \\ \dot{x}_2 = u + \varphi_2^{\mathrm{T}}(y)\theta \\ y = x_1 \end{cases} \tag{7.114}$$

7.3　仿真验证习题 7.2 中所设计的控制算法。

7.4　针对未知参数的二阶系统,向量 $\theta \in \mathbb{R}^r$ 是未知常数,$\varphi_i(y) \in \mathbb{R}^r (i=1,2)$ 是已知光滑非线性函数,控制增益 b 是未知常数且符号已知,设计输出反馈控制算法。

$$\begin{cases} \dot{x}_1 = x_2 + \varphi_1^T(y)\theta \\ \dot{x}_2 = bu + \varphi_2^T(y)\theta \\ y = x_1 \end{cases} \tag{7.115}$$

7.5 仿真验证习题 7.4 中所设计的控制算法。

7.6 若习题 7.4 中控制增益 b 是未知常数且符号未知，基于 Nussbaum-类型函数设计输出反馈控制算法。

$$\begin{cases} \dot{x}_1 = x_2 + \varphi_1^T(y)\theta \\ \dot{x}_2 = bu + \varphi_2^T(y)\theta \\ y = x_1 \end{cases} \tag{7.116}$$

7.7 仿真验证习题 7.6 中所设计的控制算法。

7.8 分析习题 7.2 中滤波器的收敛速度如何影响系统的性能。

参 考 文 献

[1] Krstic M，Kanelakopoulos I，Kokotovic P V. Nonlinear and Adaptive Control Design[M]. New York：John Wiley，1995.

[2] Zhou J，Wen C Y. Adaptive Backstepping Control of Uncertain Systems：Nonsmooth Nonlinearities，Interactions or Time-Variations[M]. New York：Springer-Verlag，2008.

第8章 严格反馈非线性系统预设性能控制

第 3~7 章的控制理论侧重于系统稳定性研究，随着现代化科学技术的飞速发展以及高质量产品需求量的日益增加，研究人员对系统的暂态和稳态性能提出了越来越高的要求，即要求系统响应足够快、精度足够高、超调足够小等，这对非线性系统控制提出了新的挑战。若这些性能在系统控制器设计过程中被忽略，则会造成重大的经济损失和安全事故。例如，洲际弹道导弹打击系统，己方控制系统需确保己方导弹快速且准确打击敌方目标，从而顺利完成任务；否则，若敌方系统检测到己方导弹并成功拦截，则打击任务失败，进而在战场上可能带来颠覆性后果。因此，研究如何提升非线性系统的暂态和稳态性能在控制领域引起了极大关注[1-9]。

本章将从预设性能控制的角度来阐述该问题。预设性能是指系统的状态或跟踪误差永远维持在预先设定的区间范围。首先在 8.1 节介绍系统模型及控制目标，随后在 8.2 节介绍严格反馈非线性系统的预设性能控制算法，最后在 8.3 节介绍更复杂但更具一般性的控制问题，即控制方向未知严格反馈非线性系统的预设性能控制算法。

8.1 系统及预设性能模型

本节考虑如下形式的含有未知参数的严格反馈非线性系统：

$$\begin{cases} \dot{x}_1 = f_1(x_1, \theta_1) + g_1(x_1)x_2 \\ \dot{x}_2 = f_2(\overline{x}_2, \theta_2) + g_2(\overline{x}_2)x_3 \\ \vdots \\ \dot{x}_n = f_n(\overline{x}_n, \theta_n) + g_n(\overline{x}_n)u \\ y = x_1 \end{cases} \tag{8.1}$$

其中，$x_1 \in \mathbb{R}, \cdots, x_n \in \mathbb{R}$ 是非线性系统状态；$\overline{x}_k = [x_1, \cdots, x_k]^T \in \mathbb{R}^k (k = 1, 2, \cdots, n)$；$f_k \in \mathbb{R}$ 是光滑非线性函数；$\theta_k \in \mathbb{R}^{r_k}$ 是未知参数矢量；$g_k(\overline{x}_k) \in \mathbb{R}$ 是系统控制增益；$u \in \mathbb{R}$ 是系统控制输入；$y \in \mathbb{R}$ 是系统输出。

定义跟踪误差为

$$e = x_1 - y_d \tag{8.2}$$

其中，y_d 是理想参考信号。

预设性能用数学描述可表示为

$$-\zeta(t) < e(t) < \zeta(t) \tag{8.3}$$

或

$$-\delta_1\zeta(t) < e(t) < \delta_2\zeta(t) \tag{8.4}$$

$$\zeta(t) = (\zeta_0 - \zeta_f)\exp(-\lambda t) + \zeta_f > 0 \tag{8.5}$$

其中，$\delta_1 > 0$，$\delta_2 > 0$，$\zeta_0 > \zeta_f > 0$ 和 $\lambda > 0$ 是设计参数；$\zeta(t)$ 是预设性能函数。当 $\delta_1 = \delta_2 = 1$ 时，式（8.4）简化为式（8.3），即式（8.3）形式的预设性能是一种对称形式，是式（8.4）形式的一种特例。

为便于读者理解，8.2 节考虑满足可参数分解的严格反馈系统，采用基于调节函数的自适应控制方法实现预设性能控制。

注释 8.1　预设性能函数的种类有很多，通常需要满足以下几个条件：

（1）$\zeta(t) > 0$；

（2）$\zeta(t)$ 及其导数 $\zeta^{(k)}(t)$ 已知有界且分段连续，其中 $k \geq n$ 且 n 是非线性系统的阶数（或相对度）。

8.2　基于调节函数的严格反馈系统预设性能控制

8.2.1　问题描述

本节控制目标为针对可参数化分解的严格反馈非线性系统，设计基于调节函数的自适应预设性能控制算法：①确保闭环系统所有信号有界；②保证跟踪误差限定在预先设定的范围内，即 $-\zeta(t) < e(t) < \zeta(t)$；③跟踪误差渐近趋于零。

为实现控制目标以及采用调节函数进行自适应状态反馈控制器设计，做以下假设。

假设 8.1　控制增益函数均等于 1，即 $g_1(x_1) = g_2(\overline{x}_2) = \cdots = g_n(\overline{x}_n) = 1$。

假设 8.2　系统状态 $x_1, x_2, \cdots, x_n$ 完全可测。

假设 8.3　非线性函数 $f_i(i = 1, 2, \cdots, n)$ 满足参数分解条件，即

$$f_i(\overline{x}_i, \theta_i) = \varphi_i(\overline{x}_i)^{\mathrm{T}} \theta \tag{8.6}$$

其中，$\varphi_i \in \mathbb{R}^r$ 是已知光滑函数；$\theta \in \mathbb{R}^r$ 是未知常数。

假设 8.4　理想信号 y_d 以及其导数 $y_d^{(k)}(k = 1, 2, \cdots, n)$ 已知有界且分段连续。

根据假设 8.1 和假设 8.3，非线性系统（8.1）转化为以下形式的参数分解系统：

$$\begin{cases} \dot{x}_1 = \varphi_1(x_1)^{\mathrm{T}} \theta + x_2 \\ \dot{x}_2 = \varphi_2(\overline{x}_2)^{\mathrm{T}} \theta + x_3 \\ \vdots \\ \dot{x}_n = \varphi_n(\overline{x}_n)^{\mathrm{T}} \theta + u \\ y = x_1 \end{cases} \tag{8.7}$$

8.2.2　预设性能函数变换

预设性能问题本质上是一个约束问题，从第 5 章的自适应控制器设计可看出，非线性系统的控制器设计本身是一个非常复杂的过程，因此，基于性能约束的控制器设计更具挑战性。本节将提出以下形式的转换函数，着力于将预设性能约束问题转化为新的变量的有界性问题：

$$\eta(t) = \frac{e(t)}{(\zeta(t) - e(t))(\zeta(t) + e(t))} \tag{8.8}$$

输出误差初始值 $e(0)$ 满足:

$$-\zeta(0) < e(0) < \zeta(0) \tag{8.9}$$

为便于分析，引入以下引理。

引理 8.1 转换函数 $\eta(t)$ 具有以下性质:

（1）在区间 $e(t) \in (-\zeta(t), \zeta(t))$ 中，转换函数 η 是关于跟踪误差 e 的单调函数；

（2）在区间 $e(t) \in (-\zeta(t), \zeta(t))$ 中，

$$\eta(t) = 0 \Leftrightarrow e(t) = 0 \tag{8.10}$$

（3）当 $e(0) \in (-\zeta(0), \zeta(0))$ 时，若 $\eta(t) \in L_\infty$ 在 $t \in [0, \infty)$ 上恒成立，则

$$e(t) \in (-\zeta(t), \zeta(t)), \quad t \in [0, \infty) \tag{8.11}$$

恒成立。

证明 （1）根据表达式（8.8），转换函数对于跟踪误差的导数可计算为

$$\frac{\partial \eta}{\partial e} = \frac{\zeta^2 + e^2}{(\zeta^2 - e^2)^2} \tag{8.12}$$

因为 $\zeta(t) > 0$ 恒成立，所以在区间 $e(t) \in (-\zeta(t), \zeta(t))$ 中，$\dfrac{\partial \eta}{\partial e} > 0$ 恒成立，则转换函数是关于跟踪误差的单调函数。

（2）在区间 $e(t) \in (-\zeta(t), \zeta(t))$ 内，$(\zeta(t) - e(t))(\zeta(t) + e(t)) > 0$ 恒成立，因此当且仅当 $\eta(t) = 0$ 时，跟踪误差 $e(t) = 0$ 成立。

（3）因为转换函数对于跟踪误差是单调函数，所以当且仅当

$$e \to -\zeta \quad 或 \quad e \to \zeta \tag{8.13}$$

时，$\eta \to \pm\infty$。若跟踪误差的初始值限定在预定区间，即 $e(0) \in (-\zeta(0), \zeta(0))$，且转换函数满足 $\eta(t) \in L_\infty$，则意味着在整个时间段内，跟踪误差都未满足条件（8.13），反过来讲，跟踪误差永远在开区间 $e(t) \in (-\zeta(t), \zeta(t))$ 内，且没有达到边界的趋势。证明完毕。

根据引理 8.1，可将预设性能问题转化为转换函数 $\eta(t)$ 的有界性问题。同时，转换函数 $\eta(t)$ 对时间 t 的导数为

$$\dot{\eta} = \rho_1 \dot{e} + \rho_2 \tag{8.14}$$

其中

$$\rho_1 = \frac{\zeta^2 + e^2}{(\zeta^2 - e^2)^2}, \quad \rho_2 = \frac{-2e\zeta\dot{\zeta}}{(\zeta^2 - e^2)^2} \tag{8.15}$$

在区间 $e(t) \in (-\zeta(t), \zeta(t))$ 内，ρ_1 恒大于零且 $\rho_k (k = 1, 2)$ 可计算。

结合非线性系统模型（8.7），跟踪误差的预设性能问题转化为以下系统的镇定问题:

$$\begin{cases} \dot{\eta} = \rho_1(\varphi_1(x_1)^\mathrm{T}\theta + x_2 - \dot{y}_d) + \rho_2 \\ \dot{x}_2 = \varphi_2(\bar{x}_2)^\mathrm{T}\theta + x_3 \\ \vdots \\ \dot{x}_n = \varphi_n(\bar{x}_n)^\mathrm{T}\theta + u \\ y = x_1 \end{cases} \tag{8.16}$$

8.2.3　控制器设计

针对转换后的严格反馈非线性系统（8.16），定义如下形式的坐标变换：

$$\begin{cases} z_1 = \eta \\ z_k = x_k - \alpha_{k-1}, \quad k = 2,3,\cdots,n \end{cases} \tag{8.17}$$

其中，α_{k-1} 是虚拟控制器。

基于调节函数的 Backstepping 设计方法在第 5 章已有较为详细的介绍，因此本章只给出预设性能控制设计过程中关键性的前两步。

第 1 步，利用 $x_2 = z_2 + \alpha_1$，虚拟误差 z_1 的导数可写为

$$\dot{z}_1 = \rho_1(\varphi_1^{\mathrm{T}}\theta + z_2 + \alpha_1 - \dot{y}_d) + \rho_2 \tag{8.18}$$

虚拟控制器 α_1 设计为

$$\alpha_1 = \frac{1}{\rho_1}(-c_1 z_1 - \rho_2) - \varphi_1^{\mathrm{T}}\hat{\theta} + \dot{y}_d \tag{8.19}$$

其中，$c_1 > 0$ 是设计参数；$\hat{\theta}$ 是系统未知参数 θ 的估计值。

将式（8.19）代入式（8.18），可得

$$\dot{z}_1 = -c_1 z_1 + \rho_1(z_2 + \varphi_1^{\mathrm{T}}\tilde{\theta}) \tag{8.20}$$

其中，$\tilde{\theta} = \theta - \hat{\theta}$ 是参数估计误差。

选取二次型函数为

$$V_1 = \frac{1}{2}z_1^2 + \frac{1}{2}\tilde{\theta}^{\mathrm{T}}\Gamma^{-1}\tilde{\theta} \tag{8.21}$$

其中，$\Gamma \in \mathbb{R}^{r \times r}$ 是一个正定对称矩阵参数。因此 V_1 的时间导数为

$$\dot{V}_1 = -c_1 z_1^2 + \rho_1 z_1 z_2 + \tilde{\theta}^{\mathrm{T}}\Gamma^{-1}\left(\Gamma\tau_1 - \dot{\hat{\theta}}\right) \tag{8.22}$$

其中，$\tau_1 = \rho_1 z_1 \varphi_1$，$\rho_1 z_1 z_2$ 项将在第 2 步进行处理。

第 2 步，因为 α_1 是 x_1、y_d、$\dot{y}_d$、ζ、$\dot{\zeta}$ 和 $\hat{\theta}$ 的函数，所以根据式（8.17），虚拟误差 z_2 对时间 t 的导数表示为

$$\begin{aligned} \dot{z}_2 &= z_3 + \alpha_2 + \varphi_2^{\mathrm{T}}\theta - \frac{\partial\alpha_1}{\partial x_1}\left(x_2 + \varphi_1^{\mathrm{T}}\theta\right) - \sum_{k=0}^{1}\frac{\partial\alpha_1}{\partial y_d^{(k)}}y_d^{(k+1)} - \frac{\partial\alpha_1}{\partial\hat{\theta}}\dot{\hat{\theta}} - \sum_{k=0}^{1}\frac{\partial\alpha_1}{\partial\zeta^{(k)}}\zeta^{(k+1)} \\ &= z_3 + \alpha_2 + \omega_2^{\mathrm{T}}\hat{\theta} + \omega_2^{\mathrm{T}}\tilde{\theta} - \frac{\partial\alpha_1}{\partial x_1}x_2 - \sum_{k=0}^{1}\frac{\partial\alpha_1}{\partial y_d^{(k)}}y_d^{(k+1)} - \frac{\partial\alpha_1}{\partial\hat{\theta}}\dot{\hat{\theta}} - \sum_{k=0}^{1}\frac{\partial\alpha_1}{\partial\zeta^{(k)}}\zeta^{(k+1)} \end{aligned} \tag{8.23}$$

其中，$\omega_2 = \varphi_2 - \dfrac{\partial\alpha_1}{\partial x_1}\varphi_1$。

选取虚拟控制器 α_2 为

$$\alpha_2 = -c_2 z_2 - \rho_1 z_1 - \omega_2^{\mathrm{T}}\hat{\theta} + \frac{\partial\alpha_1}{\partial x_1}x_2 + \sum_{k=0}^{1}\frac{\partial\alpha_1}{\partial y_d^{(k)}}y_d^{(k+1)} + \sum_{k=0}^{1}\frac{\partial\alpha_1}{\partial\zeta^{(k)}}\zeta^{(k+1)} + \frac{\partial\alpha_1}{\partial\hat{\theta}}\Gamma\tau_2 \tag{8.24}$$

$$\tau_2 = \tau_1 + \omega_2 z_2 \tag{8.25}$$

其中，$c_2 > 0$ 是设计参数。将虚拟控制器表达式（8.24）代入式（8.23），则有

$$\dot{z}_2 = z_3 - c_2 z_2 - \rho_1 z_1 + \omega_2^{\mathrm{T}} \tilde{\theta} + \frac{\partial \alpha_1}{\partial \hat{\theta}} \left(\Gamma \tau_2 - \dot{\hat{\theta}} \right) \tag{8.26}$$

选取二次型函数 V_2 为

$$V_2 = V_1 + \frac{1}{2} z_2^2 \tag{8.27}$$

其导数可表示为

$$\dot{V}_2 = -\sum_{k=1}^{2} c_k z_k^2 + z_2 z_3 + z_2 \omega_2^{\mathrm{T}} \tilde{\theta} + \tilde{\theta}^{\mathrm{T}} \Gamma^{-1} \left(\Gamma \tau_1 - \dot{\hat{\theta}} \right) + z_2 \frac{\partial \alpha_1}{\partial \hat{\theta}} \left(\Gamma \tau_2 - \dot{\hat{\theta}} \right) \tag{8.28}$$

注意到 $\Gamma \tau_1 - \dot{\hat{\theta}}$ 可分解为

$$\Gamma \tau_1 - \dot{\hat{\theta}} = \Gamma \tau_1 - \Gamma \tau_2 + \Gamma \tau_2 - \dot{\hat{\theta}} = -\Gamma \omega_2 z_2 + \Gamma \tau_2 - \dot{\hat{\theta}} \tag{8.29}$$

因此式（8.28）可进一步写为

$$\dot{V}_2 = -\sum_{k=1}^{2} c_k z_k^2 + z_2 z_3 + \left(z_2 \frac{\partial \alpha_1}{\partial \hat{\theta}} + \tilde{\theta}^{\mathrm{T}} \Gamma^{-1} \right) \left(\Gamma \tau_2 - \dot{\hat{\theta}} \right) \tag{8.30}$$

第 $j(j=3,4,\cdots,n)$ 步，该步骤之后的设计与第 5 章采用相同的思想，因此，采用归纳法的形式给出设计过程，同时利用 $x_{j+1} = z_{j+1} + \alpha_j$，则

$$\begin{aligned}
\dot{z}_j = z_{j+1} + \alpha_j + \varphi_j^{\mathrm{T}} \theta - \sum_{k=1}^{j-1} \frac{\partial \alpha_{j-1}}{\partial x_k} (x_{k+1} + \varphi_k^{\mathrm{T}} \theta) \\
- \sum_{k=0}^{j-1} \frac{\partial \alpha_{j-1}}{\partial y_d^{(k)}} y_d^{(k+1)} - \sum_{k=0}^{j-1} \frac{\partial \alpha_{j-1}}{\partial \zeta^{(k)}} \zeta^{(k+1)} - \frac{\partial \alpha_{j-1}}{\partial \hat{\theta}} \dot{\hat{\theta}}
\end{aligned} \tag{8.31}$$

虚拟/真实控制器设计为

$$\begin{aligned}
\alpha_j = -c_j z_j - z_{j-1} - \omega_j^{\mathrm{T}} \hat{\theta} + \sum_{k=1}^{j-1} \frac{\partial \alpha_{j-1}}{\partial x_k} x_{k+1} + \sum_{k=0}^{j-1} \frac{\partial \alpha_{j-1}}{\partial y_d^{(k)}} y_d^{(k+1)} \\
+ \sum_{k=0}^{j-1} \frac{\partial \alpha_{j-1}}{\partial \zeta^{(k)}} \zeta^{(k+1)} + \frac{\partial \alpha_{j-1}}{\partial \hat{\theta}} \Gamma \tau_j + \sum_{k=2}^{j-1} \frac{\partial \alpha_{k-1}}{\partial \hat{\theta}} \Gamma \omega_j z_k
\end{aligned} \tag{8.32}$$

$$\tau_j = \tau_{j-1} + \omega_j z_j \tag{8.33}$$

$$\omega_j = \varphi_j - \sum_{k=1}^{j-1} \frac{\partial \alpha_{j-1}}{\partial x_k} \varphi_k \tag{8.34}$$

$$u = \alpha_n \tag{8.35}$$

$$\dot{\hat{\theta}} = \Gamma \tau_n \tag{8.36}$$

其中，$c_j > 0$ 是设计参数。

接下来，将给出在控制器（8.35）作用下的定理及系统稳定性分析。

8.2.4 定理及稳定性分析

定理 8.1 对于可参数分解的严格反馈非线性系统（8.7），在满足假设 8.1～假设 8.4 条件下，设计控制器（8.35）和自适应律（8.36），提出的控制算法：①确保闭环系统所有信号有界；②保证跟踪误差限定在预先设定范围内，即 $-\zeta(t) < e(t) < \zeta(t)$；③跟踪误差渐近趋于零。

证明 根据设计的虚拟控制器以及真实控制器（8.32）和（8.35），可得以下闭环系统：

$$\dot{z}_1 = -c_1 z_1 + \rho_1 (z_2 + \varphi_1^{\mathrm{T}} \tilde{\theta}) \tag{8.37}$$

$$\dot{z}_2 = z_3 - c_2 z_2 - \rho_1 z_1 + \omega_2^{\mathrm{T}} \tilde{\theta} + \frac{\partial \alpha_1}{\partial \hat{\theta}} \left(\Gamma \tau_2 - \dot{\hat{\theta}} \right) \tag{8.38}$$

$$\dot{z}_j = z_{j+1} - c_j z_j - z_{j-1} + \omega_j^{\mathrm{T}} \tilde{\theta} + \frac{\partial \alpha_{j-1}}{\partial \hat{\theta}} \left(\Gamma \tau_j - \dot{\hat{\theta}} \right) + \sum_{k=1}^{j-2} z_{k+1} \frac{\partial \alpha_k}{\partial \hat{\theta}} \Gamma \omega_j, \quad j = 3, 4, \cdots, n-1 \tag{8.39}$$

$$\dot{z}_n = -c_n z_n - z_{n-1} + \omega_n^{\mathrm{T}} \tilde{\theta} + \frac{\partial \alpha_{n-1}}{\partial \hat{\theta}} \left(\Gamma \tau_n - \dot{\hat{\theta}} \right) + \sum_{k=1}^{n-2} z_{k+1} \frac{\partial \alpha_k}{\partial \hat{\theta}} \Gamma \omega_n \tag{8.40}$$

构造 Lyapunov 候选函数为

$$V = \frac{1}{2} \sum_{k=1}^{n} z_k^2 + \frac{1}{2} \tilde{\theta}^{\mathrm{T}} \Gamma^{-1} \tilde{\theta} \tag{8.41}$$

利用闭环系统方程（8.37）～（8.40），Lyapunov 候选函数的导数为

$$\dot{V} = -\sum_{k=1}^{n} c_k z_k^2 \leqslant 0 \tag{8.42}$$

对式（8.42）在 $[0, t]$ 上进行积分运算，可得

$$V(t) + c_1 \int_0^t z_1^2(\tau) \mathrm{d}\tau + \cdots + c_n \int_0^t z_n^2(\tau) \mathrm{d}\tau = V(0) \tag{8.43}$$

首先分析闭环系统信号的有界性和预设性能。根据式（8.42）可得 Lyapunov 函数 $V(t)$ 有界，从而得到误差 $z_k(k = 1, 2, \cdots, n)$ 有界，参数估计误差 $\tilde{\theta}$ 有界。因为 $\tilde{\theta} = \theta - \hat{\theta}$ 且 θ 是一个未知有界常数，因此 $\hat{\theta} \in L_{\infty}$。注意到当 $k = 1$ 时，$z_1 = \eta$，因此利用引理 8.1 的分析可知，当系统误差的初始值满足 $-\zeta(0) < e(0) < \zeta(0)$ 时，有

$$-\zeta(t) < e(t) < \zeta(t) \tag{8.44}$$

恒成立，即跟踪误差永远在预定范围内，同时，存在函数 $\zeta_1(t)$ 和 $\zeta_2(t)$ 以及常数 υ_1 和 υ_2 使得

$$-\zeta(t) < -\zeta_1(t) \leqslant e(t) \leqslant \zeta_2(t) < \zeta(t) \tag{8.45}$$

$$\zeta(t) - \zeta_2(t) \geqslant \upsilon_2, \quad \zeta(t) - \zeta_1(t) \geqslant \upsilon_1 \tag{8.46}$$

因此，$\rho_1(t)$ 有界且存在常数 $\overline{\rho}_1$ 和 $\underline{\rho}_1$ 使得

$$0 < \underline{\rho}_1 \leqslant \rho_1(t) \leqslant \overline{\rho}_1 < \infty \tag{8.47}$$

因为 $e = x_1 - y_d$ 且 $y_d \in L_\infty$，所以系统状态 x_1 有界，根据假设 8.3 可知，非线性函数 φ_1 有界；同时，利用关于理想信号的假设 8.4，不难得到虚拟控制器 α_1 的有界性和误差导数 $\dot{z}_1$ 的有界性。当 $k = 2$ 时，因为 z_2 和 α_1 是有界的，所以系统状态 x_2 有界，从而得出 $\varphi_2(\overline{x}_2) \in L_\infty$。另外，由虚拟控制器 α_1 的光滑性和有界性，可判断得到 $\partial\alpha_1 / \partial x_1$，$\partial\alpha_1 / \partial y_d$，$\partial\alpha_1 / \partial \dot{y}_d$，$\partial\alpha_1 / \partial \hat{\theta}$，$\partial\alpha_1 / \partial \zeta$，$\partial\alpha_1 / \partial \dot{\zeta}$ 的有界性，因此 $\omega_2 \in L_\infty$，$\tau_2 \in L_\infty$，$\alpha_2 \in L_\infty$。利用相同的分析方法，可以得到系统状态 $x_i (i = 3, 4, \cdots, n)$ 有界，非线性函数 φ_i 有界，虚拟控制器的各个偏导有界，虚拟控制器有界，真实控制器 u 有界，自适应律 $\dot{\hat{\theta}}$ 有界，以及虚拟误差的导数 $\dot{z}_i$ 有界。

根据式（8.43）可知 $z_k \in L_2 (k = 1, 2, \cdots, n)$，注意到 $z_k \in L_\infty$ 且 $\dot{z}_k \in L_\infty$，因此，利用 Barbalat 引理可以得到

$$\lim_{t \to \infty} z_k(t) = 0, \quad k = 1, 2, \cdots, n \tag{8.48}$$

所以可得 $\lim_{t \to \infty} \eta(t) = 0$。利用引理 8.1 的第二个性质，不难得到

$$\lim_{t \to \infty} e(t) = 0 \tag{8.49}$$

证明完毕。

8.2.5　数值仿真

仿真环境为 Windows-10 专业版 64 位操作系统，CPU 为 Intel Core i7-8650U @ 1.90GHz 2.11GHz，系统内存为 8GB，仿真软件为 MATLAB R2012a。为了验证 8.2.3 节自适应算法的有效性，采用以下二阶非线性系统：

$$\begin{cases} \dot{x}_1 = x_2 + \varphi_1(x_1)\theta \\ \dot{x}_2 = u \end{cases} \tag{8.50}$$

其中，$\varphi_1(x_1) = x_1^2$；$\theta = 1$。

在数值仿真中，理想信号选取为 $y_d = 0.2\sin(t)$。设计参数设定为 $c_1 = 3$，$c_2 = 6$，$\Gamma = 1$，$\zeta_0 = 1.5$，$\zeta_f = 0.06$，$\lambda = 0.8$。系统状态初始值以及参数估计初始值为 $x_1(0) = 1$，$x_2(0) = -1$，$\hat{\theta}(0) = 0$。在 8.2.3 节控制算法的作用下，仿真结果如图 8.1～图 8.4。图 8.1 是关于系统输出 x_1 和理想信号 y_d 的运行轨迹图，图 8.2 是预设性能约束下跟踪误差 e 的运行轨迹图，可以看出跟踪误差的轨迹永远在预定区间内并渐近趋于零，从而验证 8.2.3 节自适应预设性能控制算法的有效性。此外，图 8.3 和图 8.4 给出了控制输入和参数估计的运行轨迹图，验证了闭环系统信号的有界性。

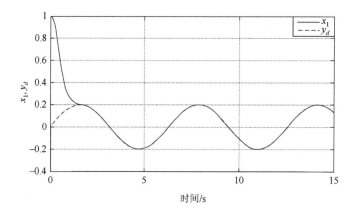

图 8.1 系统输出 x_1 和理想信号 y_d 的运行轨迹图

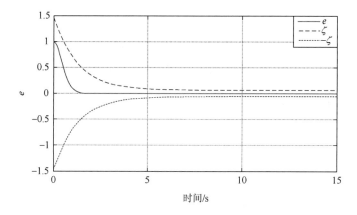

图 8.2 预设性能约束下的跟踪误差 e 的运行轨迹图

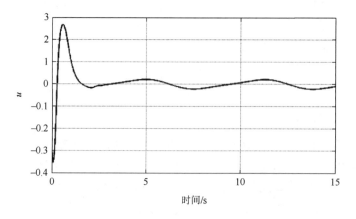

图 8.3 控制输入 u 的运行轨迹图

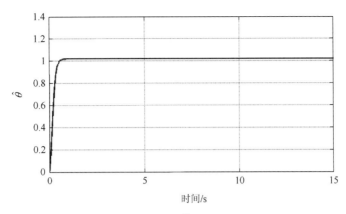

图 8.4 参数估计 $\hat{\theta}$ 的运行轨迹图

8.3 基于 Nussbaum-类型函数的严格反馈系统预设性能控制

8.3.1 问题描述

无论第 5 章的状态反馈控制还是 8.2 节的预设性能控制，前提条件都是控制方向已知，而在实际工业系统中，由于操作人员的失误或检测手段的缺乏，控制方向极有可能未知。当方向未知时，之前讨论的状态反馈控制算法失效，这是因为目前的稳定性理论无法判断此时系统是否稳定。因此，需要借助 3.5 节的基于 Nussbaum-类型函数方法处理控制方向未知问题。

本节目标为针对不可参数化分解及控制方向未知的严格反馈非线性系统（8.1），设计鲁棒自适应控制器使得：①闭环系统所有信号最终一致有界；②系统输出跟踪误差限定在预定约束范围；③跟踪误差渐近趋于零。

为了实现以上目标，除了假设 8.2 和假设 8.4 之外，引入以下假设和引理。

假设 8.5 控制增益 $g_i(\bar{x}_i)$ 对于控制器设计而言，不仅未知时变而且控制方向未知（即 $\text{sgn}(g_i)=1$ 或-1）。此外，存在未知常数 $\underline{g}_i$ 和 $\bar{g}_i$ 使得 $0 < \underline{g}_i \leqslant |g_i(\bar{x}_i)| \leqslant \bar{g}_i < \infty$。

假设 8.6 针对未知连续非线性函数 $f_i(\bar{x}_i, \theta_i)$，存在未知常数 $a_i > 0$ 和已知光滑函数 $\varphi_i(\bar{x}_i)$ 使得

$$|f_i(\bar{x}_i, \theta_i)| \leqslant a_i \varphi_i(\bar{x}_i) \tag{8.51}$$

若 $\bar{x}_i$ 有界，则 f_i 和 φ_i 是有界函数。

引理 8.2[15, 16] 对于任意给定的正函数 $\varepsilon(t) \in \mathbb{R} > 0$ 和任意实数变量 $X \in \mathbb{R}^r$，以下不等式成立：

$$\|X\| \leqslant \varepsilon(t) + \frac{\|X\|^2}{\sqrt{\|X\|^2 + \varepsilon^2(t)}} \tag{8.52}$$

8.3.2 系统转换

为实现预设性能跟踪，采用与 8.2 节相同的非线性转换函数，即

$$\eta(t) = \frac{e(t)}{(\zeta(t) - e(t))(\zeta(t) + e(t))} \tag{8.53}$$

其中，跟踪误差初始值 $e(0)$ 满足：

$$-\zeta(0) < e(0) < \zeta(0) \tag{8.54}$$

根据引理 8.1 和 8.2 节的分析，系统（8.1）的预设性能跟踪问题转化为以下非线性系统对 $\eta(t)$ 的镇定问题：

$$\begin{cases} \dot{\eta} = \rho_1(f_1(x_1, \theta_1) + g_1(x_1)x_2 - \dot{y}_d) + \rho_2 \\ \dot{x}_2 = f_2(\overline{x}_2, \theta_2) + g_2(\overline{x}_2)x_3 \\ \vdots \\ \dot{x}_n = f_n(\overline{x}_n, \theta_n) + g_n(\overline{x}_n)u \\ y = x_1 \end{cases} \tag{8.55}$$

其中，$\rho_1 = \dfrac{\zeta^2 + e^2}{(\zeta^2 - e^2)^2}$ 在区间 $e(t) \in (-\zeta(t), \zeta(t))$ 内恒大于零且 $\rho_k(k=1,2)$ 可计算。

8.3.3 控制器设计

首先，定义如下形式的坐标变换：

$$\begin{cases} z_1 = \eta \\ z_k = x_k - \alpha_{k-1}, \quad k = 2, 3, \cdots, n \end{cases} \tag{8.56}$$

其中，z_1 是真实误差；$z_k(k = 2, 3, \cdots, n)$ 是虚拟误差；α_{k-1} 是需要设计的虚拟控制器。

对比 5.4 节方向已知的鲁棒自适应控制器设计方法而言，主要区别在于需要采用 Nussbaum-类型函数处理控制方向未知问题，因此本章主要介绍第 1 步的处理方式。

第 1 步，根据坐标变换（8.56）和系统（8.55），虚拟误差 z_1 的时间导数可表示为

$$\dot{z}_1 = \rho_1(f_1(x_1, \theta_1) + g_1(x_1)x_2 - \dot{y}_d) + \rho_2 \tag{8.57}$$

因为 $x_2 = z_2 + \alpha_1$，所以式（8.57）可进一步写为

$$\dot{z}_1 = \rho_1(f_1 + g_1 z_2 + g_1 \alpha_1 - \dot{y}_d) + \rho_2 \tag{8.58}$$

则二次型函数 $\dfrac{1}{2}z_1^2$ 关于时间 t 的导数为

$$z_1 \dot{z}_1 = \rho_1 g_1 z_1 \alpha_1 + \varXi_1 \tag{8.59}$$

其中，$\varXi_1 = \rho_1 z_1 \left(f_1 - \dot{y}_d + g_1 z_2 + \dfrac{\rho_2}{\rho_1} \right)$ 是总的非线性项。

根据假设 8.6，对 $\varXi_1$ 放缩并利用 Young's 不等式，从而得到

$$\rho_1 z_1 f_1 \leqslant |\rho_1 z_1| a_1 \varphi_1 \tag{8.60}$$

$$\rho_1 z_1 \left(\frac{\rho_2}{\rho_1} - \dot{y}_d \right) \leqslant |\rho_1 z_1| \left| \frac{\rho_2}{\rho_1} - \dot{y}_d \right| \tag{8.61}$$

$$\rho_1 g_1 z_1 z_2 \leqslant \rho_1^2 z_1^2 + \frac{1}{4} \overline{g}_1^2 z_2^2 \tag{8.62}$$

因此，总的非线性项 $\varXi_1$ 可放缩为

$$\varXi_1 \leqslant b_1 |\rho_1 z_1| \varPhi_1 + \rho_1^2 z_1^2 + \frac{1}{4} \overline{g}_1^2 z_2^2 \tag{8.63}$$

$$b_1 = \max\{1, a_1\} \tag{8.64}$$

$$\varPhi_1 = \varphi_1 + \left(\frac{\rho_2}{\rho_1} - \dot{y}_d\right)^2 + \frac{1}{4} \geqslant 0 \tag{8.65}$$

其中，b_1 是未知常数；$\varPhi_1$ 是可利用函数。因为 b_1 不具备物理意义，所以将其称为"虚拟"参数。

利用引理 8.2，$b_1 |\rho_1 z_1| \varPhi_1$ 可进一步写为

$$b_1 |\rho_1 z_1| \varPhi_1 \leqslant b_1 \varepsilon(t) + \frac{b_1 \rho_1^2 z_1^2 \varPhi_1^2}{\sqrt{\rho_1^2 z_1^2 \varPhi_1^2 + \varepsilon^2(t)}} = b_1 \varepsilon(t) + b_1 z_1 \phi_1 \tag{8.66}$$

其中

$$\phi_1 = \frac{z_1 \rho_1^2 \varPhi_1^2}{\sqrt{\rho_1^2 z_1^2 \varPhi_1^2 + \varepsilon^2(t)}} \tag{8.67}$$

是可计算函数。

注释 8.2　为了实现控制目标，函数 $\varepsilon(t)$ 需满足以下条件：

（1）$\varepsilon(t)$ 积分有界，即存在常数 $\overline{\varepsilon}$ 使得 $\int_0^t \varepsilon(\tau)\mathrm{d}\tau \leqslant \overline{\varepsilon} < \infty$；

（2）$\varepsilon(t)$ 及其导数 $\varepsilon^{(k)}(k=1,2,\cdots,n-1)$ 已知有界且分段连续。

结合式（8.63）～式（8.66），式（8.59）可放缩为

$$z_1 \dot{z}_1 \leqslant \rho_1 g_1 z_1 \alpha_1 + b_1 \varepsilon(t) + b_1 z_1 \phi_1 + \rho_1^2 z_1^2 + \frac{1}{4} \overline{g}_1^2 z_2^2 \tag{8.68}$$

基于 Nussbaum-类型函数，设计虚拟控制器 α_1 为

$$\alpha_1 = N_1(\chi_1) \overline{\alpha}_1 / \rho_1 \tag{8.69}$$

$$\overline{\alpha}_1 = c_1 z_1 + \hat{b}_1 \phi_1 + \rho_1^2 z_1 \tag{8.70}$$

其中，$c_1 > 0$ 是设计参数，$\hat{b}_1$ 是虚拟参数 b_1 的估计值且按照以下自适应律更新：

$$\dot{\hat{b}}_1 = \gamma_1 z_1 \phi_1 \tag{8.71}$$

其中，$\gamma_1 > 0$ 是设计参数，$N_1(\chi_1)$ 是 Nussbaum-类型函数且参数 χ_1 按照以下方式进行更新：

$$\dot{\chi}_1 = z_1 \overline{\alpha}_1 \tag{8.72}$$

因此，根据虚拟控制器表达式（8.69），式（8.68）右侧第一项可化简为

$$\rho_1 g_1 z_1 \alpha_1 = g_1 z_1 N_1(\chi_1) \overline{\alpha}_1 \tag{8.73}$$

在等式（8.73）右侧加一项然后减一项 $z_1 \overline{\alpha}_1$，可得

$$\rho_1 g_1 z_1 \alpha_1 = (g_1 N_1(\chi_1) + 1) z_1 \overline{\alpha}_1 - z_1 \overline{\alpha}_1 \tag{8.74}$$

考虑 Nussbaum-类型函数参数变化律（8.72）以及 $\overline{\alpha}_1$ 表达式（8.70），式（8.74）可写为

$$\rho_1 g_1 z_1 \alpha_1 = (g_1 N_1(\chi_1) + 1) \dot{\chi}_1 - z_1 (c_1 z_1 + \hat{b}_1 \phi_1 + \rho_1^2 z_1) \tag{8.75}$$

因此，$z_1 \dot{z}_1$ 可计算为

$$z_1 \dot{z}_1 \leqslant (g_1 N_1(\chi_1) + 1)\dot{\chi}_1 - c_1 z_1^2 + b_1 \varepsilon(t) + \tilde{b}_1 z_1 \phi_1 + \frac{1}{4}\overline{g}_1^2 z_2^2 \tag{8.76}$$

其中，$\tilde{b}_1 = b_1 - \hat{b}_1$ 是估计误差。

定义如下形式的 Lyapunov 候选函数：

$$V_1 = \frac{1}{2}z_1^2 + \frac{1}{2\gamma_1}\tilde{b}_1^2 \tag{8.77}$$

根据式（8.76），V_1 的时间导数可表示为

$$\dot{V}_1 \leqslant (g_1 N_1(\chi_1) + 1)\dot{\chi}_1 - c_1 z_1^2 + b_1 \varepsilon(t) + \tilde{b}_1 z_1 \phi_1 + \frac{1}{4}\overline{g}_1^2 z_2^2 - \frac{1}{\gamma_1}\tilde{b}_1 \dot{\hat{b}}_1 \tag{8.78}$$

将定义于式（8.71）的参数自适应律代入式（8.78）可得

$$\dot{V}_1 \leqslant (g_1 N_1(\chi_1) + 1)\dot{\chi}_1 - c_1 z_1^2 + b_1 \varepsilon(t) + \frac{1}{4}\overline{g}_1^2 z_2^2 \tag{8.79}$$

对式（8.79）在 $[0, t]$ 上进行积分运算，可得

$$\begin{aligned}
&V_1(t) + c_1 \int_0^t z_1^2(\tau)\mathrm{d}\tau \\
&\leqslant \int_0^t (g_1(\tau) N_1(\chi_1(\tau)) + 1)\dot{\chi}_1(\tau)\mathrm{d}\tau + b_1 \int_0^t \varepsilon(\tau)\mathrm{d}\tau + \frac{1}{4}\overline{g}_1^2 \int_0^t z_2^2(\tau)\mathrm{d}\tau + V_1(0)
\end{aligned} \tag{8.80}$$

根据注释 8.2 可进一步将式（8.80）写为

$$V_1(t) + c_1 \int_0^t z_1^2(\tau)\mathrm{d}\tau \leqslant \int_0^t (g_1(\tau) N_1(\chi_1(\tau)) + 1)\dot{\chi}_1(\tau)\mathrm{d}\tau + \frac{1}{4}\overline{g}_1^2 \int_0^t z_2^2(\tau)\mathrm{d}\tau + B_1 \tag{8.81}$$

其中，$B_1 = b_1 \overline{\varepsilon} + V_1(0)$ 是正的未知常数。

注释 8.3　回顾引理 3.1，若式（8.81）右侧的第二项 $\frac{1}{4}\overline{g}_1^2 \int_0^t z_2^2(\tau)\mathrm{d}\tau$ 有界，即

$$\frac{1}{4}\overline{g}_1^2 \int_0^t z_2^2(\tau)\mathrm{d}\tau \leqslant H_1 \tag{8.82}$$

其中，H_1 是正的常数，则式（8.81）可写为

$$V_1(t) + c_1 \int_0^t z_1^2(\tau)\mathrm{d}\tau \leqslant \int_0^t (g_1(\tau) N_1(\chi_1(\tau)) + 1)\dot{\chi}_1(\tau)\mathrm{d}\tau + B_1' \tag{8.83}$$

其中，$B_1' = B_1 + H_1$，不难看出式（8.83）满足引理 3.1，从而确保 $V_1(t)$、$\chi_1(t)$、$\int_0^t (g_1(\tau) N_1(\chi_1) + 1)\dot{\chi}_1\mathrm{d}\tau$ 在 $[0, t_f)$ 上有界，然而，目前无法确定 $\frac{1}{4}\overline{g}_1^2 \int_0^t z_2^2(\tau)\mathrm{d}\tau$ 的有界性，因此，暂时无法保证第一个子系统信号的有界性，这个问题将在第 2 步得以解决。

第 $i(i = 2, 3, \cdots, n)$ 步，根据坐标变换（8.56），可知 $x_{i+1} = z_{i+1} + \alpha_i$，则虚拟误差 z_i 的导数为

$$\dot{z}_i = \dot{x}_i - \dot{\alpha}_{i-1} = f_i + g_i(z_{i+1} + \alpha_i) - \dot{\alpha}_{i-1} \tag{8.84}$$

值得关注的是，当 $i = n$ 时，$z_{n+1} = 0$，$\alpha_n = u$。

因为虚拟控制器 α_{i-1} 是关于状态 $x_1, \cdots, x_{i-1}$，理想信号 $y_d, \dot{y}_d, \cdots, y_d^{(i-1)}$，参数估计 $\hat{b}, \cdots, \hat{b}_{i-1}$，Nussbaum 参数 $\chi_1, \cdots, \chi_{i-1}$，变量 $\varepsilon, \cdots, \varepsilon^{(i-2)}$，以及 $\zeta, \cdots, \zeta^{(i-1)}$ 的函数，因此：

$$\dot{\alpha}_{i-1} = \sum_{k=1}^{i-1} \frac{\partial \alpha_{i-1}}{\partial x_k} \dot{x}_k + \sum_{k=0}^{i-1} \frac{\partial \alpha_{i-1}}{\partial y_d^{(k)}} y_d^{(k+1)} + \sum_{k=1}^{i-1} \frac{\partial \alpha_{i-1}}{\partial \hat{b}_k} \dot{\hat{b}}_k + \sum_{k=1}^{i-1} \frac{\partial \alpha_{i-1}}{\partial \chi_k} \dot{\chi}_k$$

$$+ \sum_{k=0}^{i-2} \left(\frac{\partial \alpha_{i-1}}{\partial \varepsilon^{(k)}} \varepsilon^{(k+1)} + \sum_{k=0}^{i-1} \frac{\partial \alpha_{i-1}}{\partial \zeta^{(k)}} \zeta^{(k+1)} \right) \tag{8.85}$$

$$= \sum_{k=1}^{i-1} \frac{\partial \alpha_{i-1}}{\partial x_k} (f_k + g_k x_{k+1}) + l_{i-1}$$

$$l_{i-1} = \sum_{k=0}^{i-1} \frac{\partial \alpha_{i-1}}{\partial y_d^{(k)}} y_d^{(k+1)} + \sum_{k=1}^{i-1} \frac{\partial \alpha_{i-1}}{\partial \hat{b}_k} \dot{\hat{b}}_k + \sum_{k=1}^{i-1} \frac{\partial \alpha_{i-1}}{\partial \chi_k} \dot{\chi}_k + \sum_{k=0}^{i-2} \frac{\partial \alpha_{i-1}}{\partial \varepsilon^{(k)}} \varepsilon^{(k+1)} + \sum_{k=0}^{i-1} \frac{\partial \alpha_{i-1}}{\partial \zeta^{(k)}} \zeta^{(k+1)} \tag{8.86}$$

则二次型函数 $\frac{1}{2} z_i^2$ 的导数为

$$z_i \dot{z}_i = g_i z_i \alpha_i + \Xi_i \tag{8.87}$$

其中

$$\Xi_i = z_i (f_i + g_i z_{i+1}) - z_i \sum_{k=1}^{i-1} \frac{\partial \alpha_{i-1}}{\partial x_k} (f_k + g_k x_{k+1}) - z_i l_{i-1} \tag{8.88}$$

是总的非线性项。

采用第 1 步相同的分析步骤，有

$$z_i f_i \leqslant |z_i| a_i \varphi_i \tag{8.89}$$

$$-z_i \sum_{k=1}^{i-1} \frac{\partial \alpha_{i-1}}{\partial x_k} f_k \leqslant |z_i| \sum_{k=1}^{i-1} \left| \frac{\partial \alpha_{i-1}}{\partial x_k} \varphi_k \right| a_k \tag{8.90}$$

$$-z_i \sum_{k=1}^{i-1} \frac{\partial \alpha_{i-1}}{\partial x_k} g_k x_{k+1} \leqslant |z_i| \sum_{k=1}^{i-1} \left| \frac{\partial \alpha_{i-1}}{\partial x_k} x_{k+1} \right| \overline{g}_k \tag{8.91}$$

$$-z_i l_{i-1} \leqslant |z_i| |l_{i-1}| \tag{8.92}$$

$$g_i z_i z_{i+1} \leqslant z_i^2 + \frac{1}{4} \overline{g}_i^2 z_{i+1}^2 \tag{8.93}$$

则 Ξ_i 可放缩为

$$\Xi_i \leqslant b_i |z_i| \Phi_i + z_i^2 + \frac{1}{4} \overline{g}_i^2 z_{i+1}^2 \leqslant b_i z_i \phi_i + b_i \varepsilon + z_i^2 + \frac{1}{4} \overline{g}_i^2 z_{i+1}^2 \tag{8.94}$$

其中

$$b_i = \max \{ 1, a_1, \cdots a_i, \overline{g}_1, \cdots \overline{g}_{i-1} \} \tag{8.95}$$

是未知虚拟参数；

$$\Phi_i = \varphi_i + \sum_{k=1}^{i-1} \left(\frac{\partial \alpha_{i-1}}{\partial x_k} x_{k+1} \right)^2 + \sum_{k=1}^{i-1} \left(\frac{\partial \alpha_{i-1}}{\partial x_k} \varphi_k \right)^2 + l_{i-1}^2 + \frac{2i-1}{4} \tag{8.96}$$

和

$$\phi_i = \frac{z_i \Phi_i^2}{\sqrt{z_i^2 \Phi_i^2 + \varepsilon^2}} \tag{8.97}$$

是可计算函数。

结合式（8.89）～式（8.94），式（8.87）可放缩为

$$z_i \dot{z}_i \leq g_i z_i \alpha_i + b_i \varepsilon(t) + b_i z_i \phi_i + z_i^2 + \frac{1}{4} \bar{g}_i^2 z_{i+1}^2 \tag{8.98}$$

值得注意的是，当 $i = n$ 时，$g_n z_n z_{n+1} = 0$，则式（8.98）简化为

$$z_n \dot{z}_n \leq g_n z_n u + b_n \varepsilon(t) + b_n z_n \phi_n \tag{8.99}$$

基于 Nussbaum-类型函数，设计虚拟/真实控制器为

$$\alpha_i = N_i(\chi_i) \bar{\alpha}_i \tag{8.100}$$

$$\bar{\alpha}_i = c_i z_i + \hat{b}_i \phi_i \tag{8.101}$$

$$u = N_n(\chi_n) \bar{\alpha}_n \tag{8.102}$$

其中，$c_j = c_{j1} + 1 > 0 (j = 2, 3, \cdots, n-1)$，$c_{j1} > 0$；$c_n = c_{n1} > 0$ 是设计参数；$\hat{b}_i$ 是虚拟参数 b_i 的估计值且按照以下自适应律更新：

$$\dot{\hat{b}}_i = \gamma_i z_i \phi_i \tag{8.103}$$

其中，$\gamma_i > 0$ 是设计参数，$N_i(\chi_i)$ 是 Nussbaum-类型函数且参数 χ_i 按照以下方式进行更新：

$$\dot{\chi}_i = z_i \bar{a}_i \tag{8.104}$$

因此，根据虚拟控制器表达式（8.100），式（8.98）右侧第一项可化简为

$$g_i z_i \alpha_i = g_i N_i(\chi_i) z_i \bar{\alpha}_i = (g_i N_i(\chi_i) + 1) z_i \bar{\alpha}_i - z_i \bar{a}_i \tag{8.105}$$

考虑 Nussbaum-类型函数参数变化律（8.104）以及 $\bar{\alpha}_i$ 表达式（8.101），式（8.105）可写为

$$g_i z_i \alpha_i = (g_i N_i(\chi_i) + 1) \dot{\chi}_i - z_i (c_{i1} z_i + \hat{b}_i \phi_i + z_i) \tag{8.106}$$

因此，$z_i \dot{z}_i$ 可计算为

$$z_i \dot{z}_i \leq (g_i N_i(\chi_i) + 1) \dot{\chi}_i - c_{i1} z_i^2 + b_i \varepsilon + \tilde{b}_i z_i \phi_i + \frac{1}{4} \bar{g}_i^2 z_{i+1}^2 \tag{8.107}$$

其中，$\tilde{b}_i = b_i - \hat{b}_i$ 是估计误差。

引入如下形式的 Lyapunov 候选函数：

$$V_i = \frac{1}{2} z_i^2 + \frac{1}{2\gamma_i} \tilde{b}_i^2 \tag{8.108}$$

其导数可表示为

$$\dot{V}_i \leq (g_i N_i(\chi_i) + 1) \dot{\chi}_i - c_{i1} z_i^2 + b_i \varepsilon(t) + \tilde{b}_i z_i \phi_i + \frac{1}{4} \bar{g}_i^2 z_{i+1}^2 - \frac{1}{\gamma_i} \tilde{b}_i \dot{\hat{b}}_i \tag{8.109}$$

将定义于式（8.103）的参数自适应律代入式（8.109），可得

$$\dot{V}_i \leq (g_i N_i(\chi_i) + 1) \dot{\chi}_i - c_{i1} z_i^2 + b_i \varepsilon + \frac{1}{4} \bar{g}_i^2 z_{i+1}^2 \tag{8.110}$$

对式（8.110）在 $[0, t]$ 上进行积分运算，可得

$$V_i(t) + c_{i1} \int_0^t z_i^2(\tau) \mathrm{d}\tau$$
$$\leq \int_0^t (g_i(\tau) N_i(\chi_i(\tau)) + 1) \dot{\chi}_i(\tau) \mathrm{d}\tau + b_i \int_0^t \varepsilon(\tau) \mathrm{d}\tau + \frac{1}{4} \bar{g}_i^2 \int_0^t z_{i+1}^2(\tau) \mathrm{d}\tau + V_i(0) \tag{8.111}$$

因为 $b_i \int_0^t \varepsilon(\tau)\mathrm{d}\tau \leqslant b_i\bar{\varepsilon}$，所以式（8.111）进一步写为

$$V_i(t) + c_{i1}\int_0^t z_i^2(\tau)\mathrm{d}\tau \leqslant \int_0^t (g_i(\tau)N_i(\chi_i(\tau))+1)\dot{\chi}_i(\tau)\mathrm{d}\tau + \frac{1}{4}\bar{g}_i^2\int_0^t z_{i+1}^2(\tau)\mathrm{d}\tau + B_i \quad (8.112)$$

其中，$B_i = b_i\bar{\varepsilon} + V_i(0)$ 是正的未知常数。

8.3.4　定理及稳定性分析

定理 8.2　对于不可参数分解的严格反馈非线性系统（8.1），在满足假设 8.2、假设 8.4～假设 8.6 条件下，设计鲁棒自适应控制器（8.102）和自适应律（8.103）与（8.104），提出的控制算法：①确保闭环系统所有信号有界；②保证跟踪误差限定在预先设定的范围内；③跟踪误差渐近趋于零。

证明　当 $i = n$ 时，式（8.112）转化为

$$V_n(t) + c_n\int_0^t z_n^2(\tau)\mathrm{d}\tau \leqslant \int_0^t (g_n(\tau)N_n(\chi_n(\tau))+1)\dot{\chi}_n(\tau)\mathrm{d}\tau + B_n \quad (8.113)$$

首先分析闭环系统信号的有界性。根据不等式（8.113）并结合引理 3.1，不难得到 $V_n \in L_\infty$，$\chi_n \in L_\infty$，$\int_0^t z_n^2(\tau)\mathrm{d}\tau$，$\int_0^t (g_n(\tau)N_n(\chi_n(\tau))+1)\dot{\chi}_n(\tau)\mathrm{d}\tau$，当 $i = n-1$ 时，式（8.112）转换为

$$V_{n-1}(t) + c_{n-1,1}\int_0^t z_{n-1}^2(\tau)\mathrm{d}\tau$$
$$\leqslant \int_0^t (g_{n-1}(\tau)N_{n-1}(\chi_{n-1}(\tau))+1)\dot{\chi}_{n-1}(\tau)\mathrm{d}\tau + \frac{1}{4}\bar{g}_{n-1}^2\int_0^t z_n^2(\tau)\mathrm{d}\tau + B_{n-1} \quad (8.114)$$

由于 $\int_0^t z_n^2(\tau)\mathrm{d}\tau$ 的有界性，因此式（8.114）满足引理 3.1，则有 $V_{n-1} \in L_\infty$，$\chi_{n-1} \in L_\infty$，$\int_0^t z_{n-1}^2(\tau)\mathrm{d}\tau$，$\int_0^t (g_{n-1}(\tau)N_{n-1}(\chi_{n-1}(\tau))+1)\dot{\chi}_{n-1}(\tau)\mathrm{d}\tau$，以此类推，可以得到

$$V_j \in L_\infty, \quad \int_0^t (g_j(\tau)N_j(\chi_j(\tau))+1)\dot{\chi}_j(\tau)\mathrm{d}\tau \in L_\infty, \quad \chi_j \in L_\infty, \quad \int_0^t z_j^2(\tau)\mathrm{d}\tau \in L_\infty \quad (8.115)$$

其中，$j = 1,2,\cdots,n-2$。根据各个 Lyapunov 候选函数表达式可判断得出：$z_k \in L_\infty$，$\tilde{b}_k \in L_\infty$，$k = 1,2,\cdots,n$。因为 $\tilde{b}_k = b_k - \hat{b}_k$，所以 $\hat{b}_k \in L_\infty$。由坐标变换 $z_1 = \eta$ 并利用引理 8.1 可知，当系统误差初始值满足 $-\zeta(0) < e(0) < \zeta(0)$ 时，

$$-\zeta(t) < e(t) < \zeta(t) \quad (8.116)$$

恒成立，即跟踪误差永远在预设范围内；同时，存在函数 $\zeta_1(t)$ 和 $\zeta_2(t)$ 以及常数 υ_1 和 υ_2 使得

$$-\zeta(t) < -\zeta_1(t) \leqslant e(t) \leqslant \zeta_2(t) < \zeta(t) \quad (8.117)$$

$$\zeta(t) - \zeta_2(t) \geqslant \upsilon_2, \quad \zeta(t) - \zeta_1(t) \geqslant \upsilon_1 \quad (8.118)$$

则根据 $\rho_1(t)$ 的表达式可判断：$\rho_1(t)$ 有界且存在常数 $\bar{\rho}_1$ 和 $\underline{\rho}_1$ 使得

$$0 < \underline{\rho}_1 \leqslant \rho_1(t) \leqslant \bar{\rho}_1 < \infty \quad (8.119)$$

因为 $e = x_1 - y_d$ 且 $y_d \in L_\infty$，所以系统状态 x_1 有界，利用假设 8.6，非线性函数 f_1 和 φ_1 有界，从而进一步得到 $\Phi_1 \in L_\infty$；注意到可积分函数 $\varepsilon > 0$ 有界，则 $\phi_1 \in L_\infty$，根据虚拟控制器 α_1、

自适应律 $\dot{\hat{b}}_1$ 以及 Nussbaum 参数更新律 $\dot{\chi}_1$ 的表达式，有

$$\alpha_1 \in L_\infty, \quad \dot{\hat{b}}_1 \in L_\infty, \quad \dot{\chi}_1 \in L_\infty \tag{8.120}$$

由于 $z_2 \in L_\infty$，根据 $\dot{z}_1$ 的表达式可知：

$$\dot{z}_1 \in L_\infty \tag{8.121}$$

类似 5.4 节及以上分析过程，可得系统状态 $x_i(i=2,3,\cdots,n)$、虚拟控制器 $\alpha_j(j=2,3,\cdots,n-1)$、真实控制器 u、自适应律 $\dot{\hat{b}}_i(i=2,3,\cdots,n)$、Nussbaum-类型函数参数变化律 $\dot{\chi}_i$，以及虚拟误差导数 $\dot{z}_i$ 有界。

其次，证明跟踪误差渐近收敛为零。注意到 $z_k \in L_\infty \bigcap L_2$ 且 $\dot{z}_k \in L_\infty(k=1,2,\cdots,n)$，因此，利用 Barbalat 引理可以得到

$$\lim_{t\to\infty} z_k(t) = 0, \quad k=1,2,\cdots,n \tag{8.122}$$

因此，可得 $\lim_{t\to\infty}\eta(t)=0$。利用引理 8.1 的第二个性质，不难得到

$$\lim_{t\to\infty} e(t) = 0 \tag{8.123}$$

证明完毕。

8.3.5　数值仿真

仿真环境为 Windows-10 专业版 64 位操作系统，CPU 为 Intel Core i7-8650U @ 1.90GHz 2.11GHz，系统内存为 8GB，仿真软件为 MATLAB R2012a。为了验证 8.3.3 节鲁棒自适应算法的有效性，选取以下二阶不可参数分解严格反馈非线性系统：

$$\begin{cases} \dot{x}_1 = g_1(x_1)x_2 + f_1(x_1, \theta_1) \\ \dot{x}_2 = g_2(\overline{x}_2)u + f_1(\overline{x}_2, \theta_2) \end{cases} \tag{8.124}$$

其中，$f_1(x_1,\theta_1)=\theta_{11}x_1^2\sin(\theta_{12}x_1)$，$f_2(\overline{x}_2,\theta_2)=x_2^2\cos(\theta_2 x_1)$，$\theta_1=[\theta_{11},\theta_{12}]^T=[0.1,0.5]^T$，$\theta_2=0.1$；控制增益为 $g_1(x_1)=3$，$g_2(\overline{x}_2)=-1.5$。需要注意的是，尽管当控制增益表达式固定时，控制方向已经确定，但是该信息在控制方向未知情况下是无法获取的，即 $\mathrm{sgn}(g_i),i=1,2$ 是未知的。

根据非线性项 f_i 的表达式可知，f_i 不满足参数分解条件，但是其满足假设 8.6，因此可得到以下核心函数：

$$\varphi_1 = x_1^2, \quad \varphi_2 = x_2^2 \tag{8.125}$$

在数值仿真中，理想信号选取为 $y_d=0.2\sin(t)$。设计参数设定为 $c_1=1$，$c_2=1$，$\gamma_1=0.01$，$\gamma_2=0.1$，系统状态初始值以及参数估计初始值为 $x_1(0)=1$，$x_2(0)=-0.6$，$\hat{b}_1(0)=0$，$\hat{b}_2(0)=0$，$\chi_1(0)=1$，$\chi_2(0)=0.5$。在 8.3.3 节的控制算法作用下，仿真结果如图 8.5～图 8.10 所示。图 8.5 是关于系统输出 x_1 和理想信号 y_d 的运行轨迹图，从图中可看出系统输出可较好地跟踪理想信号，图 8.6 是预设性能约束下，跟踪误差的运行轨迹图，可以看出误差一直在预定区间，图 8.7 是控制输入 u 的运行轨迹图，图 8.8 是参数估计值的运行轨迹图，图 8.9 和图 8.10 是 Nussbaum 参数以及 Nussbaum-类型函数运行轨迹图，不难看出闭环系统的所有信号有界，验证了算法的正确性。

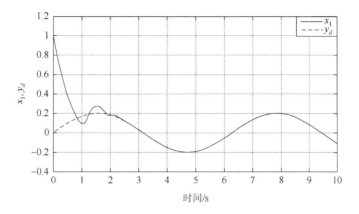

图 8.5　系统输出 x_1 和理想信号 y_d 运行轨迹图

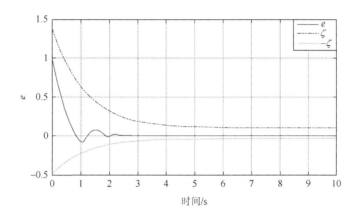

图 8.6　预设性能约束下的跟踪误差运行轨迹图

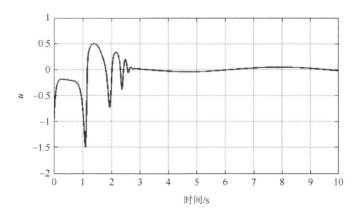

图 8.7　控制输入 u 运行轨迹图

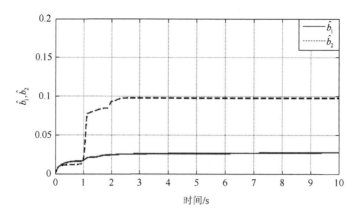

图 8.8　参数估计 $\hat{b}_i (i=1,2)$ 运行轨迹图

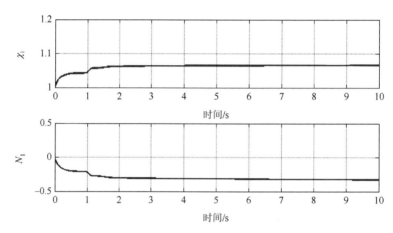

图 8.9　参数 χ_1 和 Nussbaum-类型函数 N_1 运行轨迹图

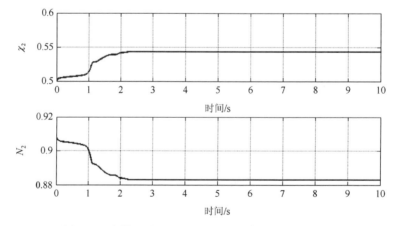

图 8.10　参数 χ_2 和 Nussbaum-类型函数 N_2 运行轨迹图

8.4　本 章 小 结

本章着重介绍了严格反馈非线性系统的预设性能跟踪控制问题。首先，通过构造依赖于跟踪误差的预设性能函数，将系统的预设性能问题转化为新的变量有界性问题；其次，利用 Lyapunov 稳定性理论证明了新的闭环系统的有界性；最后，针对控制方向未知的严格反馈系统，通过利用 Nussbaum-类型函数，提出了一种鲁棒自适应渐近跟踪预设性能控制算法。

本章的控制算法虽然可以取得比较满意的预设性能，但并不能保证系统状态或跟踪误差在有限时间内趋于零。因此，第 9 章将着重介绍有限/预设时间控制方法。

习　　题

8.1　证明如下时间函数的连续性与可导性：

$$\kappa(t) = \begin{cases} \left(\dfrac{T-t}{T}\right)^{n+2} & 0 \leqslant t < T \\ 0, & t \geqslant T \end{cases} \qquad (8.126)$$

其中，n 是被控系统的阶数；T 是预先设定的常数。

8.2　利用习题 8.1 的时间函数，针对可参数分解的严格反馈非线性系统，设计预设时间下的预设性能控制算法。

8.3　分析该预设性能控制方法存在的缺陷。

8.4　分析参考文献[1]的控制方法与该章预设性能方法的优缺点。

8.5　若系统执行器存在故障（如文献[4]和文献[6]），如何设计具有容错能力的预设性能控制算法？

参 考 文 献

[1]　Ilchmann A，Ryan E P，Townsend P. Tracking control with prescribed transient behaviour for systems of known relative degree[J]. Systems & Control Letters，2006，55（5）：396-406.

[2]　Bechlioulis C P，Rovithakis G A. Adaptive control with guaranteed transient and steady state tracking error bounds for strict feedback systems[J]. Automatica，2009，45（2）：532-538.

[3]　Krstic M，Kanellakopoulos I，Kokotovic P V. Nonlinear and Adaptive Control Design[M]. New York：John Wiley，1995.

[4]　Song Y D，Wang Y J，Wen C Y. Adaptive fault-tolerant PI tracking control with guaranteed transient and steady-state performance[J]. IEEE Transactions on Automatic Control，2017，62（1）：481-487.

[5]　Song Y D，Zhao K. Accelerated adaptive control of nonlinear uncertain systems[C]. The American Control Conference，Seattle，2017：2471-2476.

[6]　Wang W，Wen C Y. Adaptive actuator failure compensation control of uncertain nonlinear systems with guaranteed transient performance[J]. Automatica，2010，46（12）：2082-2091.

[7]　Zhao K，Song Y D，Qian J Y，et al. Zero-error tracking control with preassignable convergence mode for nonlinear systems under nonvanishing uncertainties and unknown control direction[J]. Systems & Control Letters，2018，115（5）：34-40.

[8]　　Miller D E，Davison E J. An adaptive controller which provides Lyapunov stability[J]. IEEE Transactions on Automatic Control，1989，34（6）：599-609.

[9]　　Miller D E，Davison E J. An adaptive controller which provides arbitrarily good transient and steady-state response[J]. IEEE Transactions on Automatic Control，1991，36（1）：68-81.

[10]　　Nussbaum R D. Some remarks on a conjecture in parameter adaptive control[J]. Systems & Control Letters，1983，3（5）：243-246.

[11]　　Ye X D. Asymptotic regulation of time-varying uncertain nonlinear systems with unknown control directions[J]. Automatica，1999，35（5）：929-935.

[12]　　Psillakis H E. Further results on the use of Nussbaum gains in adaptive neural network control[J]. IEEE Transactions on Automatic Control，2010，55（12）：2841-2846.

[13]　　Ye X D，Jiang J P. Adaptive nonlinear design without a prior knowledge of control directions[J]. IEEE Transactions on Automatic Control，1998，43（11）：1617-1621.

[14]　　Chen Z Y. Nussbaum functions in adaptive control with time-varying unknown control coefficients[J]. Automatica，2019，102：72-79.

[15]　　Huang J S，Wang W，Wen C Y，et al. Adaptive control of a class of strict-feedback time-varying nonlinear systems with unknown control coefficients[J]. Automatica，2018，93（3）：98-105.

[16]　　Zuo Z Y，Wang C L. Adaptive trajectory tracking control of output constrained multi-rotors systems[J]. IET Control Theory &Applications，2014，8（13）：1163-1174.

第9章 有限/预设时间控制

收敛性能是评估控制算法优劣的一个关键性能指标。大多数控制算法往往只能取得渐近收敛的结果，尽管第 8 章介绍了一种预设性能控制算法，但是该类方法均是基于无穷时间区间内对闭环系统进行控制器设计和稳定性分析的[1-5]。实际系统复杂多变，控制任务要求苛刻，特别是某些控制精度较高的系统（如导弹拦截系统），往往对收敛时间、控制精度等要求越来越高（要求系统状态在有限时间内达到给定精度或平衡点）。常规的渐近稳定或无穷区域内的预设性能结果，显然已不能满足控制需求，因此，本章将着重讨论基于有限时间的控制策略研究[6-12]。有限时间控制，是指系统状态在合适的控制算法（控制协议/控制律）下能够在有限的时间内达到平衡点。相较于渐近稳定控制，有限时间稳定控制除了可以保证系统能够获得更快的收敛速度和收敛精度，还可以保证系统存在外部扰动时具备更好的抗干扰能力和更强的鲁棒性。因此，研究有限时间控制不仅具有十分重要的理论价值，同时具备重要的工程指导意义[13-17]。

本章 9.1 节首先介绍几种有限时间稳定性的常用判据，9.2 节介绍具体的有限时间控制器设计及稳定性分析，9.3 节介绍最新的关于预设时间控制的基本知识及控制器设计，9.4 节给出几种方法的仿真对比，9.5 节对几种方法进行讨论分析。

9.1 简单示例与有限时间稳定性常用判据

本节首先通过几个简单例子阐明有限时间稳定、固定时间稳定、预设时间稳定的差异，然后给出非线性系统有限时间稳定的常用判据，最后给出有限时间控制下的设定时间表达式。

9.1.1 简单示例

例 9.1（有限时间稳定） 针对如下一阶系统：

$$\begin{cases} \dot{x}(t) = u(t), \quad x(0) = x_0 \\ u(t) = -x^{\frac{1}{3}}(t) \end{cases} \tag{9.1}$$

其中，$x(t)$ 表示系统状态；$u(t)$ 表示控制输入。通过简单求解微分方程（9.1），可得

$$x(t) = \left(x_0^{\frac{2}{3}} - \frac{2}{3}t \right)^{\frac{3}{2}} \tag{9.2}$$

由式（9.2）可以看出，当 $t = 1.5x^{2/3}$ 时，$x(t) = 0$。这表明闭环系统（9.1）的状态 $x(t)$ 可在有限时间 t 内收敛为 0，且收敛时间与系统状态初始值有关。值得注意的是，渐近稳定只

能保证系统状态在 $t \to \infty$ 时收敛为 0。

例 9.2 （固定时间稳定）   针对如下一阶系统：

$$\begin{cases} \dot{x}(t) = u(t), \quad x(0) = x_0 > 0 \\ u(t) = -x^{\frac{1}{2}}(t) - x^{\frac{3}{2}}(t) \end{cases} \tag{9.3}$$

其中，$x(t)$ 表示系统状态；$u(t)$ 表示控制输入。通过求解微分方程（9.3），可得

$$x(t) = \sqrt{\tan\left(\frac{t}{2} - \arctan\sqrt{x_0}\right)} \tag{9.4}$$

由式（9.4）可以看出，当 $t = 2\arctan\sqrt{x_0}$ 时，$x(t) = 0$；因为 $\lim\limits_{x_0 \to \infty} = 2\arctan\sqrt{x_0} = \pi$，所以当 $t \geqslant \pi$ 时，$x(t) = 0$。这表明闭环系统（9.3）的状态 $x(t)$ 可在有限时间 t 内收敛为 0，且该时间 $t = 2\arctan\sqrt{x_0}$ 的上界（π）与系统状态初始值无关。值得注意的是，为了便于描述，此处假设系统的初始状态为正，因为如果系统状态为负，控制器 $u(t)$ 会出现奇异现象。

例 9.3 （预设时间稳定）   针对如下一阶系统：

$$\begin{cases} \dot{x}(t) = u(t), \quad x(0) = x_0 \\ u(t) = -\dfrac{x(t)}{t_f - t}, \quad t_f \in \mathbb{R}^+ \end{cases} \tag{9.5}$$

其中，$x(t)$ 表示系统状态；$u(t)$ 表示控制输入；t_f 是一个大于零的常数，表示预先设定的收敛时间。通过求解微分方程（9.5），可得

$$x(t) = x_0(t_f - t) \tag{9.6}$$

由式（9.6）可以看出，当 $t = t_f$ 时，$x(t) = 0$。这表明闭环系统（9.5）的状态 $x(t)$ 可以在预先设定的时间 t_f 内收敛为 0（预设时间都用 t_f（常数）来表示，因为有限/固定时间中的 T 都是函数，这里用不同的符号表示其区别）。

通过前面的三个例子，可以直观地看出有限时间控制、固定时间控制以及预设时间控制三者之间既存在相同点又存在差异，即有限/固定/预设时间控制均可保证系统状态在有限时间内收敛到平衡点，而有限时间控制下的收敛时间依赖于系统的初始状态 x_0，固定时间控制下的收敛时间上界可以与 x_0 无关，却和其他设计参数相关，预设时间控制下的收敛时间可以预先给定，既与 x_0 无关，也与其他设计参数无关。

在介绍有限时间和预设时间控制器及稳定性分析之前，先介绍几种常用的非线性系统有限（固定）时间稳定性判据。

9.1.2   有限时间稳定性判据

为便于后续内容的描述，现考虑两个非线性系统模型，分别为

$$\dot{x}(t) = f(x) \tag{9.7}$$

$$\dot{x}(t) = f(x) + d(t) \tag{9.8}$$

其中，$x(t) \in \mathbb{R}^n$ 表示系统的状态；$f(\cdot) \in \mathbb{R}^n$ 表示非线性函数；$d(t)$ 表示外部有界扰动。接下来，将介绍几种比较常用的有限时间稳定性判据。

判据 9.1 考虑非线性系统（9.7），若存在一个 $\mathbb{C}^1$ 函数（$\mathbb{C}^1$ 函数表示一阶可导的函数）$V(x) > 0$，使得

$$\dot{V}(x) \leqslant -kV^\alpha(x) \tag{9.9}$$

其中，$k > 0$，$0 < \alpha < 1$，则系统是有限时间稳定的。

判据 9.2 考虑非线性系统（9.7），若存在一个 $\mathbb{C}^1$ 函数 $V(x) > 0$，使得

$$\dot{V}(x) \leqslant -kV^{\alpha_1}(x) - bV^{\alpha_2}(x) \tag{9.10}$$

其中，$k > 0$，$b > 0$，$0 < \alpha_1 < 1$，$\alpha_2 > 1$，则系统是有限时间稳定的。

判据 9.3 考虑非线性系统（9.7），若存在一个 $\mathbb{C}^1$ 函数 $V(x) > 0$，使得

$$\dot{V}(x) \leqslant -kV^\alpha(x) - bV(x) \tag{9.11}$$

其中，$k > 0$，$b > 0$，$0 < \alpha < 1$，则系统是有限时间稳定的。

判据 9.4 考虑非线性系统（9.8），若存在一个 $\mathbb{C}^1$ 函数 $V(x) > 0$，使得

$$\dot{V}(x) \leqslant -kV^\alpha(x) + \varepsilon \tag{9.12}$$

其中，$k > 0$，$\varepsilon > 0$，$0 < \alpha < 1$，则系统是实用有限时间稳定的（实用有限时间稳定指系统状态在有限时间内收敛到平衡点附近的某邻域内）。

判据 9.5 考虑非线性系统（9.8），若存在一个 $\mathbb{C}^1$ 函数 $V(x) > 0$，使得

$$\dot{V}(x) \leqslant -kV^\alpha(x) - bV(x) + \varepsilon \tag{9.13}$$

其中，$k > 0$，$b > 0$，$\varepsilon > 0$，$0 < \alpha < 1$，则系统是快速实用有限时间稳定的（快速实用有限时间稳定指系统状态收敛到平衡点附近邻域的速度比传统有限时间收敛的速度更快）。

判据 9.6 考虑非线性系统（9.7），若存在一个 $\mathbb{C}^1$ 函数 $V(x) > 0$，使得

$$\dot{V}(x) \leqslant -(\alpha V^p(x) + \beta V^q(x))^k \tag{9.14}$$

其中，$\alpha > 0$，$\beta > 0$，$q > 0$，$k > 0$，$pk < 1$，$qk > 1$，则系统是固定时间稳定的（固定时间稳定指系统状态可在有限时间内收敛到平衡点，且该有限收敛时间的上界与系统初始状态无关），且设定时间可由式（9.15）决定，即

$$T(x_0) \leqslant T_{\max} = \frac{1}{\alpha^k(1 - pk)} + \frac{1}{\beta^k(qk - 1)} \tag{9.15}$$

其中，x_0 是变量 x 的初始值。

判据 9.7 考虑非线性系统（9.7），若存在一个 $\mathbb{C}^1$ 函数 $V(x) > 0$，使得

$$\dot{V}(x) \leqslant -\alpha V^p(x) - \beta V^q(x) \tag{9.16}$$

其中，$\alpha > 0$，$\beta > 0$，$p = 1 - \dfrac{1}{2\gamma}$，$q = 1 + \dfrac{1}{2\gamma}$，$\gamma > 1$，则系统固定时间稳定，且设定时间为

$$T(x_0) \leqslant T_{\max} = \frac{\pi\gamma}{\sqrt{\alpha\beta}} \tag{9.17}$$

其中，x_0 是变量 x 的初始值。

判据 9.8 考虑非线性系统（9.7），若存在一个 $\mathbb{C}^1$ 函数 $V(x) > 0$，使得

$$\dot{V}(x) \leqslant -\alpha V^{2-\frac{p}{q}}(x) - \beta V^{\frac{p}{q}}(x) \tag{9.18}$$

其中，$\alpha > 0$，$\beta > 0$，$q > p > 0$，且 p 和 q 均为奇整数，则系统固定时间稳定，且设定时间为

$$T(x_0) \leqslant T_{\max} = \frac{q\pi}{2\sqrt{\alpha\beta(q-p)}} \tag{9.19}$$

其中，x_0 是变量 x 的初始值。

判据 9.9　考虑非线性系统（9.7），若存在一个 $\mathbb{C}^1$ 函数 $V(x) > 0$，使得

$$\dot{V}(x) \leqslant -\alpha V^{\frac{m}{n}}(x) - \beta V^{\frac{p}{q}}(x) \tag{9.20}$$

其中，$\alpha > 0$，$\beta > 0$，$q > p > 0$，$m > n > 0$，且 p、q、m 和 n 均为奇整数，则系统固定时间稳定，且设定时间为

$$T(x_0) \leqslant T_{\max} = \frac{1}{\alpha}\frac{n}{m-n} + \frac{1}{\beta}\frac{q}{q-p} \tag{9.21}$$

其中，x_0 是变量 x 的初始值。

以上判据及其调节时间表达式总结于表 9.1，以便读者查找对比。为便于介绍预设时间控制方法，先简要介绍以下引理。

表 9.1　有限时间和固定时间稳定性判据及其调节时间表达式

理论	判据	调节时间表达式
有限时间稳定	$\dot{V}(x) \leqslant -kV^{\alpha}(x)$ $\dot{V}(x) \leqslant -kV^{\alpha_1}(x) - bV^{\alpha_2}(x)$ $\dot{V}(x) \leqslant -kV^{\alpha}(x) - bV(x)$	$T_1 = \dfrac{1}{k(1-a)}V^{1-\alpha}(x_0)$ $T_{21} = \dfrac{1}{b(1-\alpha_1)} + \dfrac{V^{1-\alpha_2}(x_0)-1}{k(1-\alpha_2)}, \alpha_2 > 0$ $T_{22} = \dfrac{1}{b(1-\alpha_1)}\ln\left(1+\dfrac{b}{k}V^{1-\alpha_1}(x_0)\right), \alpha_2 = 1$ $T_3 = \dfrac{1}{b(1-\alpha)}\ln\left(1+\dfrac{k}{b}V^{1-\alpha}(x_0)\right)$
实用有限时间稳定	$\dot{V}(x) \leqslant -kV^{\alpha}(x) + \varepsilon$ $\dot{V}(x) \leqslant -kV^{\alpha}(x) - bV(x) + \varepsilon$	$T_4 = \dfrac{V^{1-\alpha}(x_0)}{k\theta(1-\alpha)}, 0 < \theta < 1$ $T_5 = \max\left\{\begin{array}{l}\dfrac{1}{k\theta(1-\alpha)}\ln\left(\dfrac{k\theta V^{1-\alpha}(x_0)+k}{k}\right),\\[2mm]\dfrac{1}{k(1-\alpha)}\ln\left(\dfrac{kV^{1-\alpha}(x_0)+\theta k}{k}\right)\end{array}\right\}$
固定时间稳定	$\dot{V}(x) \leqslant -(\alpha V^p(x) + \beta V^q(x))^k$ $\dot{V}(x) \leqslant -\alpha V^p(x) - \beta V^q(x)$ $\dot{V}(x) \leqslant -\alpha V^{2-\frac{p}{q}}(x) - \beta V^{\frac{p}{q}}(x)$ $\dot{V}(x) \leqslant -\alpha V^{\frac{m}{n}}(x) - \beta V^{\frac{p}{q}}(x)$	$T_6 = \dfrac{1}{\alpha^k(1-pk)} + \dfrac{1}{\beta^k(qk-1)}$ $T_7 = \dfrac{\pi\gamma}{\sqrt{\alpha\beta}}, p = 1-\dfrac{1}{2\gamma}, q = 1+\dfrac{1}{2\gamma}$ $T_8 = \dfrac{q\pi}{2\sqrt{\alpha\beta(q-p)}}$ $T_9 = \dfrac{1}{\alpha}\dfrac{n}{m-n} + \dfrac{1}{\beta}\dfrac{q}{q-p}$

引理 9.1[13] 在时间域 $\left[0, t_f\right)$ 上考虑函数:

$$\mu(t) = \frac{t_f^{n+m}}{(t_f - t)^{n+m}} = \mu_1(t)^{n+m}, \quad \mu_1 = \frac{t_f}{t_f - t} \tag{9.22}$$

其中，m、n 为正整数；$t_f > 0$。如果连续可导函数 $V: \left[0, t_f\right) \to [0, +\infty)$ 满足:

$$\dot{V} \leqslant -2k\mu(t)V(t) + \frac{\mu(t)}{4\lambda}d(t)^2 \tag{9.23}$$

其中，k、λ 是正常数；d 是有界函数，则

$$V(t) \leqslant \zeta(t)^{2k}V(0) + \frac{\|d\|_{[0,t]}^2}{8k\lambda}, \quad \forall t \in \left[0, t_f\right) \tag{9.24}$$

其中，$\|d\|_{[0,t]} := \sup\limits_{\tau \in [0,t]}|d(\tau)|$，$\zeta$ 是满足 $\zeta(0) = 1$ 且 $\zeta(t_f) = 0$ 的单调递减函数，具体表达式如下:

$$\zeta(t) = \exp\left(\left(\frac{t_f}{m+n-1}\right)(1 - \mu_1(t)^{m+n-1})\right) \tag{9.25}$$

证明 求解微分不等式（9.23）:

$$V(t) \leqslant \exp\left(-2k\int_{t_0}^t \mu(\tau)\mathrm{d}\tau\right)V(0) + \frac{1}{4\lambda}\int_0^t \exp\left(2k\left(-\int_\tau^t \mu(s)\mathrm{d}s\right)\right)d(\tau)^2\mu(\tau)\mathrm{d}\tau \tag{9.26}$$

对式（9.26）小于或等号右边的第二项进行计算，可得

$$
\begin{aligned}
&\int_0^t \exp\left(2k\left(-\int_\tau^t \mu(s)\mathrm{d}s\right)\right)d(\tau)^2\mu(t)\mathrm{d}\tau \\
&\leqslant \|d\|_{[0,t]}^2 \int_0^t \exp\left(2k\left(-\int_\tau^t \mu(s)\mathrm{d}s + \int_0^\tau \mu(s)\mathrm{d}s\right)\right)\mu(\tau)\mathrm{d}\tau \\
&= \|d\|_{[0,t]}^2 \exp\left(-2k\int_0^t \mu(s)\mathrm{d}s\right)\int_0^t \exp\left(2k\int_0^\tau \mu(s)\mathrm{d}s\right)\mathrm{d}\left(\int_0^\tau \mu(\tau)\mathrm{d}s\right) \\
&= \|d\|_{[0,t]}^2 \exp\left(-2k\int_0^t \mu(s)\mathrm{d}s\right)\frac{1}{2k}\left(\exp\left(2k\int_0^t \mu(s)\mathrm{d}s\right) - 1\right) \\
&= \|d\|_{[0,t]}^2 \frac{1}{2k}\left(1 - \exp\left(-2k\int_0^t \mu(s)\mathrm{d}s\right)\right) \\
&\leqslant \frac{\|d\|_{[0,t]}^2}{2k}
\end{aligned} \tag{9.27}
$$

因为 $\int_0^t \mu(\tau)\mathrm{d}\tau = \frac{t_f}{m+n-1}\left(\mu_1(t)^{m+n-1} - 1\right)$，则式（9.26）可计算为

$$
\begin{aligned}
V(t) &\leqslant \exp\left(2k\frac{t_f}{m+n-1}(1 - \mu_1(t)^{m+n-1})\right)V(0) + \frac{\|d\|_{[0,t]}^2}{8k\lambda} \\
&\leqslant \zeta(t)^{2k}V(0) + \frac{\|d\|_{[0,t]}^2}{8k\lambda}
\end{aligned} \tag{9.28}
$$

证明完毕。

推论 9.1 对于引理 9.1，若 $d(t) \equiv 0$，则 $\lim\limits_{t \to t_f}V(t) = 0$。（证明略）

9.2　有限时间控制

为了使初学者更清楚地了解有限时间控制器设计思路,本节将针对一个二阶积分线性系统,介绍其有限时间控制器设计和稳定性分析。

针对如下二阶积分线性系统:

$$\begin{cases} \dot{x}_1(t) = x_2(t) \\ \dot{x}_2(t) = u(t) \end{cases} \tag{9.29}$$

其中,$x_1(t) \in \mathbb{R}$ 和 $x_2(t) \in \mathbb{R}$ 表示系统的状态;$u(t) \in \mathbb{R}$ 表示系统输入。

9.2.1　传统有限时间控制

定义如下坐标变换:

$$\begin{cases} z_1 = x_1 \\ z_2 = x_2 - \alpha_1(x_1) \end{cases} \tag{9.30}$$

其中,z_2 称为虚拟误差;α_1 称为虚拟控制器且是系统状态 x_1 的函数。

结合系统(9.29),z_1 和 z_2 的导数可表示为

$$\begin{cases} \dot{z}_1 = x_2 = z_2 + \alpha_1 \\ \dot{z}_2 = u - \dfrac{\partial \alpha_1}{\partial x_1} x_2 \end{cases} \tag{9.31}$$

定义如下形式的 Lyapunov 函数:

$$V = \frac{1}{2}z_1^2 + \frac{1}{2}z_2^2 \tag{9.32}$$

利用式(9.31),式(9.32)的导数可表示为

$$V = z_1\dot{z}_1 + z_2\dot{z}_2 = z_1 z_2 + z_1 \alpha_1 + z_2\left(u - \frac{\partial \alpha_1}{\partial x_1} x_2\right) \tag{9.33}$$

设计控制器如下:

$$\begin{cases} \alpha_1 = -kz_1^{2r-1} \\ u = -z_1 - kz_2^{2r-1} + \dfrac{\partial \alpha_1}{\partial x_1} x_2 \end{cases} \tag{9.34}$$

其中,α_1 为虚拟控制器;u 为实际控制器;$k > 0$ 是设计常数;$0.5 < r < 1$ 且为两个奇数之商(例如,$r = 3/5$)。将控制器表达式代入式(9.33)得

$$\dot{V} = z_1 z_2 + z_1\left(-kz_1^{2r-1}\right) + z_2\left(-z_1 - kz_2^{2r-1} + \frac{\partial \alpha_1}{\partial x_1}x_2 - \frac{\partial \alpha_1}{\partial x_1}x_2\right) \tag{9.35}$$

$$= -k\left(z_1^{2r} + z_2^{2r}\right) \leqslant -2kV^r$$

根据判据 9.1 可知,系统(9.29)在控制器(9.34)作用下是有限时间稳定的。但是,由于实际控制器 u 中包含 $(\partial \alpha_1 / \partial x_1)x_2 = -k(2r-1)z_1^{2r-2} \cdot x_2$,其中 $2r-2 < 0$,所以该项会

出现奇异现象，导致该控制器无法使用，因此，需要寻找一种可以避免该现象发生的控制器设计方法，下面将介绍一种加幂积分有限时间控制器设计方法，该方法可以有效地解决控制器的奇异问题。

9.2.2　加幂积分有限时间控制

选取二次型函数为

$$V_1 = \frac{1}{2} x_1^2 \tag{9.36}$$

结合式（9.29），可得式（9.36）的导数为

$$\dot{V}_1 = x_1 \left(x_2 - \alpha_1 \right) + x_1 \alpha_1 \leqslant x_1 \alpha_1 + \left| x_1 x_2 - x_1 \alpha_1 \right| \tag{9.37}$$

设计虚拟控制器 α_1 为

$$\alpha_1 = - a x_1^{\sigma - 1} \tag{9.38}$$

其中，$a = 2^{2-1/q} / (1+q) + l', l' > 0$；$\sigma = \dfrac{1}{q} + 1$，$q = 1 + \tau$，$\tau = \tau_1 / \tau_2$，$\tau_1$ 为正偶数，τ_2 为正奇数且二者满足 $\tau_1 < \tau_2$。

在虚拟控制器（9.38）作用下，式（9.37）可写为

$$\dot{V}_1 \leqslant - a x_1^d + \left| x_1 x_2 - x_1 \alpha_1 \right| \tag{9.39}$$

选取 Lyapunov 候选函数为

$$V = V_1 + \frac{1}{(2 - 1/q) a^{1+q}} \int_{\alpha_1}^{x_2} \left(s^q - \alpha_1^{\,q} \right)^{2-1/q} \mathrm{d}s \tag{9.40}$$

由参考文献[13]可知，V 是一个可导的正定函数，且其导数为

$$
\begin{aligned}
\dot{V} &= \dot{V}_1 + \frac{1}{(2-1/q) a^{1+q}} \xi^{2-1/q} u + \frac{1}{a} x_2 \int_{\alpha_1}^{x_2} \left(s^q - \alpha_1^{\,q} \right)^{1-1/q} \mathrm{d}s \\
&\leqslant - a x_1^{\sigma} + \left| x_1 x_2 - x_1 \alpha_1 \right| + \frac{1}{(2-1/q) a^{1+q}} \xi^{2-1/q} u + \frac{1}{a} \left| x_2 \right| \xi^{1-1/q} \left| x_2 - \alpha_1 \right| \\
&\leqslant - a x_1^{\sigma} + 2^{1-1/q} \left(x_1^d + \xi^d \right) + \frac{1}{(2-1/q) a^{1+q}} \xi^{2-1/q} u + \frac{1}{a} 2^{2-2/q} \xi^{\sigma} \\
&\quad + 2^{1-1/q} \left(\frac{x_1^{\sigma}}{1+q} + \frac{q \xi^{\sigma}}{1+q} \right)
\end{aligned}
\tag{9.41}
$$

其中，$\xi = x_2^q - \alpha_1^{\,q} = x_2^q + a^q x_1$，以上不等式的放缩用到了下面两个关键不等式[16]：

$$\left| x_1 x_2 - x_1 \alpha_1 \right| \leqslant 2^{1-1/q} \left| \xi \right|^{1/q} \left| x_1 \right| \leqslant 2^{1-1/q} \left(x_1^d + \xi^d \right) \leqslant 2^{1-1/q} \left(\frac{q x_1^d}{1+q} + \frac{\xi^d}{1+q} \right) \tag{9.42}$$

$$\left| \alpha_1 \right| \left| x_2 - \alpha_1 \right| \leqslant \left| x_2 - \alpha_1 \right| \left| x_2 - \alpha_1 \right| + \left| \alpha_1 \right| \left| x_2 - \alpha_1 \right| \leqslant 2^{1-1/q} a \left| \xi \right|^{1/q} \left| x_1 \right|^{1/q} \tag{9.43}$$

设计实际控制器如下：

$$u = -l \left(x_2^q - a^q x_1 \right)^{\frac{1-\tau}{q}} \tag{9.44}$$

其中，$l \geqslant \left(2 - \dfrac{1}{q}\right)a^{1+q}\left(2^{1-1/q} + \dfrac{2^{1-1/q}}{1+q} + \dfrac{2^{2-2q}}{a} + l'\right)$。

结合式（9.44），式（9.41）可简化为

$$
\begin{aligned}
\dot{V} &\leqslant -\left(2^{1-1/q} + l'\right)x_1^\sigma + 2^{1-1/q}\left(x_1^\sigma + \xi^\sigma\right) \\
&\quad - \frac{1}{(2-1/q)a^{1-1/q}}\xi^{2-1/q}l\left(x_2^q + a^q x_1\right)^{\frac{1-\tau}{q}} + \frac{1}{a}2^{2-2/q}\xi^\sigma \\
&\leqslant -l'x_1^\sigma + 2^{1-1/q}\xi^\sigma - \frac{l}{(2-1/q)a^{1+1/q}}\xi^{\frac{q+1}{q}}\frac{2^{2-2/q}}{a}\xi^\sigma \\
&\leqslant -l'x_1^\sigma + 2^{1-1/q}\xi^\sigma - \left(2^{1-1/q} + \frac{2^{2-2/q}}{a} + l'\right)\xi^\sigma + \frac{1}{q}2^{2-2/q}\xi^\sigma \\
&\leqslant -l'x_1^\sigma - l'\xi^\sigma
\end{aligned}
\tag{9.45}
$$

因为

$$
\begin{aligned}
V &\leqslant \frac{1}{2}x_1^2 + \frac{2^{1-1/q}}{(2-1/q)a^{1+q}}\left|x_2 - \alpha_1\right|\left|\xi\right|^{2-1/q} \\
&\leqslant \frac{1}{2}x_1^2 + \frac{2^{1-1/q}}{(2-1/q)a^{1+q}}\left|\xi\right|^{1/q}\left|\xi\right|^{2-1/q} \\
&\leqslant \frac{1}{2}x_1^2 + \frac{2^{1-1/q}}{(2-1/q)a^{1+q}}\xi^2 \\
&\leqslant \lambda x_1^2 + \lambda\xi^2
\end{aligned}
\tag{9.46}
$$

其中，$\lambda = \max\left\{1/2, 2^{1-1/q}\big/\left[(2-1/q)a^{1+q}\right]\right\}$，令 $\alpha = l'/(2\lambda^\eta)$，$\eta = \sigma/2$，$0 < \eta < 1$，则

$$
\begin{aligned}
\dot{V} + \alpha V^\eta &= -l'x_1^\sigma - l'\xi^\sigma + \frac{l'}{2\lambda^\eta}\left(\lambda x_1^2 + \lambda\xi^2\right)^\eta \\
&\leqslant -l'x_1^\sigma - l'\xi^\sigma + \frac{l'}{2\lambda^\eta}\left(\lambda^\eta x_1^{2\eta} + \lambda^\eta\xi^{2\eta}\right) \\
&= -l'x_1^\sigma/2 - l'\xi^\sigma/2 \\
&\leqslant 0
\end{aligned}
\tag{9.47}
$$

根据判据 9.1 可知，系统（9.29）在控制器（9.44）的作用下是有限时间稳定的。且从控制器（9.38）和（9.44）的结构可知，该控制器不存在奇异现象。但是，加幂积分有限时间控制算法设计过程复杂，且系统中的未知参数或者过高的阶数都会给该方法的实现带来麻烦，因此，寻找一种简便的易于实现的普适性有限时间算法是未来的一个研究方向。

9.3 预设时间控制

为了让初学者更快、更准确地理解预设时间控制的基本思想，接下来，首先针对一阶线性积分系统的预设时间控制问题展开介绍，然后研究高阶非线性系统的预设时间控制问题。

9.3.1　一阶线性积分器的预设时间控制

针对如下一阶积分线性系统：

$$\dot{x}(t) = u(t) \tag{9.48}$$

其中，$x(t) \in \mathbb{R}$ 表示系统状态；$u(t) \in \mathbb{R}$ 表示控制输入。为便于描述，在控制器设计之前给出如表 9.2 所示的预设时间控制。

表 9.2　一阶积分器的预设时间控制（$k \geqslant 0$，$b > 1$，$\alpha > 0$，$\beta > 0$，$t \in \left[0, t_f\right)$，$C_i$ 是积分常数）

方案	$K_i(t)$	$S_i(x)$	$u(t)$	$x(t)$ 与 $\dot{x}(t)$
1	0	$\dfrac{e^{\alpha x} - e^{-\beta x}}{\alpha e^{\alpha x} + \beta e^{-\beta x}}$	$u = \dfrac{-m}{t_f - t}\dfrac{e^{\alpha x} - e^{-\beta x}}{\alpha e^{\alpha x} + \beta e^{-\beta x}}$	$x = \dfrac{1}{\alpha} \ln\left(C_1(t_f - t)^m + e^{-\beta x}\right)$ $\dot{x} = \dfrac{-m}{t_f - t}\dfrac{e^{\alpha x} - e^{-\beta x}}{\alpha e^{\alpha x} + \beta e^{-\beta x}}$
2	0	$\dfrac{1 - e^{-\alpha x}}{\alpha}$	$u = \dfrac{-m(1 - e^{-\alpha x})}{\alpha(t_f - t)}$	$x = \dfrac{1}{\alpha} \ln\left(C_2(t_f - t)^m + 1\right)$ $\dot{x} = \dfrac{-mC_2(t_f - t)^{m-1}}{\alpha\left(C_2(t_f - t)^m + 1\right)}$
3	0	$\dfrac{e^{\beta x} - 1}{\beta}$	$u = \dfrac{-m(e^{\beta x} - 1)}{\beta(t_f - t)}$	$x = -\dfrac{1}{\beta} \ln\left(1 - C_3(t_f - t)^m\right)$ $\dot{x} = \dfrac{mC_3(t_f - t)^{m-1}}{\beta\left(C_3(t_f - t)^m - 1\right)}$
4	0	$\dfrac{e^{\alpha x} - e^{-\alpha x}}{\alpha}$	$u = \dfrac{-m(e^{\alpha x} - e^{-\alpha x})}{\alpha(t_f - t)}$	$x = \dfrac{1}{\alpha} \ln\left(\dfrac{1 + C_4(t_f - t)^{2m}}{1 - C_4(t_f - t)^{2m}}\right)$ $\dot{x} = \dfrac{-2m}{\alpha}\left(\dfrac{C_4(t_f - t)^{2m-1}}{1 + C_4(t_f - t)^{2m}} + \dfrac{C_4(t_f - t)^{2m-1}}{1 - C_4(t_f - t)^{2m}}\right)$
5	k	x	$u = -\dfrac{mx}{t_f - t} - kx$	$x = C_5(t_f - t)^m e^{-kt}$ $\dot{x} = -C_5(t_f - t)^{m-1} e^{-kt}\left(k(t_f - t) + m\right)$
6	$(t_f - t)^{b-1}$	x	$u = -\dfrac{mx}{t_f - t} - (t_f - t)^{b-1} x$	$x = C_6(t_f - t)^m e^{(t_f - t)^b / b}$ $\dot{x} = -C_6(t_f - t)^{m-1} e^{(t_f - t)^b / b}\left(m + (t_f - t)^b\right)$
7	$k\left(\dfrac{t_f}{t_f - t}\right)^m$	x	$u = -\dfrac{mx}{t_f - t} - kx\left(\dfrac{t_f}{t_f - t}\right)^m$	$x = \displaystyle\int_0^t \dot{x}(\tau)\,\mathrm{d}\tau$ $\dot{x} = -\dfrac{mx}{t_f - t}x - k\left(\dfrac{t_f}{t_f - t}\right)^m x$

注：$C_1 = \dfrac{e^{\alpha x(0)} - e^{-\beta x(0)}}{t_f^m}$，$C_2 = \dfrac{e^{\alpha x(0)} - 1}{t_f^m}$，$C_3 = \dfrac{1 - e^{-\beta x(0)}}{t_f^m}$，$C_4 = \dfrac{e^{\alpha x(0)} - 1}{t_f^{2m}(1 + e^{\alpha x(0)})}$，$C_5 = \dfrac{x(0)}{t_f^m}$，$C_6 = \dfrac{x(0)}{t_f^m e^{t_f^b / b}}$，$e^{\cdot}$ 代表以常数 e 为底的指数函数，即 e = exp。

定理 9.1 针对系统（9.48），设计如下形式的控制器：

$$u(t) = \begin{cases} -\dfrac{m}{t_f - t} S_i(x) - K_i(t)x, & t \in [0, t_f) \\ 0, & \text{其他} \end{cases} \qquad (9.49)$$

其中，$m \in \mathbb{R} > 1$ 是一个常数，$S_i(x)(i=1,2,\cdots)$ 是一个单调递增的可导函数（即 $\partial S_i(x) / \partial x > 0$）且满足：$S_i(0) = 0$ 和 $x S_i(x) \geqslant 0$；$K_i(t)(i=1,2,\cdots)$ 是一个关于时间 t 的恒正函数。如果满足以下其中一个条件：

（1）$S_i(x)$ 和 $K_i(t)$ 同时满足表 9.2 给出的七种方案的任意一种方案；

（2）$S_i(x)$ 满足 $S_i(0) = 0$ 和 $x S_i(x) \geqslant 0$；$K_i(t)$ 满足 $K_i(t) = \dfrac{q_1}{t_f - t}, q_1 > 1$；

则当 $t \to t_f$ 时，系统状态 $x(t)$ 和控制信号 $u(t)$ 趋于 0，并在 $t \geqslant t_f$ 时保持为 0。

证明 （1）首先证明在表 9.2 给出的几种方案下，$x(t)$ 和 $u(t)$ 在 $t \in [0, t_f)$ 上保持有界，然后证明当 $t \to t_f$ 时，$x(t)$ 和 $u(t)$ 趋于 0。

选择 Lyapunov 候选函数为 $V = x^2$，根据式（9.48）和式（9.49），可知 Lyapunov 候选函数的导数为

$$\dot{V} = -\frac{2mx S_i(x)}{t_f - t} - 2K_i(t)x^2 \leqslant 0, \quad t \in [0, t_f) \qquad (9.50)$$

因此 $V(t) \leqslant V(0)$，V 和 $|x|$ 在 $t \in [0, t_f)$ 上保持有界。

针对方案 1，系统（9.48）在控制器（9.49）的作用下，$\dot{x} = \dfrac{-m}{t_f - t} \dfrac{\exp(\alpha x) - \exp(-\beta x)}{\alpha \exp(\alpha x) + \beta \exp(-\beta x)}$，则相应的 $x(t)$ 如下：

$$x(t) = \frac{1}{\alpha} \ln\left(C_1(t_f - t)^m + \exp(-\beta x)\right), \quad \alpha > 0, \quad \beta > 0 \qquad (9.51)$$

对式（9.51）进行简单运算，可得

$$x(t_f) = -\frac{\beta}{\alpha} x(t_f) \Rightarrow x(t_f) = 0 \qquad (9.52)$$

对式（9.51）求导，可得

$$\dot{x}(t) = \frac{1}{\alpha} \frac{-mC_1(t_f - t)^{m-1} - \beta \exp(-\beta x)\dot{x}}{C_1(t_f - t)^m + \exp(-\beta x)} \qquad (9.53)$$

对式（9.53）进行简单运算可得

$$\dot{x}(t_f) = -\frac{\beta}{\alpha} \dot{x}(t_f) \Rightarrow \dot{x}(t_f) = 0 \qquad (9.54)$$

因为 $\dot{x}(t) = u(t)$，当 $t \to t_f$ 时，$u(t_f) = 0$。此外，由控制器表达式（9.49）可知，当 $t \in [t_f, +\infty)$ 时，$u(t_f) = 0$；因此 $x(t) = 0$ 在 $[t_f, +\infty)$ 上恒成立。

针对方案 2～方案 6，系统（9.48）在控制器（9.49）作用下，相应的 $x(t)$ 表达式已在表 9.2 中给出，从其表达式可得 $x(t_f)=0$，$\dot{x}(t_f)=0$，从而 $u(t_f)=0$。另外，由式（9.49）可知，当 $t\in\left[t_f,+\infty\right)$ 时，$u(t)=0$；因此 $x(t)=0$ 在 $\left[t_f,+\infty\right)$ 上恒成立。

针对方案 7，定义 $u(t)=(t_f/(t_f-t))^m$，（$u(t)$ 在 $\left[0,t_f\right)$ 上为 m 阶可导的函数），则当 $t\in\left[0,t_f\right)$ 时，方案 7 中的控制器可写为

$$u=-\dot{\mu}\mu^{-1}x-k\mu x \tag{9.55}$$

为了证明当 $t\to t_f$ 时，$x(t)\to 0$ 且 $u(t)\to 0$，则 Lyapunov 候选函数选为

$$V=\frac{1}{2}(\mu x)^2 \tag{9.56}$$

根据式（9.48），Lyapunov 函数的导数可表示为

$$\dot{V}=\mu x(\dot{\mu}x+\mu\dot{x})=\mu x(\dot{\mu}x+\mu u) \tag{9.57}$$

将定义在式（9.55）的控制信号代入式（9.57），可得

$$\dot{V}=\mu x(\dot{\mu}x+\mu\dot{x})=-k\mu^3x^2=-k\mu V \tag{9.58}$$

根据推论 9.1 可知 $\lim_{t\to t_f}V(t)=0$，且有 $\lim_{t\to t_f}x(t)=\lim_{t\to t_f}\mu^{-1}\sqrt{2V(t)}$；所以当 $t\to t_f$ 时，x 将衰减为 0。需要注意的是，此时控制输入为

$$u(t)=-\frac{mx}{t_f-t}-k\left(\frac{t_f}{t_f-t}\right)^m x \tag{9.59}$$

显然，当 $t\to t_f$ 时，$u(t)$ 会变为 0/0 的形式。此时，针对 $u(t)$ 中的两项分别进行计算，可得

$$\begin{cases}\lim_{t\to t_f}\left|\left(\frac{t_f}{t_f-t}\right)^m x\right|=\lim_{t\to t_f}|\mu x|=\lim_{t\to t_f}\sqrt{2V}=0 \\ \lim_{t\to t_f}|x|=\lim_{t\to t_f}\mu^{-1}\sqrt{2V}=\lim_{t\to t_f}\left(\frac{t_f-t}{t_f}\right)^m\sqrt{2V}=0 \\ \lim_{t\to t_f}\dot{\mu}\mu^{-1}x=\lim_{t\to t_f}\frac{mx}{t_f-t}=\lim_{t\to t_f}\frac{m(t_f-t)^{m-1}}{t_f^m}\mu x=0\end{cases} \tag{9.60}$$

则 $\lim_{t\to t_f}u(t)=-\lim_{t\to t_f}(\dot{\mu}\mu^{-1}x+k\mu x)=0$。此外，由式（9.49）可知，当 $t\in\left[t_f,+\infty\right)$ 时，$u(t)=0$；因此 $x(t)=0$ 在 $\left[t_f,+\infty\right)$ 上恒成立。

综上，在方案 1～方案 7 下，所有信号 (x,u) 在 $\left[0,t_f\right)$ 上有界，且当 $t\to t_f$ 时，系统状态 $x(t)$ 和控制信号 $u(t)$ 趋于 0，并在 $\left[t_f,\infty\right)$ 上保持为 0。

（2）当选择的 $K_i(t)$ 满足 $K_i(t)=\frac{q_1}{t_f-t}$ 且 $q_1>1$ 时，Lyapunov 候选函数选取为

$$V = \frac{x_2}{2(t_f - t)}, \quad t \in \left[0, t_f\right) \tag{9.61}$$

由式（9.48），Lyapunov 函数的导数可表示为

$$\dot{V} = -\frac{mxS_i(x)}{(t_f - t)^2} - \frac{2K_i(t)x^2(t_f - t) - x^2}{2(t_f - t)^2} \leqslant 0 \tag{9.62}$$

因此，$V(t) \leqslant V(0) = x(0)^2 / t_f$ 在 $\left[0, t_f\right)$ 上恒成立，从而 x 在 $t \in \left[0, t_f\right)$ 上保持有界。此外，通过计算可得

$$|x(t)| \leqslant x(0)\sqrt{2(t_f - t) / t_f} \tag{9.63}$$

式（9.63）表明：当 $t \to t_f$ 时，$|x(t)|$ 单调衰减为 0。用洛必达法则可证明 $\lim\limits_{t \to t_f} u(t) = 0$，根据预设时间控制器表达式（9.49），有

$$\lim_{t \to t_f} = \left(-\frac{mS_i(x)}{t_f - t} - \frac{q_1 x}{t_f - t}\right) = \lim_{t \to t_f} \left(\frac{m\partial S_i(x)}{\partial x}\dot{x} + q_1\dot{x}\right) \tag{9.64}$$

因为 $\dot{x} = u$，所以通过移项可得

$$\lim_{t \to t_f}\left(\frac{m\partial S_i(x)}{\partial x} + q_1 - 1\right)u(t) = 0 \tag{9.65}$$

由于 $\partial S_i(x) / \partial x > 0$，$q_1 > 0$，则 $\lim\limits_{t \to t_f} u(t) = 0$ 成立。另外，由式（9.49）可知，当 $t \in \left[t_f, +\infty\right)$ 时，$u(t) = 0$；因此 $x(t) = 0$ 在 $\left[t_f, +\infty\right)$ 上恒成立。证明完毕。

9.3.2　基于模型的高阶系统预设时间控制

在介绍系统模型之前，引入以下两个定义。

定义 9.1（有限时间-输入状态稳定）　考虑包含未知动态以及未知有界干扰的动力学系统：

$$\dot{x} = f(x, t, d) \tag{9.66}$$

其中，x 是系统状态；d 是系统不确定性和外界干扰；x、d 是任意合适维数的向量；f 是关于 x、t、d 的不确定有界函数。若存在有限时间 K 类函数 β 和一个 K 类函数 γ，使得对于 $t \in \left[0, t_f\right)$，以下不等式

$$|x(t)| \leqslant \beta\left(|x_0|, \mu_1(t) - 1\right) + \gamma\left(\|d\|_{[0, t]}\right) \tag{9.67}$$

成立，则称系统是有限时间输入状态稳定的（μ_1 定义于式（9.22））。

定义 9.2（有限时间-输入状态稳定且收敛）　考虑包含未知动态以及未知有界干扰的动力学系统（9.66），若存在有限时间 KL 类函数 β 和 β_f 以及 K 类函数 γ，使得对于 $t \in \left[0, t_f\right)$，以下不等式

$$|x(t)| \leqslant \beta_f\left(\beta\left(|x_0|,\ t\right) + \gamma\left(\|d\|_{[0,t]}\right),\ \mu_1(t)-1\right) \tag{9.68}$$

成立，则称系统是有限时间输入状态稳定的并收敛到 0。

接下来，考虑如下 n 阶积分型非线性系统：

$$\begin{cases} \dot{x}_i = x_{i+1}, & i=1,2,\cdots,n-1 \\ \dot{x}_n = f(x,t) + b(x,t)u \end{cases} \tag{9.69}$$

其中，$x=[x_1,\cdots,x_n] \in \mathbb{R}^n$ 是系统状态；$u \in \mathbb{R}$ 是控制输入；$b(x,t)$ 是控制增益；$f(x,t)$ 是系统中存在的匹配扰动；$b(x,t)$ 和 $f(x,t)$ 均是已知函数，且 $b(x,t)$ 恒为正，$f(x,t)$ 光滑有界。

本节控制目标：针对非线性系统（9.69），设计鲁棒控制器使得：①闭环系统所有信号最终一致有界；②系统状态在预先设定的时刻收敛到 0。

为实现高阶系统（9.69）的预设时间镇定，需引入如下尺度函数：

$$\begin{cases} \omega_1(t) = \mu(t-t_0)x_1(t) \\ \omega_j(t) = \mathrm{d}\omega_{j-1}(t)/\mathrm{d}t, & j=2,3,\cdots,n+1 \end{cases} \tag{9.70}$$

记 $\omega_{n+1}=\dot{\omega}_n$ 和 $x_{n+1}=\dot{x}_n$。为便于分析，引入以下两个引理。

引理 9.2　尺度变换 $x(t) \mapsto \omega(t)$ 可由式（9.71）给出：

$$\omega = \mu_1^{m+1}P(\mu_1)x \tag{9.71}$$

其中，$\omega=[\omega_1,\cdots,\omega_n]^{\mathrm{T}}$，$x=[x_1,\cdots,x_n]^{\mathrm{T}}$，矩阵 $P(\mu_1) \in \mathbb{R}^{n\times n}$ 是下三角函数矩阵：

$$P(\mu_1) = \begin{bmatrix} \mu_1^{n+1} & 0 & \cdots & 0 \\ \dfrac{n+m}{t_f}\mu_1^n & \mu_1^{n+1} & \cdots & 0 \\ \vdots & \vdots & & \vdots \\ \dfrac{(2n+m-2)!}{t_f^{n-1}(n+m-1)!}\mu_1^n & \dfrac{(n-1)\cdot(2n+m-2)!}{t_f^{n-2}(n-m+1)!} & \cdots & \mu_1^{n+1} \end{bmatrix} \tag{9.72}$$

且各个元素为

$$p_{ij}(\mu_1) = \overline{p}_{ij}\mu_1^{n+i-j-1}, \qquad 1\leqslant j \leqslant i \leqslant n$$
$$\overline{p}_{ij} = \binom{i-1}{i-j}\dfrac{(n+m+i-j-1)!}{t_f^{i-j}(n+m-1)!}, \qquad \binom{i}{j}=\dfrac{i!}{j!(i-j)!} \tag{9.73}$$

证明　由式（9.70）可知

$$\omega_1 := \mu x_1 \tag{9.74}$$

$$\omega_2 = \mathrm{d}\omega_1/\mathrm{d}t = \mu^{(1)}x_1 + \mu x_1^{(1)} = \sum_{k=0}^{1}\binom{i}{k}\mu^{(k)}x_1^{(i-k)} \tag{9.75}$$

$$\omega_3 = \mathrm{d}\omega_2/\mathrm{d}t = (\mu x_1)^{(2)} + \mu^{(2)}x_1 + 2\mu^{(1)}x_1^{(1)} + \mu x_1^{(2)} = \sum_{k=0}^{2}\binom{i}{k}\mu^{(k)}x_1^{(i-k)} \tag{9.76}$$

观察式（9.74）～式（9.76）可知 $\omega_1 = \sum_{k=0}^{i-1}\binom{i-1}{k}\mu^{(k)}x_1^{(i-k)}$ ，其导数为

$$\omega_{i+1} = d\left(\sum_{k=0}^{i-1}\binom{i-1}{k}\mu^{(k)}x_1^{(i-k)}\right)\bigg/dt = \sum_{k=0}^{i-1}\binom{i-1}{k}d\left(\mu^{(k)}x_1^{(i-k)}\right)\bigg/dt$$

$$= \sum_{k=0}^{i-1}\binom{i-1}{k}\left(\mu^{(k+1)}x_1^{(i-k)} + \mu^{(k)}x_1^{(i-k+1)}\right)$$

$$= \mu x_1^{(i)} + \sum_{k=0}^{i}\left(\binom{i-1}{k}+\binom{i-1}{k+1}\right)\left(\mu^{(i-k)}x_1^{(k)}\right) + \mu^{(i)}x_1 \tag{9.77}$$

$$= \sum_{k=0}^{i}\binom{i}{k}\mu^{(i-k)}x_1^{(k)}$$

由数学归纳法，可知 $\omega_i = \sum_{k=0}^{i-1}\binom{i-1}{k}\mu^{(k)}x_1^{(i-k)} = \sum_{k=0}^{i-1}\binom{i-1}{k}\mu^{(k)}x_{i-k}, i=1,2,\cdots,n$ ，即

$$\omega = \begin{bmatrix} \omega_1 \\ \omega_2 \\ \omega_3 \\ \vdots \\ \omega_n \end{bmatrix} = \begin{bmatrix} \mu & 0 & 0 & \cdots & 0 \\ \binom{1}{0}\mu^{(1)} & \binom{1}{1}\mu & 0 & \cdots & 0 \\ \binom{2}{0}\mu^{(2)} & \binom{2}{1}\mu^{(1)} & \binom{2}{2}\mu & \cdots & 0 \\ \vdots & \vdots & \vdots & & \vdots \\ \binom{n-1}{0}\mu^{(n-1)} & \binom{n-1}{1}\mu^{(n-2)} & \binom{n-1}{2}\mu^{(n-3)} & \cdots & \binom{n-1}{n-1}\mu \end{bmatrix}\begin{bmatrix} x_1 \\ x_2 \\ x_3 \\ \vdots \\ x_n \end{bmatrix}$$

$$\tag{9.78}$$

令 $j = i-k(j=1,2,\cdots,i)$ ，则

$$\omega_i = \sum_{j=1}^{i}\binom{i-1}{j-1}\mu^{(i-j)}x_j, \quad i=1,2,\cdots,n \tag{9.79}$$

将 $\mu^{(k)} = \dfrac{(n+m+k-1)!}{t_f^k(n+m-1)!}\mu_1^{n+m+k}(k=1,2,\cdots,n)$ 代入式（9.78），有

$$\omega_i = \sum_{j=1}^{i}\binom{i-1}{j-1}\mu^{(i-j)}x_j$$

$$= \sum_{j=1}^{i}\left(\binom{i-1}{j-1}\frac{(n+m+i-j-1)!}{t_f^k(n+m-1)!}\mu_1^{n+m+i-j}\right)x_j \tag{9.80}$$

$$= \mu_1^{n+m}\sum_{j=1}^{i}\left(\binom{i-1}{j-1}\frac{(n+m+i-j-1)!}{t_f^k(n+m-1)!}\mu_1^{i-j}\right)x_j$$

故 $\omega = [\omega_1 \quad \omega_2 \quad \cdots \quad \omega_n]^{\mathrm{T}} = \mu_1^{m+1}P(\mu_1)x$ ，其中 $P(\mu_1)$ 是下三角矩阵，且每个元素 $\{p_{ij}\}$ 满足：

$$p_{ij}(\mu_1) = \overline{p}_{ij}\mu_1^{n+i-j-1}, \quad 1 \leqslant j \leqslant i \leqslant n \tag{9.81}$$

$$\overline{p}_{ij}(\mu_1) = \binom{i-1}{i-j}\frac{(n+m+i-j-1)!}{t_f^{i-j}(n+m-1)!} \tag{9.82}$$

证明完毕。

引理 9.3　$x(t) \mapsto \omega(t)$ 的逆变换 $\omega(t) \mapsto x(t)$ 可表示为

$$x(t) = \upsilon^{m+1}Q(\upsilon)\omega \tag{9.83}$$

其中，$\upsilon(t) = \mu_1(t)^{-1} = 1 - \dfrac{t}{t_f}$，逆矩阵 $Q(\upsilon)$ 为下三角矩阵且定义为

$$Q(\upsilon) := P(\mu)^{-1} \tag{9.84}$$

其所有元素 $\{q_{ij}\}$ 为

$$q_{ij}(\upsilon) = \overline{q}_{ij}\upsilon^{n+j-i-1}, \quad 1 \leqslant j \leqslant i \leqslant n$$
$$\overline{q}_{ij} = \binom{i-1}{i-j}\frac{(-1)^{i-j}(n+m)!}{t_f^{i-j}(n+m+j-i)!} \tag{9.85}$$

证明　因为 $x_1 = \dfrac{1}{\mu_1}\omega_1$，根据莱布尼茨求导法则（即两个乘积函数的求导法则），有

$$x_{i+1} = x_1^{(i)} = \left(\frac{1}{\mu}w_1\right)^{(i)} = \sum_{k=0}^{i}\binom{i}{k}\left(\frac{1}{\mu}\right)^{(k)}\omega_1^{(i-k)}$$
$$= \sum_{k=0}^{i}\binom{i}{k}\left(\frac{1}{\mu}\right)^{(k)}\omega_{i+1-k}, \quad i = 0,1,\cdots,n \tag{9.86}$$

对 $\dfrac{1}{\mu}$ 求 k 阶导，有

$$\left(\frac{1}{\mu}\right)^{(k)} = \frac{(-1)^k(n+m)!}{t_f^k(n+m-k)!}\upsilon^{n+m-k} \tag{9.87}$$

将其代入式（9.86），可得

$$x_{i+1} = \upsilon^{n+m}\sum_{k=0}^{i}\binom{i}{k}\frac{(-1)^k(n+m)!}{t_f^k(n+m-k)!}\upsilon^{-k}\omega_{i+1-k}, \quad i = 0,1,\cdots,n \tag{9.88}$$

则 x_i 可写成如下形式：

$$x_i = \upsilon^{n+m}\sum_{k=0}^{i-1}\binom{i-1}{k}\frac{(-1)^{-k}(n+m)!}{t_f^k(n+m-k)!}\upsilon^{-k}\omega_{i-k} \tag{9.89}$$

令 $j := i-k$ 且 $j = 1,2,\cdots,i$，则式（9.88）可写为

$$x_i = \upsilon^{n+m}\sum_{j=1}^{i}\binom{i-1}{i-j}\frac{(-1)^{i-j}(n+m)!}{t_f^{i-j}(n+m+j-i)!}\upsilon^{j-i}\omega_j \tag{9.90}$$

通过观察可得出 $\{q_{ij}\}$ 的表达式。由 $\upsilon\in(0,1]$，$|Q(v)|$ 是连续有界的，可得 $\bar{q}_{ij}$ 有界。证明完毕。

引理 9.4[16]　对于 $x_j\in\mathbb{R}(i=1,2,\cdots,n)$ 和 $0<h\leqslant1$，$\left(\sum_{i=1}^{n}|x_i|\right)^h\leqslant\sum_{i=1}^{n}|x_i|^h\leqslant n^{1-h}\left(\sum_{i=1}^{n}|x_i|\right)^h$ 成立。

接下来，针对高阶系统（9.69），利用以上引理提出以下定理。

定理 9.2　当系统控制增益和扰动完全已知时，针对系统（9.69），设计如下形式的控制器：

$$u=-\frac{1}{b}(f+L_0+L_1+kz)\tag{9.91}$$

其中，$L_0=\sum_{k=1}^{n}\binom{n}{k}\frac{\mu^{(k)}}{\mu}x_{n+1-k}$，$L_1=\upsilon^{n+m}K_{n-1}^{\mathrm{T}}J_2\omega$，则在预设时间 t_f 内，系统存在全局有限时间稳定平衡点，并存在常数 $\tilde{M}>0$ 和 $\tilde{\delta}>0$，使得对于任意 $t\in[0,t_f)$，有

$$|x(t)|\leqslant\upsilon(t)^{m+1}\tilde{M}\exp(-\tilde{\delta}(t))|x(0)|\tag{9.92}$$

成立。此外，控制输入 u 在 $t\in[0,t_f)$ 内保持一致有界。若 $f(x,t)$ 在 $x=0$ 处消失，即 $f(0,t)=0$，则 $t\to t_f$ 时，$u(t)$ 收敛为 0。

证明　首先引入如下变换：

$$\begin{cases}r_1=[\omega_1 & \omega_2 & \cdots & \omega_{n-1}]^{\mathrm{T}}=J_1\omega\in\mathbb{R}^{n-1}\\r_2=[\omega_2 & \omega_3 & \cdots & \omega_n]^{\mathrm{T}}=J_2\omega\in\mathbb{R}^{n-1}\end{cases}\tag{9.93}$$

其中，$\omega=[\omega_1,\omega_2,\cdots,\omega_n]^{\mathrm{T}}\in\mathbb{R}^n$；

$$J_1=\begin{bmatrix}1 & \cdots & 0 & 0\\\vdots & & \vdots & \vdots\\0 & \cdots & 1 & 0\end{bmatrix}\in\mathbb{R}^{(n-1)\times n}\tag{9.94}$$

$$J_2=\begin{bmatrix}0 & 1 & \cdots & 0\\\vdots & \vdots & & \vdots\\0 & 0 & \cdots & 1\end{bmatrix}\in\mathbb{R}^{(n-1)\times n}\tag{9.95}$$

并定义如下变量：

$$K_{n-1}=[k_1 & k_2 & \cdots & k_{n-1}]^{\mathrm{T}}\tag{9.96}$$

$$\Lambda=\begin{bmatrix}0 & 1 & \cdots & 0\\\vdots & \vdots & & \vdots\\0 & 0 & \cdots & 1\\-k_1 & -k_2 & \cdots & -k_{n-1}\end{bmatrix}\in\mathbb{R}^{(n-1)\times(n-1)}\tag{9.97}$$

$$z=\omega_n+k_1\omega_1+k_2\omega_2+\cdots+k_{n-1}\omega_{n-1}\tag{9.98}$$

其中，K_{n-1} 为设计参数，且满足 $s^{n-1}+k_{n-1}s^{n-2}+\cdots+k_1$ 是 Hurwitz 多项式且矩阵 Λ 是 Hurwitz 矩阵。

根据式（9.93），r_1 的导数可表示为

$$\dot{r} = [\omega_2 \quad \omega_3 \quad \cdots \quad \omega_n] = \Lambda r_1 + e_{n-1} z \tag{9.99}$$

其中，$e_{n-1} = [0 \quad \cdots \quad 0 \quad 1]^T$。根据滤波变量 z 的定义，其导数可表示为

$$\dot{z} = \dot{\omega}_n + k_1\dot{\omega}_1 + k_2\dot{\omega}_2 + \cdots + k_{n-1}\dot{\omega}_{n-1} = \dot{\omega}_n + K_{n-1}^T J_2 \omega \tag{9.100}$$

因为

$$\dot{\omega}_n = \omega_{n+1} = \sum_{k=0}^{n} \binom{n}{k} \mu^{(k)} x_{n+1-k} = \mu x_{n+1} + \sum_{k=1}^{n} \binom{n}{k} \mu^{(k)} x_{n+1-k} = \mu \dot{x}_n + \sum_{k=1}^{n} \binom{n}{k} \mu^{(k)} x_{n+1-k} \tag{9.101}$$

且 $\dot{x}_n = x_{n+1}$，则式（9.100）可进一步写为

$$
\begin{aligned}
\dot{z} &= \dot{\omega}_n + K_{n-1}^T J_2 \omega = \mu x_{n+1} + \sum_{k=1}^{n} \binom{n}{k} \mu^{(k)} x_{n+1-k} + K_{n-1}^T J_2 \omega \\
&= \mu x_{n+1} + \mu \sum_{k=1}^{n} \binom{n}{k} \frac{\mu^{(k)}}{\mu} x_{n+1-k} + \mu \cdot \upsilon^{n+m} K_{n-1}^T J_2 \omega \\
&= \mu \left(\dot{x}_n + \sum_{k=1}^{n} \binom{n}{k} \frac{\mu^{(k)}}{\mu} x_{n+1-k} + \upsilon^{n+m} K_{n-1}^T J_2 \omega \right) \\
&= \mu(\dot{x}_n + L_0 + L_1)
\end{aligned}
\tag{9.102}
$$

其中

$$L_0 = \sum_{k=1}^{n} \binom{n}{k} \frac{\mu^{(k)}}{\mu} x_{n+1-k}, \quad L_1 = \upsilon^{n+m} K_{n-1}^T J_2 \omega \tag{9.103}$$

是可计算函数。

将控制器（9.91）式代入式（9.102）中，可得

$$\dot{z} = -k\mu z \tag{9.104}$$

根据推论 9.1，有

$$|z(t)| \leqslant \varsigma(t)^k |z_0|, \quad \forall t \in \left[0, t_f\right) \tag{9.105}$$

同时，式（9.104）是关于 z 输入状态稳定（input-to-state-stability，ISS）的线性系统，意味着存在正的常数 M_1、δ_1、γ_1 使得

$$|r_1(t)| \leqslant M_1 \exp(-\delta_1(t)) |r_1(0)| + \gamma \|z\|_{[0,t]}, \quad \forall t \in \left[0, t_f\right) \tag{9.106}$$

接下来，定义如下变量

$$\overline{\omega}(t) = \begin{bmatrix} r_1 \\ z \end{bmatrix} = \begin{bmatrix} \omega_1 \\ \omega_2 \\ \vdots \\ \omega_{n-1} \\ z \end{bmatrix} \tag{9.107}$$

则根据式（9.105）～式（9.107）和引理 9.4，可得

$$|\bar{\omega}| = \sqrt{|r_1(t)|^2 + |z(t)|^2} \leqslant |r_1(t)| + |z(t)|$$

$$\leqslant M_1 \exp(-\delta_1(t))|r_1(0)| + \gamma_1 \|z\|_{[0,t]} + \exp\left(\frac{kt_f}{m+n-1}(1-\mu_1(t)^{m+n-1})\right)|z_0|$$

$$\leqslant M_1 \exp(-\delta_1(t))|r_1(0)| + \gamma_1|z_0|$$

$$\qquad + \exp\left(\frac{kt_f}{m+n-1}\right) \cdot \exp\left(\frac{kt_f}{m+n-1}(-\mu_1(t)^{m+n-1})\right)|z_0|$$

$$\leqslant M_1 \exp(-\delta_1(t))|r_1(0)| + \left(\gamma_1 + \exp\left(\frac{kt_f}{m+n-1}\right) \cdot \exp(-\delta_2(t))\right)|z_0| \qquad (9.108)$$

$$\leqslant M_1 \exp(-\delta_1(t))|r_1(0)| + \left(\gamma_1\exp(\delta_2 t_f) + \exp\left(\frac{kt_f}{m+n-1}\right)\right)\exp(-\delta_2(t))|z_0|$$

$$\leqslant \bar{M}_1 \exp(-\bar{\delta}(t))\left(|r_1(0)| + |z_0|\right)$$

$$\leqslant \bar{M} \exp(-\bar{\delta}(t))\left(|\bar{\omega}(0)|\right)$$

其中，$\bar{M} = \max\left\{M_1, \gamma_1\exp(\delta_2 t_f) + \exp\left(\dfrac{kt_f}{m+n-1}\right)\right\}$，$\bar{\delta} = \min\{\delta_1, \delta_2\}$，$\bar{M} = \sqrt{2}\bar{M}_1$，故存在正的常数 $\bar{M}$ 和 $\bar{\delta}$ 使得

$$|\bar{\omega}| \leqslant \bar{M} \exp(-\bar{\delta}(t))\left(|\bar{\omega}(0)|\right), \quad t \in \left[0, t_f\right] \qquad (9.109)$$

需要注意的是，$\bar{\omega}$ 可写为

$$\bar{\omega}(t) = \begin{bmatrix} r_1 \\ z \end{bmatrix} = \begin{bmatrix} \omega_1 \\ \omega_2 \\ \vdots \\ \omega_{n-1} \\ \omega_n + \sum_{i=1}^{n-1} k_i\omega_i \end{bmatrix} = \begin{bmatrix} 1 & 0 & \cdots & 0 & 0 \\ 0 & 1 & \cdots & 0 & 0 \\ \vdots & \vdots & & \vdots & \vdots \\ 0 & 0 & \cdots & 1 & 0 \\ k_1 & k_2 & \cdots & k_{n-1} & 1 \end{bmatrix}\begin{bmatrix} \omega_1 \\ \omega_2 \\ \vdots \\ \omega_{n-1} \\ \omega_n \end{bmatrix} := \mathcal{R}\omega \qquad (9.110)$$

其中

$$\mathcal{R} = \begin{bmatrix} 1 & 0 & \cdots & 0 & 0 \\ 0 & 1 & \cdots & 0 & 0 \\ \vdots & \vdots & & \vdots & \vdots \\ 0 & 0 & \cdots & 1 & 0 \\ k_1 & k_2 & \cdots & k_{n-1} & 1 \end{bmatrix}, \quad \mathcal{R}^{-1} = \begin{bmatrix} 1 & 0 & \cdots & 0 & 0 \\ 0 & 1 & \cdots & 0 & 0 \\ \vdots & \vdots & & \vdots & \vdots \\ 0 & 0 & \cdots & 1 & 0 \\ -k_1 & -k_2 & \cdots & -k_{n-1} & 1 \end{bmatrix} \qquad (9.111)$$

根据式（9.83），有 $x = \upsilon^{m+1}Q(\upsilon)\omega = \upsilon^{m+1}Q(\upsilon)\mathcal{R}^{-1}\bar{\omega}$，$\bar{\omega} = \mathcal{R}P(0)x_0$。同时，式（9.110）和式（9.111）可转换为 $\bar{\omega}(t) = \left(J_1^{\mathrm{T}} + e_nK_{n-1}^{\mathrm{T}}\right)r_1 + e_n\omega_n$；$\mathcal{R} = I + e_nK_{n-1}^{\mathrm{T}}J_1$；$\mathcal{R}^{-1} = I - e_nK_{n-1}^{\mathrm{T}}J_1$。

结合引理 9.3 以及 $x(t) = \upsilon^{m+1}Q(\upsilon)\omega$，对任意 $t \in \left[0, t_f\right]$，可得

$$|x(t)| \leqslant |\upsilon^{m+1}||Q(\upsilon)||\omega| \leqslant |\upsilon^{m+1}||Q(\upsilon)||\mathcal{R}^{-1}||\bar{\omega}| \qquad (9.112)$$

将式（9.108）代入式（9.112），可得

$$|x(t)| \leqslant \upsilon(t)^{m+1} \overline{q} \left| \mathscr{R}^{-1} \right| \left\| \mathscr{R}P(0) \right| \overline{M} \exp(-\overline{\delta}(t)) |x(0)| \quad (9.113)$$

因此式（9.92）成立，即 $|x(t)| \leqslant \upsilon(t)^{m+1} \tilde{M} \exp(-\tilde{\delta}(t)) |x(0)|$，其中 $\tilde{M} = \overline{q} \left| \mathscr{R}^{-1} \right| \left\| \mathscr{R}P(0) \right| \overline{M}$，$\tilde{\delta} = \overline{\delta}$。由于 $L_0 + L_1 = \upsilon^m \left(l_0(\upsilon) + \upsilon^n K_{n-1}^{\mathrm{T}} J_2 \right) \omega$，因此，当 $t \to t_f$ 时，$x(t)$ 有界并趋向于 0。根据式（9.105），式（9.91）中 kz 项有界且趋向于 0。最终，f 有界，且如果 $f(0,t) \equiv 0$，当 $t \to t_f$ 时，$f(x(t),t)$ 也趋向于 0，控制信号 $u(t)$ 和 f 具有相同的性质。证明完毕。

9.3.3　高阶不确定非线性系统的预设时间控制

考虑如下 n 阶积分型不确定非线性系统：

$$\begin{cases} \dot{x}_i = x_{i+1}, & i = 1, 2, \cdots, n-1 \\ \dot{x}_n = f(x,t) + b(x,t)u \end{cases} \quad (9.114)$$

其中，$x = [x_1, x_2 \cdots, x_n]^{\mathrm{T}} \in \mathbb{R}^n$ 是系统状态；$u \in \mathbb{R}$ 是控制输入；$b(x,t)$ 是控制增益；$f(x,t)$ 是系统中存在的扰动。

为便于控制设计，引入以下假设。

假设 9.1　控制增益 $b(x,t)$，对于任意 $x \in \mathbb{R}^n$ 和 $t \in \mathbb{R}_+$，存在已知常数 $\underline{b} \neq 0$ 使得

$$0 < \underline{b} \leqslant |b(x,t)| < \infty \quad (9.115)$$

假设 9.2　非线性函数 f 满足

$$|f(x,t)| \leqslant d(t)\psi(x) \quad (9.116)$$

其中，$d(t)$ 是未知有界扰动且满足 $\|d\|_{[0,t]} := \sup\limits_{\tau \in [0,t]} |d(\tau)|$；$\psi(x) \geqslant 0$ 是已知光滑标量函数。

在控制器设计和稳定性分析之前，给出如下引理。

引理 9.5　式（9.103）中的 L_0 可写为如下形式：

$$L_0 = \upsilon^m l_0(\upsilon)\omega \quad (9.117)$$

其中，$l_0(\upsilon) = [l_{0,1}, \cdots, l_{0,n}]$，$l_{0,j}(\upsilon) = \overline{l}_{0,j} \upsilon^{j-1}$，$j = 1, 2, \cdots, n$，$\upsilon(t) = \mu_1(t)^{-1} = 1 - \dfrac{t}{t_f}$，$\omega = [\omega_1, \cdots \omega_n]^{\mathrm{T}}$ 且

$$\overline{l}_{0,j} = \frac{n+m}{t_f^{n+1-j}} \sum_{i=0}^{n-j} \binom{n}{n-i-j+1} \binom{i+j-1}{i} \frac{(-1)^i (2n+m-i-j)!}{(n+m-i)!} \quad (9.118)$$

值得说明的是，$l_0(\upsilon)$ 有界。

证明　根据引理 9.3 中的证明，当 $i = n-k$ 时，将定义于式（9.88）的 x_{i+1} 表达式代入式（9.117），可得

$$\begin{aligned} L_0 &= \sum_{k=1}^{n} \binom{n}{k} \frac{\mu^{(k)}}{\mu} \left[\sum_{i=0}^{n-k} \binom{n-k}{i} \left(\frac{1}{\mu} \right)^{(i)} \omega_{n-k+1-i} \right] \\ &= \sum_{k=1}^{n} \sum_{i=0}^{n-k} \binom{n}{k} \binom{n-k}{i} \frac{\mu^{(k)}}{\mu} \left(\frac{1}{\mu} \right)^{(i)} \omega_{n-k+1-i} \end{aligned} \quad (9.119)$$

式（9.119）可视为定义在 (k,i) 空间上一个三角矩阵的函数估计 $f_{ki}(n)$。基于此，更改和的次序，有 $\sum\limits_{k=1}^{n}\sum\limits_{i=0}^{n-k}f_{ki}(n)=\sum\limits_{i=0}^{n-1}\sum\limits_{k=1}^{n-i}f_{ki}(n)$。则定义于式（9.119）的 L_0 可改写为

$$L_0 = \sum_{i=0}^{n-1}\sum_{k=1}^{n-i}\binom{n}{k}\binom{n-k}{i}\frac{\mu^{(k)}}{\mu}\left(\frac{1}{\mu}\right)^{(i)}\omega_{n-k+1-i} \tag{9.120}$$

令 $j:=n-k+1-i$，$j=n-i,n-i-1,\cdots,1$，则

$$L_0 = \sum_{i=0}^{n-1}\sum_{j=1}^{n-i}\binom{n}{n-i-j+1}\binom{i+j-1}{i}\frac{\mu^{(n-i-j+1)}}{\mu}\left(\frac{1}{\mu}\right)^{(i)}\omega_j \tag{9.121}$$

对式（9.121）逆序调整，可得

$$L_0 = \sum_{j=1}^{n}\sum_{i=0}^{n-j}\binom{n}{n-i-j+1}\binom{i+j-1}{i}\frac{\mu^{(n-i-j+1)}}{\mu}\left(\frac{1}{\mu}\right)^{(i)}\omega_j \tag{9.122}$$

将定义于式（9.22）的 $\mu^{(n-i-j+1)}$ 和 $1/\mu=\upsilon^{n+m}$ 代入式（9.122），可得

$$\begin{aligned}
L_0 = &\sum_{j=1}^{n}\sum_{i=0}^{n-j}\binom{n}{n-i-j+1}\binom{i+j-1}{i}\upsilon^{n+m}\\
&\times\left[\frac{(2n+m-i-j)!}{t_f^{n-i-j+1}(n+m-1)!}\mu_1^{2n+m-i-j+1}\right]\left[\frac{(-1)^i(n+m)!}{t_f^i(n+m-i)!}\upsilon^{n+m-i}\right]\omega_j
\end{aligned} \tag{9.123}$$

对其进行简化，可得

$$L_0 = \sum_{j=1}^{n}\frac{n+m}{t_f^{n-j+1}}\sum_{i=0}^{n-j}\binom{n}{n-i-j+1}\binom{i+j-1}{i}\frac{(-1)^i(2n+m-i-j)!}{(n+m-i)!}\upsilon^{m+j-1}\omega_j \tag{9.124}$$

因为对于任意 $t\in\left[0,t_f\right]$，$\upsilon(t)\leqslant 1$，并且 $\overline{l}_{0,j}$ 是有界的（因为它是有限个实数之和），所以可进一步得出 $l_{0,j}(\upsilon)$ 有界。证明完毕。

接下来，针对非线性不确定系统（9.114），提出以下定理。

定理 9.3　对于满足假设 9.1 和假设 9.2 的高阶不确定非线性系统（9.114），设计如下形式的预设时间控制器：

$$u = -\frac{1}{b}\left(k+\theta+\lambda\psi(x)^2\right)z \tag{9.125}$$

其中

$$z = \mu_1(t)^{m+1}K_+^{\mathrm{T}}P(\mu_1(t))x \tag{9.126}$$

且 $K_+^{\mathrm{T}}=[k_1\quad k_2\quad\cdots\quad k_{n-1}\quad 1]^{\mathrm{T}}$。若控制增益满足 $\rho,k,\lambda>0$，$\rho k>\gamma_1/4$，γ_1 取决于增益向量 K_{n-1} 的选择，其中 $\theta\geqslant\theta_*$，且 $\theta_*=k_{n-1}+\overline{l}_{0,n}+\rho\max\limits_{\upsilon\in[0,1]}\left|\left(\upsilon^nK_{n-1}^{\mathrm{T}}J_2+l_0(\upsilon)\right)\left(J_1^{\mathrm{T}}-e_nK_{n-1}^{\mathrm{T}}\right)\right|^2$，则在控制器（9.125）作用下，闭环系统 FI-ISS-C（有限时间输入输出稳定）且存在正的常数 $\breve{M}$、$\breve{\delta}$ 和 $\breve{\gamma}$，使得对于任意 $t\in[0,t_f)$，系统状态满足以下条件：

$$|x(t)|\leqslant\upsilon(t)^{m+1}\left(\breve{M}\exp(-\breve{\delta}(t))|x(0)|+\breve{\gamma}\|d\|_{[0,t]}\right) \tag{9.127}$$

此外，控制信号 u 在 $\left[0,t_f\right)$ 内一致有界。

证明 根据定义于式（9.88）的滤波变量 z，选取如下形式的 Lyapunov 候选函数：

$$V = \frac{1}{2}z^2 \tag{9.128}$$

根据式（9.102），Lyapunov 函数的导数为

$$\dot{V} = \mu z b u + \mu z f + \mu z (L_0 + L_1) \tag{9.129}$$

利用 Young's 不等式，可得

$$\mu z f \leqslant \mu |z| d \psi^2 \leqslant \mu \lambda z^2 \psi^2 + \frac{\mu}{4\lambda}d^2 \leqslant z \mu b \frac{1}{\underline{b}} \lambda \psi^2 + \frac{\mu}{4\lambda}d^2 \tag{9.130}$$

因为 $\omega = \left(J_1^{\mathrm{T}} - e_n K_{n-1}^{\mathrm{T}}\right)r_1 + e_n z$，则 $L_0 + L_1$ 项可写为

$$
\begin{aligned}
L_0 + L_1 &= \upsilon^m \left(l_0(\upsilon) + \upsilon^n K_{n-1}^{\mathrm{T}} J_2\right)\left[\left(J_1^{\mathrm{T}} - e_n K_{n-1}^{\mathrm{T}}\right)r_1 + e_n z\right] \\
&= \upsilon^m \left[\left(l_0(\upsilon) + \upsilon^n K_{n-1}^{\mathrm{T}} J_2\right)e_n z + \left(l_0(\upsilon) + \upsilon^n K_{n-1}^{\mathrm{T}} J_2\right)\left(J_1^{\mathrm{T}} - e_n K_{n-1}^{\mathrm{T}}\right)r\right] \\
&= \upsilon^m \left[\upsilon^{n-1}\left(\overline{l}_{0,n}(\upsilon) + K_{n-1}\upsilon\right)z + \left(l_0(\upsilon) + \upsilon^n K_{n-1}^{\mathrm{T}} J_2\right)\left(J_1^{\mathrm{T}} - e_n K_{n-1}^{\mathrm{T}}\right)r\right]
\end{aligned} \tag{9.131}
$$

则 $\mu z(L_0 + L_1) = \mu z\left(\upsilon^m\left[\upsilon^{n-1}\left(\overline{l}_{0,n}(\upsilon) + K_{n-1}\upsilon\right)z + \left(l_0(\upsilon) + \upsilon^n K_{n-1}^{\mathrm{T}} J_2\right)\left(J_1^{\mathrm{T}} - e_n K_{n-1}^{\mathrm{T}}\right)r\right]\right)$，根据式（9.118）

的表达式，可将 $\overline{l}_{0,n}$ 表示为 $\overline{l}_{0,n} = \dfrac{n(n+m)}{t_f}\dfrac{(n+m)!}{(n+m)!} > 0$。根据 Young's 不等式，可得

$$
\begin{aligned}
\mu z(L_0 + L_1) \leqslant{}& \mu \upsilon^{m+n-1}\left|K_{n-1}\upsilon + \overline{l}_{0,n}\right|z^2 + \mu \frac{|r_1|^2}{4\rho} \\
&+ \mu \rho \upsilon^{2m}\left|\left(\upsilon^n K_{n-1}^{\mathrm{T}} J_2 + l_0(\upsilon)\right)\left(J_1^{\mathrm{T}} - e_n K_{n-1}^{\mathrm{T}}\right)\right|^2 z^2
\end{aligned} \tag{9.132}
$$

其中，$\rho > 0$。此外，定义 $\rho_1(\rho) = \rho \max\limits_{\upsilon \in [0,1]}\left|\left(\upsilon^n K_{n-1}^{\mathrm{T}} J_2 + l_0(\upsilon)\right)\left(J_1^{\mathrm{T}} - e_n K_{n-1}^{\mathrm{T}}\right)\right|^2$。

因为 $K_{n-1} > 0$，$\overline{l}_{0,n} > 0$，$\mu z(L_0 + L_1) \leqslant \mu\left[\left(K_{n-1} + \overline{l}_{0,n} + \rho_1(\rho)\right)z^2 + \dfrac{|r_1|^2}{4\rho}\right]$，根据式（9.129）、

式（9.130）和式（9.132），可得

$$\dot{V} \leqslant \mu z b\left[u + \frac{1}{\underline{b}}\left(K_{n-1} + \overline{l}_{0,n} + \rho_1(\rho) + \lambda \psi^2\right)z\right] + \frac{\mu}{4}\left(\frac{|r_1|^2}{\rho} + \frac{d^2}{\lambda}\right) \tag{9.133}$$

将控制器 $u = -\dfrac{1}{\underline{b}}(k + \theta + \lambda \psi(x)^2)z$ 代入式（9.133），有

$$
\begin{aligned}
\dot{V} &\leqslant \mu z b\left[u + \frac{1}{\underline{b}}\left(K_{n-1} + \overline{l}_{0,n} + \rho_1(\rho) + \lambda \psi^2\right)z\right] + \frac{\mu}{4}\left(\frac{|r_1|^2}{\rho} + \frac{d^2}{\lambda}\right) \\
&\leqslant -k\mu z^2 + \frac{\mu}{4}\left(\frac{|r_1|^2}{\rho} + \frac{d^2}{\lambda}\right) \\
&\leqslant -2k\mu V + \frac{\mu}{4}\left(\frac{|r_1|^2}{\rho} + \frac{d^2}{\lambda}\right)
\end{aligned} \tag{9.134}
$$

根据引理 9.1，有

$$V(t) \leqslant \zeta(t)^{2k} V(0) + \frac{\left\| \lambda |r_1|^2 / \rho + d^2 \right\|}{8k\lambda} \tag{9.135}$$

因为 $V = \frac{1}{2} z^2$，所以

$$z^2 \leqslant \zeta(t)^{2k} z_0^2 + \frac{\left\| \lambda |r_1|^2 / \rho + d^2 \right\|}{8k\lambda} \tag{9.136}$$

进一步可得

$$|z| \leqslant \zeta(t)^k |z_0| + \frac{1}{2\sqrt{k}} \left(\frac{\|r_1\|_{[0,t]}}{\sqrt{\rho}} + \frac{\|d\|_{[0,t]}}{\sqrt{\lambda}} \right) \tag{9.137}$$

根据定理 9.1 的类似证明可知：必定存在正的常数 $\hat{M}$、$\hat{\delta}$、$\hat{\gamma}$，使得

$$|\overline{\omega}(t)| \leqslant \hat{M} \exp(-\hat{\delta}(t) |\overline{\omega}(0)| + \hat{\gamma} \|d\|_{[0,t]}, \quad \forall t \in \left[0, t_f \right) \tag{9.138}$$

令 $\check{M} = \overline{q} |R^{-1}| |RP(0)| \hat{M}$，$\check{\gamma} = \overline{q} |R^{-1}| \hat{\gamma}$，$\check{\delta} = \hat{\delta}$，则

$$|x(t)| \leqslant \upsilon(t)^{m+1} \overline{q} |\mathcal{R}^{-1}| \left(|\mathcal{R}P(0)| \hat{M} \exp - (\hat{\delta}(t)) |x(0)| + \hat{\gamma} \|d\|_{[0,t]} \right) \tag{9.139}$$

根据式（9.139）不难得到：闭环系统关于 d 是有限时间输入状态稳定的，u 的有界性可通过类似定理 9.2 中的证明得到。

9.4　数值仿真

仿真 9.1　仿真环境为 Windows-10 专业版 64 位操作系统，CPU 为 Intel Core i7-8650U @ 1.90GHz 2.11GHz，系统内存为 8GB，仿真软件为 MATLAB R2012a。本节将通过以下二阶积分系统来验证有限时间控制和预设时间控制的有效性，并比较二者之间的差异：

$$\begin{cases} \dot{x}_1(t) = x_2(t) \\ \dot{x}_2(t) = u(t) \end{cases} \tag{9.140}$$

其中，x_1、x_2 分别表示系统状态；$u(t)$ 表示控制输入。

控制目标：在有限时间控制器和预设时间控制器作用下，不仅保证闭环系统稳定，而且系统状态在有限时间或预设时间内收敛为 0。

其有限时间控制器和预设时间控制器的具体表达式如下。

有限时间：

$$u = -5 \left(x_2^{\frac{5}{3}} + \frac{3}{20} x_1 \right)^{\frac{1}{5}} \tag{9.141}$$

预设时间：

$$\begin{cases} u = -\mu z_2 - \mu^{-1} \dot{\mu} z_2 - x_1 + \dot{\alpha}_1 \\ z_2 = x_2 - \alpha_1 \\ \alpha_1 = -\mu x_1 - \mu^{-1} \dot{\mu} x_1 \end{cases} \tag{9.142}$$

其中，μ 是一个单调递增函数且在 t_f 时刻增长为无穷大的函数，见定义式（9.22）。仿真结果如图 9.1～图 9.3 所示。从图 9.1 和图 9.2 的仿真结果可以看出，无论是基于有限时间

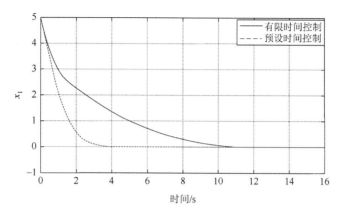

图 9.1　系统状态 x_1 在有限时间控制和预设时间控制中的运行轨迹图

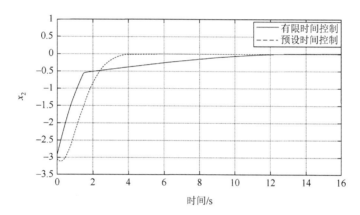

图 9.2　系统状态 x_2 在有限时间控制和预设时间控制中的运行轨迹图

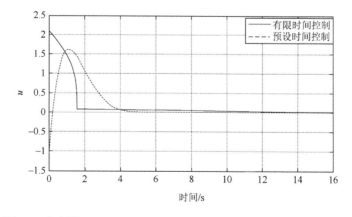

图 9.3　控制输入 u 在有限时间控制和预设时间控制中的运行轨迹图

控制还是预设时间控制，系统状态均在有限时间内趋于零。然而在有限时间控制方法中，控制信号存在抖振现象，这是由控制器中包含分数幂项造成的，这在实际工程应用中将给执行器运行带来极大负担；而预设时间控制策略避免了该问题，从而使得控制信号光滑且有界。

仿真 9.2　　仿真环境为 Windows-10 专业版 64 位操作系统，CPU 为 Intel Core i7-8650U @ 1.90GHz 2.11GHz，系统内存为 8GB，仿真软件为 MATLAB R2012a。该部分利用文献[14]的高性能飞行器"翼岩"不稳定运动模型验证预设控制算法的有效性，其数学表达式如下：

$$\begin{cases} \dot{x}_1(t) = x_2 \\ \dot{x}_2(t) = b(\cdot)u(t) + f(\cdot) \end{cases} \tag{9.143}$$

且 $b(\cdot) = 2 + 0.4\sin(t)$，$f(\cdot) = 1 + \cos(t)x_1 + 2\sin(t)x_2 + 2|x_1|x_2 + 3|x_2|x_2 + x_1^3$。根据假设 9.2 可得 $\psi(x) = 1 + |x_1| + |x_2| + |x_1 x_2| + x_2^2 + |x_1|^3$。

在仿真中，预设时间控制器的具体表达形式为

$$u = -\frac{1}{\underline{b}}(k + \theta + \lambda\psi(x)^2)z \tag{9.144}$$

其中，设计参数选取为 $\underline{b} = 1.6$，$k = 4$，$\theta = 8$，$\lambda = 0.1$，滤波变量 $z = 0.1\mu_1^3 x_1 + 4\mu_1^5 x_1 / t_f + \mu_1^4 x_2$，预设时间选为 $t_f = 1\text{s}$。为验证预设时间 t_f 与系统初始值无关，故选取三组不同的初始条件：

$$[x_1(0), x_2(0)]^{\mathrm{T}} = [0.1, 0]^{\mathrm{T}}, \quad [x_1(0), x_2(0)]^{\mathrm{T}} = [0.2, 0]^{\mathrm{T}}, \quad [x_1(0), x_2(0)]^{\mathrm{T}} = [0.3, 0]^{\mathrm{T}} \tag{9.145}$$

其仿真结果如图 9.4～图 9.6，图 9.4 和图 9.5 是不同初始条件下系统状态的收敛运行轨迹图，可以看出系统状态在有限时间内收敛到平衡点，而且该收敛时间与初始条件无关。图 9.6 是预设时间控制信号运行轨迹图，从图中可看出其有界性。

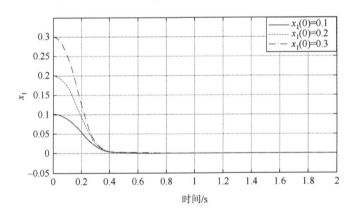

图 9.4　不同初始条件下系统状态 x_1 的运行轨迹图

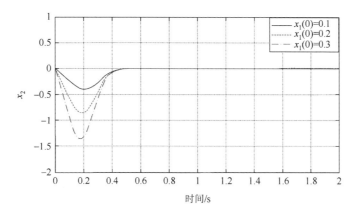

图 9.5　不同初始条件下系统状态 x_2 的运行轨迹图

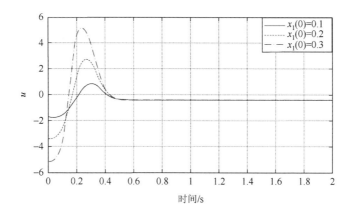

图 9.6　不同初始条件下控制输入 u 的运行轨迹图

9.5　讨　　论

9.5.1　数值问题的解决方案

9.3 节提出的预设时间控制方案构造了一个在期望时间增长到无穷大的函数 $\mu(t)$，它不仅可以有效抵消系统中存在的不确定扰动，而且能确保系统状态在预先设定的时间内收敛为 0。当 $t \to t_f$ 时，控制信号虽然可以被证明是有界的，但其中含有"$\infty \times 0$"这类因子，在进行仿真验证的时候，系统运行时间无法超过 t_f，这是由两个原因造成的：①无穷大数无法单独存储在计算机中；② $\mu(t)$ 仅在 $\left[0, t_f\right)$ 上有定义，在 $\left[t_f, \infty\right)$ 上无定义。要解决该问题，仅需在 $t_f - \varepsilon$ 时刻之后令 $\mu(t)$ 及 $\mu(t)$ 的各阶导数的值为一个大于 0 的常数，其中 ε 为一个极小的常数（如 $\varepsilon = 0.001$）。以上处理方法既避免了无穷大量的出现，又让 $\mu(t)$ 在整个时间域有定义。

9.5.2 实用有限时间控制及实用预设时间控制

控制器显式含有符号函数 sgn(·) 的有限时间控制方法（以终端滑模控制为代表），基本都是用来处理系统中的扰动的。但符号函数的引入，会导致控制信号不连续。这些不连续的有限时间控制方法在控制器设计时一般采用以下几种措施：①控制器中加入符号函数单元并使其抖振增益大于干扰的上界；②设计不连续自适应控制器估计干扰上界；③应用二阶滑模控制并使其抖振增益大于干扰导数的上界；④设计不连续的有限时间干扰观测器观测干扰，这几类方法的共同特征为控制器中都显式含有符号函数 sgn(·)。

因此，针对存在不确定扰动的系统，研究者提出了一种实用有限时间控制的方法，即系统状态无须严格收敛到零，只需要收敛到零点附近，该方法在实际工程中得到了大量应用。

同样的，在预设时间控制基础上，一种实用预设时间控制的方法最近也得到了大量学者的关注，关键区别在于实用有限时间只能保证系统状态在有限时间（该时间与系统初始状态和控制器设计参数有关）内收敛到平衡点附近的邻域内，而实用预设时间可以提前任意指定系统状态的收敛时间，从而与初始条件和设计参数无关。

9.6 本 章 小 结

本章属于有限、固定、预设时间控制方法的基础，本章的重点在于介绍以上三种方法的联系和区别，围绕一阶、二阶、高阶积分器系统，分析和论述有限时间控制的内涵及建立方法，以及对标准型非线性系统的推广。本章给出的概念和方法对研究与讨论线性/非线性系统的有限时间控制是必需且必要的。此外，本章还系统性地总结了现有的有限时间稳定性判据，为后续研究提供了方便。

另外，基于齐次方法、终端滑模方法、时域转换技术的有限时间控制方法，可以在本章参考文献中找到。未来可以进行的研究工作有预设时间跟踪控制、基于自适应控制方法的预设时间控制、基于观测器的预设时间控制，以及多智能体系统预设时间控制等。

习 题

9.1 阐述有限时间稳定和渐近稳定的区别，并总结有限时间控制的常用方法。

9.2 简述有限时间控制和固定时间控制，以及预设时间控制的区别，分别举一个简单例子说明。

9.3 针对系统 $\dot{x}=u$ 设计其有限/固定/预设时间控制器，利用 MATLAB 仿真验证算法的有效性，并讨论编程时的注意事项。

9.4 针对如下系统，设计其预设时间稳定的控制器，使其在初值为 $[x_1(0), x_2(0)]^T = [5, -3]^T$

时，能够在预设时间 $t_f = 2$ 时收敛到 0，并利用 MATLAB 进行仿真验证。

$$\begin{cases} \dot{x}_1(t) = g_1(\cdot)x_2(t) + f_1(\cdot) \\ \dot{x}_2(t) = g_2(\cdot)u(t) + f_2(\cdot) \end{cases} \tag{9.146}$$

（1） $g_1(\cdot) = g_2(\cdot) = 1$，$f_1(\cdot) = f_2(\cdot) = 0$；

（2） $g_1(\cdot) = g f_2(\cdot) = 1$，$f_1(\cdot) = 0$，$f_2(\cdot) = \sin(x)$；

（3） $g_1(\cdot) = g_2(\cdot) = 1$，$f_1(\cdot) = 0$，$f_2(\cdot)$ 是未知连续函数且满足 $f_2(\cdot) \leqslant a\phi(\cdot)$，其中 a 是未知常数，$\phi(\cdot)$ 是已知函数，如 $f_2 \triangleq 2x_1 + \sin(\varpi x_2) + x_1 x_2$；

（4） $g_1(\cdot) = 1$，$f_1(\cdot) = 0$，$g_2(\cdot)$ 是未知连续函数且满足 $0 < \underline{g}_2 \leqslant g_2(\cdot) \leqslant \bar{g}_2 < \infty$，其中 $\underline{g}_2$、$\bar{g}_2$ 均是已知常数；$f_2(\cdot)$ 是未知连续函数且满足 $f_2(\cdot) \leqslant a\phi(\cdot)$，其中 a 是未知常数，$\phi(\cdot)$ 是已知函数。

9.5　针对如下二阶积分系统：

$$\begin{cases} \dot{x}_1(t) = x_2(t) \\ \dot{x}_2(t) = u(t) \end{cases} \tag{9.147}$$

分别设计有限时间、固定时间、预设时间的镇定控制器。

参 考 文 献

[1] Krstic M，Kanellakopoulos I，Kokotovic P V. Nonlinear and Adaptive Control Design[M]. New York：John Wiley，1995.

[2] Song Y D，Wang Y J，Wen C Y. Adaptive fault-tolerant PI tracking control with guaranteed transient and steady-state performance[J]. IEEE Transactions on Automatic Control，2017，62（1）：481-487.

[3] Song Y D，Zhao K. Accelerated adaptive control of nonlinear uncertain systems[C]. The American Control Conference，2017：2471-2476.

[4] Wang W，Wen C Y. Adaptive actuator failure compensation control of uncertain nonlinear systems with guaranteed transient performance[J]. Automatica，2010，46（12）：2082-2091.

[5] Zhao K，Song Y D，Qian J Y，et al. Zero-error tracking control with preassignable convergence mode for nonlinear systems under nonvanishing uncertainties and unknown control direction[J]. Systems & Control Letters，2018，115（5）：34-40.

[6] Wang Y J，Song Y D. Fraction dynamic-surface-based neuroadaptive finite-time containment control of multiagent systems in nonaffine pure-feedback form[J]. IEEE Transactions on Neural Networks and Learning Systems，2017，28（3）：678-689.

[7] Ding S H，Li S H. An overview of finite-time control problems[J]. Control and Decision，2011，26（2）：1-10.

[8] Jiang B Y. Research on finite-time control problem for second order system[D]. Harbin：Harbin Institute of Technology，2018.

[9] Liu Y，Jing Y W，Liu X P，et al. An overview of research on finite time control of nonlinear system[J]. Control Theory & Applications，2020，37（1）：1-12.

[10] Bhat S P，Bernstein D S. Lyapunov analysis of finite-time differential equations[C]. Proceedings of the American Control Conference，Washington，1995：1831-1832.

[11] Bhat S P，Bernstein D S. Finite-time stability of homogeneous systems[C]. Proceedings of the American Control Conference，Albuquerque，1997：2513-2514.

[12] Bhat S P，Bernstein D S. Finite-time stability of continuous autonomous systems[J]. SIAM Journal on Control and Optimization，2000，38（3）：751-766.

[13] Song Y D，Wang Y J，Holloway J，et al. Time-varying feedback for regulation of normal-form nonlinear systems in prescribed time[J]. Automatica，2017，83：243-251.

[14] Qian C J，Lin W. A continuous feedback approach to global strong stabilization of nonlinear systems[J]. IEEE Transactions on

Automatic Control，2001，46（7）：1061-1079.

[15] Monahemi M，Krstic M. Control of wing rock motion using adaptive feedback linearization[J]. Journal of Guidance Control & Dynamics，1996，19（4）：905-912.

[16] Wang Y J，Song Y D，Krstic M，et al. Fault-tolerant finite time consensus for multiple uncertain nonlinear mechanical systems under single-way directed communication interactions and actuation failures[J]. Automatica，2016，63：374-383.

[17] 李世华，丁世宏，田玉平. 一类二阶非线性系统的有限时间状态反馈镇定方法[J].自动化学报，2007，33（1）：101-104.

第10章　多输入多输出非线性系统控制

前几章主要介绍了单输入单输出（single-input single-output，SISO）非线性系统控制理论。然而，许多实际工程系统不属于 SISO 形式，而是具有结构复杂、高度非线性、强动态耦合等特点的多输入多输出（multiple-input multiple-output，MIMO）形式[1-6]，用以下非线性动态方程表示：

$$\begin{cases} \dot{x} = F(x,p,u) \\ y = h(x,u) \end{cases} \tag{10.1}$$

其中，$x = [x_1, \cdots, x_m]^T \in \mathbb{R}^m$ 为系统状态；$u = [u_1, u_2, \cdots, u_n]^T \in \mathbb{R}^n$ 为系统输入；$y = [y_1, y_2, \cdots, y_l]^T \in \mathbb{R}^l$ 为系统输出；$F(\cdot) \in \mathbb{R}^m$ 与 $h(\cdot) \in \mathbb{R}^l$ 为非线性函数；$p(\cdot) \in \mathbb{R}^p$ 为系统参数矢量，如图 10.1 所示。

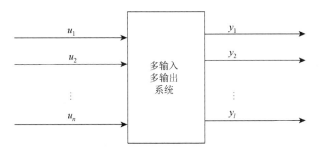

图 10.1　多输入多输出系统

对于 MIMO 系统，控制器设计是十分困难的。主要原因有以下两点：第一，对于 SISO 系统而言，控制器设计中只涉及标量运算；而 MIMO 系统在控制器设计过程中，一般会涉及大量矩阵运算，如矩阵逆运算、矩阵分解等。相对于标量运算，矩阵运算难度更大。第二，MIMO 系统往往具有强耦合性，使得系统控制设计难度大大增加[7]。本章主要介绍一类 MIMO 非线性不确定系统的跟踪控制算法研究。

10.1　基于模型的 MIMO 非线性系统跟踪控制

为便于理解，本节首先考虑基于模型的 MIMO 非线性系统的跟踪控制问题，即在系统模型与参数均已知的情况下，对其进行控制器设计。

10.1.1　问题描述

考虑如下 MIMO 三阶非线性系统：

$$\begin{cases} \dot{x}_1 = F_1(x_1, \theta_1) + G_1(x_1)x_2 \\ \dot{x}_2 = F_2(\overline{x}_2, \theta_2) + G_2(\overline{x}_2)x_3 \\ \dot{x}_3 = F_3(\overline{x}_3, \theta_3) + G_3(\overline{x}_3)u \\ y = x_1 \end{cases} \quad (10.2)$$

其中，$x_i = [x_{i1}, \cdots, x_{im}]^{\mathrm{T}} \in \mathbb{R}^m (i=1,2,3)$ 为系统状态向量；$\overline{x}_i = \left[x_1^{\mathrm{T}}, \cdots, x_i^{\mathrm{T}}\right]^{\mathrm{T}} \in \mathbb{R}^{mi}$；$u \in \mathbb{R}^m$ 为系统控制输入；$y = x_1 = [x_{11}, \cdots, x_{1m}] \in \mathbb{R}^m$ 为系统输出；$G_i(\cdot) \in \mathbb{R}^{m \times m}$ 为光滑的控制增益矩阵；$F_i(\cdot) \in \mathbb{R}^m$ 为光滑非线性函数向量；$\theta_i \in \mathbb{R}^{r_i}$ 为未知参数矢量。为便于描述，在不造成混淆的情况下，省略函数的自变量。

本节控制目标为针对 MIMO 非线性系统（10.2），设计基于模型的控制策略使得：①闭环系统所有信号有界；②跟踪误差渐近趋于零。

为便于控制器设计，引入以下假设条件。

假设 10.1 系统的理想轨迹 $y_d = [y_{d1}, \cdots, y_{dm}]^{\mathrm{T}}$ 及其导数 $y_d^{(k)}(k=1,2,3)$ 分段连续且有界。

假设 10.2 系统状态完全可测。

假设 10.3 系统模型已知，即 G_k 和 $F_k(k=1,2,3)$ 可用于控制器设计。

假设 10.4 控制增益矩阵 $G_i(i=1,2,3)$ 正定对称，即 $M_i = G_i^{-1}$ 也正定对称。此外，存在正的常数 λ_m 和 λ_M 使得 $\lambda_m I \leqslant M_i = G_i^{-1} \leqslant \lambda_M I$，其中 I 为单位增益。

10.1.2 控制设计与稳定性分析

本节将利用 Backstepping 技术进行控制器设计[8]。定义如下误差变量：

$$\begin{cases} z_1 = x_1 - y_d \\ z_i = x_i - \alpha_{i-1}, \quad i=2,3 \end{cases} \quad (10.3)$$

其中，$z_1 = [z_{11}, \cdots, z_{1m}]^{\mathrm{T}} \in \mathbb{R}^m$ 为输出跟踪误差；$z_i = [z_{i1}, \cdots, z_{im}]^{\mathrm{T}} \in \mathbb{R}^m (i=2,3)$ 为虚拟误差；α_{i-1} 为需要设计的虚拟控制器。

第 1 步，对 z_1 求导可得

$$\dot{z}_1 = \dot{x}_1 - \dot{y}_d = F_1 + G_1 x_2 - \dot{y}_d \quad (10.4)$$

根据式（10.3），有 $x_2 = z_2 + \alpha_1$，则式（10.4）可写为

$$\dot{z}_1 = F_1 + G_1 z_2 + G_1 \alpha_1 - \dot{y}_d \quad (10.5)$$

选取如下二次型函数：

$$V_1 = \frac{1}{2} z_1^{\mathrm{T}} z_1 \quad (10.6)$$

对 V_1 求导可得

$$\dot{V}_1 = z_1^{\mathrm{T}} \dot{z}_1 = z_1^{\mathrm{T}} [F_1 + G_1(z_2 + \alpha_1) - \dot{y}_d] \quad (10.7)$$

根据假设 10.3，非线性函数向量 F_1 以及控制增益矩阵 G_1 均已知，因此虚拟控制器 α_1 设计如下：

$$\alpha_1 = G_1^{-1}(-k_1 z_1 - F_1 + \dot{y}_d) \quad (10.8)$$

其中，$k_1 > 0$ 为设计参数。

将式（10.8）代入式（10.7），可得

$$\dot{V}_1 = z_1^{\mathrm{T}}(-k_1 z_1 + G_1 z_2) = -k_1 \|z_1\|^2 + z_1^{\mathrm{T}} G_1 z_2 \tag{10.9}$$

其中，$z_1^{\mathrm{T}} G_1 z_2$ 将在第 2 步处理。

第 2 步，结合系统模型（10.2），有 $\dot{x}_2 = F_2 + G_2 x_3$，则 $z_2 = x_2 - \alpha_1$ 的导数为

$$\dot{z}_2 = \dot{x}_2 - \dot{\alpha} = F_2 + G_2 x_3 - \dot{\alpha}_1 \tag{10.10}$$

根据虚拟控制器 α_1 的表达式（10.8），可知 α_1 是 x_1、y_d、$\dot{y}_d$ 的函数，则

$$\dot{\alpha}_1 = \frac{\partial \alpha_1}{\partial x_1} \dot{x}_1 + \sum_{j=0}^{1} \frac{\partial \alpha_1}{\partial y_d^{(j)}} y_d^{(j+1)} = \frac{\partial \alpha_1}{\partial x_1}(G_1 x_2 + F_1) + \sum_{j=0}^{1} \frac{\partial \alpha_1}{\partial y_d^{(j)}} y_d^{(j+1)} \tag{10.11}$$

因为 $x_3 = z_3 + \alpha_2$，同时结合式（10.11），可将式（10.10）写为

$$\dot{z}_2 = F_2 + G_2 z_3 + G_2 \alpha_2 - \frac{\partial \alpha_1}{\partial x_1}(G_1 x_2 + F_1) - \sum_{j=0}^{1} \frac{\partial \alpha_1}{\partial y_d^{(j)}} y_d^{(j+1)} \tag{10.12}$$

选取如下二次型函数：

$$V_2 = \frac{1}{2} z_2^{\mathrm{T}} z_2 + V_1 \tag{10.13}$$

结合式（10.9）和式（10.12），V_2 关于时间 t 的导数可表示为

$$\begin{aligned}
\dot{V}_2 = z_2^{\mathrm{T}} & \left[F_2 + G_2 z_3 + G_2 \alpha_2 - \frac{\partial \alpha_1}{\partial x_1}(G_1 x_2 + F_1) - \sum_{j=0}^{1} \frac{\partial \alpha_1}{\partial y_d^{(j)}} y_d^{(j+1)} \right] \\
& - k_1 \|z_1\|^2 + G_1 z_1^{\mathrm{T}} z_2
\end{aligned} \tag{10.14}$$

因为非线性函数向量 F_1 和 F_2，控制增益矩阵 G_1 和 G_2，以及 y_d 和 $\dot{y}_d$ 均已知，所以虚拟控制器 α_2 设计为

$$\alpha_2 = G_2^{-1} \left(-k_2 z_2 - F_2 + \frac{\partial \alpha_1}{\partial x_1}(G_1 x_2 + F_1) + \sum_{j=0}^{1} \frac{\partial \alpha_1}{\partial y_d^{(j)}} y_d^{(j+1)} - G_1 z_1 \right) \tag{10.15}$$

其中，$k_2 > 0$ 为设计参数。

将定义于式（10.15）的虚拟控制器 α_2 代入式（10.14），不难得到

$$\dot{V}_2 = -k_1 \|z_1\|^2 - k_2 \|z_2\|^2 + z_1^{\mathrm{T}} G_1 z_2 + z_2^{\mathrm{T}} G_2 z_3 - z_2^{\mathrm{T}} G_1 z_1 \tag{10.16}$$

注意到：

$$\left(z_1^{\mathrm{T}} G_1 z_2 \right)^{\mathrm{T}} = z_2^{\mathrm{T}} \left(z_1^{\mathrm{T}} G_1 \right)^{\mathrm{T}} = z_2^{\mathrm{T}} G_1^{\mathrm{T}} z_1 = z_1^{\mathrm{T}} G_1 z_2 \tag{10.17}$$

则式（10.16）可进一步写为

$$\dot{V}_2 = -k_1 \|z_1\|^2 - k_2 \|z_2\|^2 + z_2^{\mathrm{T}} G_2 z_3 \tag{10.18}$$

其中，$z_2^{\mathrm{T}} G_2 z_3$ 将在第 3 步处理。

第 3 步，虚拟误差 z_3 的导数为

$$\dot{z}_3 = \dot{x}_3 - \dot{\alpha}_2 = F_3 + G_3 u - \dot{\alpha}_2 \tag{10.19}$$

由式（10.15）中虚拟控制器 α_2 的表达式可知，α_2 为变量 x_1、x_2、y_d、$\dot{y}_d$ 和 $\ddot{y}_d$ 的函数，则

$$\dot{\alpha}_2 = \sum_{j=1}^{2} \frac{\partial \alpha_2}{\partial x_j}(F_j + G_j x_{j+1}) + \sum_{j=0}^{2} \frac{\partial \alpha_2}{\partial y_d^{(j)}} y_d^{(j+1)} \tag{10.20}$$

则 $\dot{z}_3$ 可重新写为

$$\dot{z}_3 = F_3 + G_3 u - \sum_{j=1}^{2} \frac{\partial \alpha_2}{\partial x_j}(G_j x_{j+1} + F_j) - \sum_{j=0}^{2} \frac{\partial \alpha_2}{\partial y_d^{(j)}} y_d^{(j+1)} \qquad (10.21)$$

选取 Lyapunov 候选函数为

$$V_3 = \frac{1}{2} z_3^{\mathrm{T}} z_3 + V_2 \qquad (10.22)$$

根据式（10.18）和式（10.21），V_3 关于时间 t 的导数为

$$\dot{V}_3 = z_3^{\mathrm{T}} \left[F_3 + G_3 u - \sum_{j=1}^{2} \frac{\partial \alpha_2}{\partial x_j}(G_j x_{j+1} + F_j) - \sum_{j=0}^{2} \frac{\partial \alpha_2}{\partial y_d^{(j)}} y_d^{(j+1)} \right]$$
$$- k_1 \|z_1\|^2 - k_2 \|z_2\|^2 + z_2^{\mathrm{T}} G_2 z_3 \qquad (10.23)$$

实际控制器 u 设计如下：

$$u = G_3^{-1} \left(-k_3 z_3 - F_3 + \sum_{j=1}^{2} \frac{\partial \alpha_2}{\partial x_j}(G_j x_{j+1} + F_j) + \sum_{j=0}^{2} \frac{\partial \alpha_2}{\partial y_d^{(j)}} y_d^{(j+1)} - G_2 z_2 \right) \qquad (10.24)$$

其中，$k_3 > 0$ 为设计参数。

针对式（10.2）描述的 MIMO 非线性系统，提出以下定理。

定理 10.1 考虑满足假设 10.1～假设 10.4 的 MIMO 非线性系统（10.2），设计基于模型的虚拟控制器 α_1 和 α_2，以及定义于式（10.24）的实际控制器 u，提出的控制算法不仅保证闭环系统所有信号有界，同时确保跟踪误差渐近趋于零。

证明 将式（10.24）代入式（10.23），可得

$$\dot{V}_3 = -k_1 z_1^{\mathrm{T}} z_1 - k_2 z_2^{\mathrm{T}} z_2 - k_3 z_3^{\mathrm{T}} z_3 \leqslant 0 \qquad (10.25)$$

根据表达式（10.25），在 $[0,t]$ 区间积分运算：

$$V_3(t) - V_3(0) = -\sum_{j=1}^{3} \int_0^t k_j z_j^{\mathrm{T}}(\tau) z_j(\tau) \mathrm{d}\tau \leqslant 0 \qquad (10.26)$$

即

$$V_3(t) + \sum_{j=1}^{3} \int_0^t k_j z_j^{\mathrm{T}}(\tau) z_j(\tau) \mathrm{d}\tau = V_3(0) \qquad (10.27)$$

其中，$V_3(0)$ 为 Lyapunov 函数的初始值（初始时刻 t_0 默认为 0）。

首先，证明闭环系统信号的有界性。根据式（10.27），可得 $V_3(t) \in L_\infty$，$z_j \in L_2$；利用 Lyapunov 函数的定义，可判断得出 $z_j \in L_\infty (j = 1, 2, 3)$。因为 $z_1 = x_1 - y_d$ 且 y_d 有界，可知 $x_1 \in L_\infty$，因为 F_1 是光滑非线性函数，所以 F_1 有界；根据虚拟控制器的定义可知 $\alpha_1 \in L_\infty$，$\partial \alpha_1 / \partial x_1 \in L_\infty$，$\partial \alpha_1 / \partial y_d \in L_\infty$，$\partial \alpha_1 / \partial \dot{y}_d \in L_\infty$。根据虚拟误差 z_2 的定义表达式 $z_2 = x_2 - \alpha_1$，可确定 $x_2 \in L_\infty$。由非线性函数 F_2 的光滑性，可得 $F_2 \in L_\infty$，进一步根据虚拟控制器 α_2 的定义，不难得出其有界性。采用类似分析，可以得到系统状态 $x_3 \in L_\infty$，非线性函数 $F_3 \in L_\infty$，真实控制器 $u \in L_\infty$，以及虚拟误差导数 $\dot{z}_j \in L_\infty$，即闭环系统内的所有信号均有界。

其次，证明系统输出误差渐近趋于零，即 $\lim_{t \to \infty} z_1(t) = 0$。因为 $z_1 \in L_\infty \bigcap L_2$，$\dot{z}_1 \in L_\infty$，所以利用 Barbalat 引理，不难得出 $\lim_{t \to \infty} z_1(t) = 0$。证明完毕。

10.2　标准型不确定 MIMO 非线性系统跟踪控制

10.1 节介绍了基于模型的 MIMO 非线性系统控制方法，即假设系统模型完全已知。然而在实际工程中，系统模型往往未知时变且模型参数无法获取，对于该类 MIMO 非线性系统，如何设计有效的控制器以及稳定性分析，是目前研究的难点与热点问题。本节将具体介绍不依赖于系统模型的 MIMO 非线性系统控制设计方法。首先，以标准型 MIMO 非线性系统为例，具体介绍其控制方法。

10.2.1　问题描述

本节考虑如下形式的标准型不确定 MIMO 非线性系统[9, 10]：

$$\begin{cases} \dot{x}_1 = x_2 \\ \dot{x}_2 = x_3 \\ \vdots \\ \dot{x}_{n-1} = x_n \\ \dot{x}_n = G(\bar{x}_n)u + F(\bar{x}_n, \theta) \\ y = x_1 \end{cases} \tag{10.28}$$

其中，$x_i = [x_{i1}, \cdots, x_{im}]^{\mathrm{T}} \in \mathbb{R}^m (i = 1, 2, \cdots, n)$ 为系统状态向量；$\bar{x}_i = \left[x_1^{\mathrm{T}}, \cdots, x_i^{\mathrm{T}} \right]^{\mathrm{T}} \in \mathbb{R}^{mi}$；$u \in \mathbb{R}^m$ 为系统控制输入向量；$y \in \mathbb{R}^m$ 为系统输出；$G(\bar{x}_n)$ 为光滑但未知的控制增益矩阵；$F(\bar{x}_n, \theta) \in \mathbb{R}^m$ 为光滑但未知的非线性函数向量，包括所有的系统模型不确定性和外部干扰；$\theta \in \mathbb{R}^r$ 是系统未知参数矢量。需要注意的是："不确定"的含义是指系统参数 θ 未知。

为便于设计，定义输出跟踪误差 $e = x_1 - y_d = [e_{11}, \cdots, e_{1m}]^{\mathrm{T}} \in \mathbb{R}^m$，其中 $y_d \in \mathbb{R}^m$ 代表理想参考信号。

本节控制目标为针对式（10.28）所示的标准型不确定 MIMO 非线性系统，设计自适应控制方案：①确保闭环系统所有信号有界；②实现渐近跟踪。

为便于控制器设计，引入以下假设和引理。

假设 10.5　系统的期望轨迹 $y_d = [y_{d1}, \cdots, y_{dm}]^{\mathrm{T}}$，及其导数 $y_d^{(k)}(k = 1, 2, \cdots, n)$ 分段连续且有界。

假设 10.6　系统状态完全可测。

假设 10.7　未知控制增益矩阵 $G(\cdot) \in \mathbb{R}^{m \times m}$ 正定对称，且存在未知常数 $0 < \underline{\lambda} < \bar{\lambda} < \infty$ 使得对于任意的 $X \in \mathbb{R}^m$：

$$\underline{\lambda} \|X\|^2 \leqslant X^{\mathrm{T}} G X \leqslant \bar{\lambda} \|X\|^2 \tag{10.29}$$

假设 10.8　定义增益矩阵 G 的逆矩阵为 M，即 $G^{-1} = M$，且 M 为正定对称矩阵。

10.2.2　基于参数分解的控制器设计与稳定性分析

为便于控制器设计，引入以下滤波误差变量：

$$s = \lambda_1 e + \lambda_2 \dot{e} + \cdots + \lambda_{n-1} e^{(n-2)} + e^{(n-1)} \tag{10.30}$$

其中，$\lambda_1, \lambda_2, \cdots, \lambda_n$ 为设计参数且使得 $\lambda_1 w + \lambda_2 w^1 + \cdots + \lambda_{n-1} w^{n-2} + w^{n-1}$ 为 Hurwitz 多项式。

结合式（10.30），并对 s 求导，可得

$$\dot{s} = \lambda_1 \dot{e} + \lambda_2 e^{(2)} + \cdots + \lambda_{n-1} e^{(n-1)} + e^{(n)} \tag{10.31}$$

因为 $e = x_1 - y_d$，结合系统方程（10.28），则

$$\begin{cases} \dot{e} = x_2 - \dot{y}_d \\ \ddot{e} = x_3 - \ddot{y}_d \\ \quad \vdots \\ e^{(n-1)} = x_n - y_d^{(n-1)} \\ e^{(n)} = \dot{x}_n - y_d^{(n)} = F + Gu - y_d^{(n)} \end{cases} \tag{10.32}$$

所以式（10.31）进一步写为

$$\begin{aligned} \dot{s} &= \lambda_1 \dot{e} + \lambda_2 e^{(2)} + \cdots + \lambda_{n-1} e^{(n-1)} + F + Gu - y_d^{(n)} \\ &= F + Gu + L \end{aligned} \tag{10.33}$$

其中

$$L = \lambda_1 \dot{e} + \lambda_2 e^{(2)} + \cdots + \lambda_{n-1} e^{(n-1)} - y_d^{(n)} \tag{10.34}$$

为可计算函数，则在式（10.33）两边同时乘以矩阵 M，可得

$$M\dot{s} = MF + u + ML \tag{10.35}$$

针对式（10.35），引入以下假设条件。

假设 10.9 参数矢量 $MF + ML$ 和 $M\dot{s}$ 满足以下参数分解条件：

$$MF + ML = \varphi_1(\bar{x}_n) p \tag{10.36}$$

$$M\dot{s} = \varphi_2(\bar{x}_n) p \tag{10.37}$$

其中，$\varphi_1 \in \mathbb{R}^{m \times p}$ 和 $\varphi_2 \in \mathbb{R}^{m \times p}$ 是光滑已知函数；$p \in \mathbb{R}^p$ 是未知参数矢量。

构造如下二次型函数：

$$V_1 = \frac{1}{2} s^{\mathrm{T}} M s \tag{10.38}$$

其导数可表示为

$$\dot{V}_1 = s^{\mathrm{T}} M\dot{s} + \frac{1}{2} s^{\mathrm{T}} \dot{M} s = s^{\mathrm{T}} (MF + ML + u) + \frac{1}{2} s^{\mathrm{T}} \dot{M} s \tag{10.39}$$

根据假设 10.9，式（10.39）可表示为

$$\dot{V}_1 = s^{\mathrm{T}} (\varphi_1 p + u) + \frac{1}{2} s^{\mathrm{T}} \varphi_2 p = s^{\mathrm{T}} \Phi p + s^{\mathrm{T}} u \tag{10.40}$$

其中，$\Phi = \varphi_1 + \frac{1}{2} \varphi_2 \in \mathbb{R}^{m \times p}$ 是已知光滑函数；p 是未知参数矢量。

因为参数未知，所以设计如下自适应控制器：

$$u = -ks - \Phi \hat{p} \tag{10.41}$$

其中，$k > 0$ 是设计参数；$\hat{p}$ 是未知参数矢量 p 的估计值。

将控制器（10.41）代入式（10.40），可得

$$\dot{V}_1 = s^{\mathrm{T}} \Phi \tilde{p} - k s^{\mathrm{T}} s \tag{10.42}$$

其中，$\tilde{p} = p - \hat{p}$ 是参数估计误差。构造如下形式的 Lyapunov 候选函数：

$$V = V_1 + \frac{1}{2} \tilde{p}^{\mathrm{T}} \Gamma^{-1} \tilde{p} \tag{10.43}$$

其中，$\Gamma \in \mathbb{R}^{p \times p}$ 是常数正定对称矩阵，其关于时间 t 的导数为

$$\dot{V} = s^{\mathrm{T}} \Phi \tilde{p} - k s^{\mathrm{T}} s - \tilde{p}^{\mathrm{T}} \Gamma^{-1} \dot{\hat{p}} \tag{10.44}$$

设计自适应律为

$$\dot{\hat{p}} = \Gamma \Phi^{\mathrm{T}} s \tag{10.45}$$

将自适应律（10.45）代入式（10.44），可得

$$\dot{V} = -k s^{\mathrm{T}} s \leqslant 0 \tag{10.46}$$

根据式（10.46），可得 $V(t) \in L_\infty$，$s \in L_\infty$，$\tilde{p} \in L_\infty$。根据引理 4.1 可知 $e^{(j)}(j = 0, 1, \cdots, n-1)$ 有界。因为理想信号及其至 n 阶导数均有界，所以系统状态 $x_1, x_2, \cdots, x_n$ 有界，L 有界，由函数的光滑性可进一步得到 φ_1、φ_2 有界，非线性函数 F 有界。因为 $\tilde{p} = p - \hat{p}$，所以参数估计 $\hat{p}$ 有界，根据控制信号与自适应律表达式可知：控制信号 $u \in L_\infty$，自适应律 $\dot{\hat{p}} \in L_\infty$，以及滤波误差动态 $\dot{s} \in L_\infty$。此外，根据式（10.46），可知 $s \in L_2$，因此，根据 Barbalat 引理，不难得到 $\lim_{t \to \infty} s(t) = 0$，根据引理 4.1 可知 $\lim_{t \to \infty} e(t) = 0$。

10.2.3　基于核心函数的控制器设计与稳定性分析

当非线性函数 $MF + ML$ 与 $\dot{M}s$ 不满足参数分解条件时，10.2.2 节的自适应控制算法将不再适用。因此，本节将介绍采用核心函数的方法设计鲁棒自适应控制器。为便于控制器设计，引入以下假设条件。

假设 10.10[10]　对于未知非线性函数 $F(\cdot)$，存在未知常数 $a \geqslant 0$ 和已知函数 $\varphi(\overline{x}_n) \geqslant 0$ 使得

$$\| F(\cdot) \| \leqslant a \varphi(\overline{x}_n) \tag{10.47}$$

此外，当 $\overline{x}_n$ 有界时，则 F 和 φ 有界。

结合式（10.33），二次型函数 $\frac{1}{2} s^{\mathrm{T}} s$ 关于时间 t 的导数为

$$s^{\mathrm{T}} \dot{s} = s^{\mathrm{T}} G u + \varXi \tag{10.48}$$

其中，$\varXi = s^{\mathrm{T}}(F + L)$。

根据 Young's 不等式，可得

$$s^{\mathrm{T}} F \leqslant \| s \| a \varphi \leqslant \underline{\lambda} \| s \|^2 a^2 \varphi^2 + \frac{1}{4\underline{\lambda}} \tag{10.49}$$

$$s^{\mathrm{T}} L \leqslant \| s \| \| L \| \leqslant \underline{\lambda} \| s \|^2 \| L \|^2 + \frac{1}{4\underline{\lambda}} \tag{10.50}$$

则 $\varXi$ 可放缩为

$$\varXi \leqslant \underline{\lambda} \| s \|^2 b \phi + \frac{1}{2\underline{\lambda}} \tag{10.51}$$

其中

$$b = \max\{a^2, 1\} \tag{10.52}$$

为未知常数；

$$\phi = \varphi^2 + \|L\|^2 \tag{10.53}$$

为可计算的函数。

结合式（10.49）～式（10.51），式（10.48）可放缩为

$$s^{\mathrm{T}}\dot{s} \leqslant s^{\mathrm{T}}Gu + \underline{\lambda}\|s\|^2 b\phi + \frac{1}{2\underline{\lambda}} \tag{10.54}$$

设计如下鲁棒自适应控制器：

$$u = -ks - \hat{b}s\phi \tag{10.55}$$

其中，$k > 0$ 是设计参数，$\hat{b}$ 是未知参数 b 的估计值且按照如下方式进行更新：

$$\dot{\hat{b}} = \gamma\|s\|^2\phi - \sigma\hat{b}, \quad \hat{b}(0) \geqslant 0 \tag{10.56}$$

其中，$\sigma > 0$ 和 $\gamma > 0$ 是设计参数。值得注意的是：在参数估计初始值满足 $\hat{b}(0) \geqslant 0$ 条件下，根据式（10.56）可知 $\hat{b}(t) \geqslant 0$ 恒成立。

针对不可参数化分解的标准型 MIMO 非线性系统（10.28），根据鲁棒自适应控制方案提出以下定理。

定理 10.2 针对不可参数化分解的标准型 MIMO 非线性系统（10.28），在满足假设 10.5～假设 10.8 和假设 10.10 条件下，提出的鲁棒自适应控制算法（10.55）和算法（10.56）确保闭环系统所有信号有界。

证明 将定义于式（10.55）的实际控制器 u 代入 $s^{\mathrm{T}}Gu$ 项，可得

$$s^{\mathrm{T}}Gu = -ks^{\mathrm{T}}Gs - \hat{b}\phi s^{\mathrm{T}}Gs \tag{10.57}$$

根据假设 10.7 可知 $s^{\mathrm{T}}Gs \geqslant \underline{\lambda}\|s\|^2$。因为 $\hat{b}(t) \geqslant 0$ 恒成立，所以 $s^{\mathrm{T}}Gu$ 可放缩为

$$s^{\mathrm{T}}Gu \leqslant -k\underline{\lambda}s^{\mathrm{T}}s - \underline{\lambda}\hat{b}\phi s^{\mathrm{T}}s \tag{10.58}$$

则式（10.54）可写为

$$s^{\mathrm{T}}\dot{s} \leqslant -k\underline{\lambda}s^{\mathrm{T}}s + \underline{\lambda}\tilde{b}\phi s^{\mathrm{T}}s + \frac{1}{2\underline{\lambda}} \tag{10.59}$$

其中，$\tilde{b} = b - \hat{b}$ 为参数估计误差。

选取以下 Lyapunov 候选函数：

$$V = \frac{1}{2}s^{\mathrm{T}}s + \frac{\underline{\lambda}}{2\gamma}\tilde{b}^2 \tag{10.60}$$

其中，$\gamma > 0$ 为设计参数。对 V 求导，可得

$$\dot{V} \leqslant -k\underline{\lambda}\|s\|^2 + \underline{\lambda}\|s\|^2\tilde{b}\phi - \frac{\underline{\lambda}}{\gamma}\tilde{b}\dot{\hat{b}} + \frac{1}{2\underline{\lambda}} \tag{10.61}$$

将自适应更新律 $\dot{\hat{b}}$ 代入式（10.61），不难得到

$$\dot{V} \leqslant -k\underline{\lambda}\|s\|^2 + \frac{\sigma\underline{\lambda}}{\gamma}\tilde{b}\hat{b} + \frac{1}{2\underline{\lambda}} \tag{10.62}$$

注意到：

$$\frac{\sigma\lambda}{\gamma}\tilde{b}\hat{b} \leqslant \frac{\sigma\lambda}{\gamma}\tilde{b}(b-\tilde{b}) = \frac{\sigma\lambda}{\gamma}\tilde{b}b - \frac{\sigma\lambda}{\gamma}\tilde{b}^2 \leqslant -\frac{\sigma\lambda}{2\gamma}\tilde{b}^2 + \frac{\sigma\lambda}{2\gamma}b^2 \tag{10.63}$$

将式（10.63）代入式（10.62），有

$$\dot{V} \leqslant -k\underline{\lambda}\|s\|^2 - \frac{\sigma\lambda}{2\gamma}\tilde{b}^2 + \frac{\sigma\lambda}{2\gamma}b^2 + \frac{1}{2\underline{\lambda}} \leqslant -l_1 V + l_2 \tag{10.64}$$

其中，$l_1 = \min\{2k\underline{\lambda}, \sigma\}$；$l_2 = \frac{\sigma\lambda}{2\gamma}b^2 + \frac{1}{2\underline{\lambda}}$。

接下来，证明闭环系统信号的有界性。根据式（10.64）可知，Lyapunov 候选函数有界。由 $V(t)$ 的定义不难得到 $s \in L_\infty$，$\tilde{b} \in L_\infty$，由于 b 为常数，则 $\hat{b} \in L_\infty$。根据引理 4.1 及 s 的有界性，则 $e \in L_\infty$，$\dot{e} \in L_\infty$，$\cdots$，$e^{(n-1)} \in L_\infty$。结合式（10.34），可得 $L \in L_\infty$。因为 $e = x_1 - y_d$，$\dot{e} = x_2 - \dot{y}_d$，$\cdots$，$e^{(n-1)} = x_n - y_d^{(n-1)}$ 且 $y_d, \cdots, y_d^{(n-1)}$ 有界，则 $x_1, \cdots, x_n$ 均有界，所以 $F \in L_\infty$，$G \in L_\infty$，$\varphi \in L_\infty$，由式（10.53）可得 $\phi \in L_\infty$。进一步地，根据式（10.55）和式（10.56），有 $u \in L_\infty$，$\dot{\hat{b}} \in L_\infty$。因此，闭环系统所有信号均有界。证明完毕。

10.3　机器人系统跟踪控制

随着人工智能技术的不断发展，无人系统（如无人车、机械臂、隧道无人机系统等）的控制问题显得尤为重要，先进的控制算法可以使无人系统变得越来越智能。机器人系统作为一种典型的 MIMO 非线性无人系统，在工业系统中有着广泛的应用前景，因此，本节将着重研究机器人系统的跟踪控制算法。

10.3.1　问题描述

考虑如下 m 维非线性机器人系统[11-14]：

$$H(q,p)\ddot{q} + N_g(q,\dot{q},p)\dot{q} + G_g(q,p) + \tau_d(\dot{q},p,t) = u \tag{10.65}$$

其中，$q = [q_1, \cdots, q_m]^T \in \mathbb{R}^m$ 是关节位移；$p \in \mathbb{R}^l$ 是系统参数；$H(q,p) \in \mathbb{R}^{m\times m}$ 是机器人系统惯性矩阵；$N_g(q,\dot{q},p) \in \mathbb{R}^{m\times m}$ 是系统的未知科氏力矩阵；$G_g(q,p) \in \mathbb{R}^m$ 是重力项；$\tau_d(\dot{q},p,t) \in \mathbb{R}^m$ 是摩擦力和外界扰动且系统参数不满足可参数化分解条件；$u \in \mathbb{R}^m$ 是控制输入。

定义 $q = x_1$，$\dot{q} = x_2$，$x = [x_1^T, x_2^T]^T$，则机器人系统（10.65）可转换为如下二阶非线性系统：

$$\begin{cases} \dot{x}_1 = x_2 \\ \dot{x}_2 = F(x,p) + G(x,p)u + D(x,p,t) \end{cases} \tag{10.66}$$

其中，$F(x,p) = H^{-1}(-N_g x_2 - G_g)$；$D(x,p,t) = -H^{-1}\tau_d$；$G = H^{-1}$。机器人系统跟踪误差定义为 $e = x_1 - y_d = [e_{11}, \cdots, e_{1m}]^T$，其中 $y_d = [y_{d1}, \cdots, y_{dm}]^T \in \mathbb{R}^m$ 是已知参考信号。

本节控制目标：针对非线性机器人系统（10.65），设计鲁棒自适应控制器 u 使得闭环

系统所有信号有界。

对于机器人系统而言，具备以下性质[14, 15]。

性质 10.1　惯性矩阵 $H(q, p)$ 是正定对称矩阵，因此，其逆矩阵 G 也正定对称。同时，对于任意的 $X \in \mathbb{R}^m$，存在正的常数 $\lambda_{\min}$ 和 $\lambda_{\max}$ 使得

$$\lambda_{\min} \leqslant \|G\| \leqslant \lambda_{\max}, \quad \lambda_{\min} \|X\|^2 \leqslant X^T G X \leqslant \lambda_{\max} \|X\|^2 \tag{10.67}$$

性质 10.2　对于任意 $x_1 \in \mathbb{R}^m$，$x_2 \in \mathbb{R}^m$，存在正的有界常数 γ_H、γ_N 和 γ_G，使得

$$\|H\| \leqslant \gamma_H, \quad \|N_g\| \leqslant \gamma_N \|x_2\|, \quad \|G_g\| \leqslant \gamma_G \tag{10.68}$$

为实现以上目标，引入以下假设条件。

假设 10.11　系统状态 x_1 和 x_2 完全可测。

假设 10.12　参考信号 y_d 以及二阶导分段连续且有界。

假设 10.13[16]　针对摩擦力和外部扰动 τ_d，存在一个正的常数 γ_τ 使得

$$\|\tau_d\| \leqslant \gamma_\tau (1 + \|x_2\|) \tag{10.69}$$

10.3.2　控制器设计

基于跟踪误差 e，定义如下形式的滤波误差：

$$s = \lambda_1 e + \dot{e} = \lambda_1 e + (x_2 - \dot{y}_d) \tag{10.70}$$

其中，$\lambda_1 > 0$ 是设计参数。滤波误差（10.70）关于时间 t 的导数为

$$\dot{s} = \dot{x}_2 - \ddot{y}_d + \lambda_1 \dot{e} \tag{10.71}$$

将非线性机器人系统（10.66）的第二个等式代入式（10.71），有

$$\dot{s} = Gu + F + D - \ddot{y}_d + \lambda_1 \dot{e} \tag{10.72}$$

因此，二次型函数 $\frac{1}{2} s^T s$ 关于时间 t 的导数为

$$s^T \dot{s} = s^T Gu + s^T (F + D - \ddot{y}_d + \lambda_1 \dot{e}) \tag{10.73}$$

根据机器人系统性质 10.1、性质 10.2 和假设 10.13，可得

$$\begin{aligned}
\|F\| &\leqslant \|G\| \left(\|N_g\| \|x_2\| + \|G_g\| \right) \\
&\leqslant \lambda_{\max} \left(\gamma_N \|x_2\|^2 + \gamma_G \right) \\
&\leqslant \max \left\{ \lambda_{\max} \gamma_N, \lambda_{\max} \gamma_G \right\} \left(\|x_2\|^2 + 1 \right)
\end{aligned} \tag{10.74}$$

$$\|D\| \leqslant \gamma_\tau \|G\| (1 + \|x_2\|) \leqslant \gamma_\tau \lambda_{\max} (1 + \|x_2\|) \tag{10.75}$$

利用 Young's 不等式可得

$$s^T F \leqslant \|s\| \|F\| \leqslant \lambda_{\min} \|s\|^2 \max \left\{ \lambda_{\max} \gamma_N, \lambda_{\max} \gamma_G \right\}^2 \left(\|x_2\|^2 + 1 \right)^2 + \frac{1}{4\lambda_{\min}} \tag{10.76}$$

$$s^T D \leqslant \|s\| \|D\| \leqslant \lambda_{\min} \|s\|^2 \gamma_\tau^2 \lambda_{\max}^2 (1 + \|x_2\|)^2 + \frac{1}{4\lambda_{\min}} \tag{10.77}$$

$$s^T (\lambda_1 \dot{e} - \ddot{y}_d) \leqslant \|s\| \|\lambda_1 \dot{e} - \ddot{y}_d\| \leqslant \lambda_{\min} \|s\|^2 \|\lambda_1 \dot{e} - \ddot{y}_d\|^2 + \frac{1}{4\lambda_{\min}} \tag{10.78}$$

因此，非线性项 $s^T(F + D - \ddot{y}_d + \lambda_1 \dot{e})$ 可放缩为

$$s^T(F + D - \ddot{y}_d + \lambda_1 \dot{e}) \leqslant \lambda_{\min} a \|s\|^2 \phi + \frac{3}{4\lambda_{\min}} \tag{10.79}$$

其中

$$a = \max \left\{ \max \left\{ \lambda_{\max} \gamma_N, \lambda_{\max} \gamma_G \right\}^2, \gamma_\tau^2 \lambda_{\max}^2, 1 \right\} \tag{10.80}$$

是未知参数；

$$\phi = \left(\|x_2\|^2 + 1 \right)^2 + \left(1 + \|x_2\| \right)^2 + \|\lambda_1 \dot{e} - \ddot{y}_d\|^2 \tag{10.81}$$

是可计算函数。

鲁棒自适应控制器设计如下：

$$u = -(k + \hat{a}\phi)s \tag{10.82}$$

其中，$k > 0$ 是设计参数；$\hat{a}$ 是未知参数 a 的估计且按照如下方式进行更新：

$$\dot{\hat{a}} = \gamma \|s\|^2 \phi - \sigma \hat{a}, \quad \hat{a}(0) \geqslant 0 \tag{10.83}$$

其中，$\sigma > 0$ 和 $\gamma > 0$ 是设计参数；$\hat{a}(0)$ 是参数估计 $\hat{a}$ 的初始值。

针对非线性机器人系统（10.65），根据鲁棒自适应控制方案提出以下定理。

定理 10.3　针对满足假设 10.11～假设 10.13 条件的非线性机器人系统（10.65），提出的鲁棒自适应控制算法（10.82）和（10.83）保证闭环系统所有信号有界。

证明与 10.2 节类似，故省略。

10.4　严格反馈 MIMO 非线性系统跟踪控制

相对于 10.2 节和 10.3 节研究的标准型 MIMO 系统，严格反馈系统是一种更具普遍性的系统形式。本节将详细介绍采用自适应技术设计严格反馈 MIMO 非线性系统的跟踪控制算法。

10.4.1　问题描述

考虑如下形式的不确定严格反馈 MIMO 非线性系统：

$$\begin{cases} \dot{x}_1 = F_1(x_1, \theta_1) + G_1(x_1)x_2 \\ \dot{x}_2 = F_2(\bar{x}_2, \theta_2) + G_2(\bar{x}_2)x_3 \\ \vdots \\ \dot{x}_n = F_n(\bar{x}_n, \theta_n) + G_n(\bar{x}_n)u \\ y = x_1 \end{cases} \tag{10.84}$$

其中，$x_i = [x_{i1}, \cdots, x_{im}]^T \in \mathbb{R}^m, i = 1, 2, \cdots, n$ 为系统状态向量；$\bar{x}_i = \left[x_1^T, \cdots, x_i^T \right]^T \in \mathbb{R}^{mi}$；$G_i(\cdot) \in \mathbb{R}^{m \times m}$ 为光滑但未知的控制增益矩阵；$F_i(\cdot) \in \mathbb{R}^m$ 为光滑但不确定的非线性函数向量，包含系统参数和非参数的不确定性；$\theta_i \in \mathbb{R}^r$ 为未知参数矢量；$u \in \mathbb{R}^m$ 为控制输入向量；$y = x_1 = [x_{11}, \cdots, x_{1m}] \in \mathbb{R}^m$ 为系统输出向量。

定义跟踪误差为 $e = x_1 - y_d = [e_{11}, \cdots, e_{1m}]^{\mathrm{T}}$，其中 $y_d = [y_{d1}, \cdots, y_{dm}]^{\mathrm{T}} \in \mathbb{R}^m$ 是已知参考信号。

控制目标为针对式（10.84）所示的严格反馈 MIMO 非线性系统，设计自适应控制算法：①确保闭环系统所有信号有界；②确保跟踪误差收敛到足够小的紧凑集合内。

为便于控制器设计，引入以下假设条件。

假设 10.14　理想轨迹 $y_d = [y_{d1}, \cdots, y_{dm}]^{\mathrm{T}}$，及其导数 $y_d^{(i)}(i = 1, 2, \cdots, n)$ 分段连续且有界。

假设 10.15　未知控制增益矩阵 $G_i(\cdot) \in \mathbb{R}^{m \times m}$ 正定对称，且存在未知常数 $\underline{g}_i$ 和 $\overline{g}_i$ 使得

$$0 < \underline{g}_i < \min\{\mathrm{eig}(G_i)\}, \quad \|G_i\| \leqslant \overline{g}_i \tag{10.85}$$

假设 10.16　对于未知非线性函数 $F_i(\cdot)$，存在未知常数 $a_i \geqslant 0$ 和已知函数 $\varphi_i(\overline{x}_i) \geqslant 0$ 使得

$$\|F_i(\cdot)\| \leqslant a_i \varphi_i(\overline{x}_i), \quad \forall t \geqslant 0, \quad i = 1, 2, \cdots, n \tag{10.86}$$

此外，当 $\overline{x}_i$ 有界时，F_i 和 φ_i 有界。

假设 10.17　系统状态 $x_1, x_2, \cdots x_n$ 完全可测。

10.4.2　控制设计与稳定性分析

众所周知，针对 n 阶系统而言，基于 Backstepping 技术的鲁棒自适应控制方法需要 n 步。前 $n-1$ 步设计虚拟控制器，第 n 步设计真实控制器。

首先，定义如下坐标变换：

$$\begin{cases} z_1 = x_1 - y_d \\ z_i = x_i - \alpha_{i-1}, \quad i = 2, 3, \cdots, n \end{cases} \tag{10.87}$$

其中，$z_1 = [z_{11}, \cdots, z_{1m}]^{\mathrm{T}} \in \mathbb{R}^m$ 为输出跟踪误差；$z_i = [z_{i1}, \cdots, z_{im}]^{\mathrm{T}} \in \mathbb{R}^m (i = 2, 3, \cdots, n)$ 为虚拟误差；α_{i-1} 为需要设计的虚拟控制器。

第 1 步，结合系统模型（10.84），z_1 的导数可表示为

$$\dot{z}_1 = \dot{x}_1 - \dot{y}_d = F_1 + G_1 x_2 - \dot{y}_d \tag{10.88}$$

因为 $x_2 = z_2 + \alpha_1$，所以

$$\dot{z}_1 = F_1 + G_1(z_2 + \alpha_1) - \dot{y}_d \tag{10.89}$$

进一步地：

$$z_1^{\mathrm{T}} \dot{z}_1 = z_1^{\mathrm{T}} G_1 \alpha_1 + \varXi_1 + z_1^{\mathrm{T}} G_1 z_2 \tag{10.90}$$

其中，$\varXi_1 = z_1^{\mathrm{T}}(F_1 - \dot{y}_d)$ 是不确定项。

根据假设 10.16 并使用 Young's 不等式，可得

$$z_1^{\mathrm{T}} F_1 \leqslant \|z_1\| a_1 \varphi_1 \leqslant \underline{g}_1 a_1^2 \|z_1\|^2 \varphi_1^2 + \frac{1}{4\underline{g}_1} \tag{10.91}$$

$$-z_1^{\mathrm{T}} \dot{y}_d \leqslant \|z_1\| \|\dot{y}_d\| \leqslant \underline{g}_1 \|z_1\|^2 \|\dot{y}_d\|^2 + \frac{1}{4\underline{g}_1} \tag{10.92}$$

因此，不确定项 Ξ_1 可放缩为

$$\Xi_1 \leqslant \underline{g}_1 \|z_1\|^2 b_1 \Phi_1 + \frac{1}{2\underline{g}_1} \tag{10.93}$$

其中

$$b_1 = \max\left\{1, a_1^2\right\} \tag{10.94}$$

为未知虚拟常数；

$$\Phi_1 = \varphi_1^2 + \|\dot{y}_d\|^2 \tag{10.95}$$

为可计算的函数。

根据式（10.93），式（10.90）可放缩为

$$z_1^{\mathrm{T}} \dot{z}_1 \leqslant z_1^{\mathrm{T}} G_1 \alpha_1 + \underline{g}_1 \|z_1\|^2 b_1 \Phi_1 + \frac{1}{2\underline{g}_1} + z_1^{\mathrm{T}} G_1 z_2 \tag{10.96}$$

选取如下形式的 Lyapunov 候选函数：

$$V_1 = \frac{1}{2} z_1^{\mathrm{T}} z_1 + \frac{\underline{g}_1}{2\gamma_1} \tilde{b}_1^2 \tag{10.97}$$

其中，$r_1 > 0$ 为设计参数；$\tilde{b}_1 = b_1 - \hat{b}_1$ 为参数估计误差；$\hat{b}_1$ 为未知参数 b_1 的估计值。则 V_1 对时间 t 的导数可表示为

$$\dot{V}_1 = z_1^{\mathrm{T}} \dot{z}_1 + \frac{\underline{g}_1}{\gamma_1} \tilde{b}_1 \dot{\hat{b}}_1 \leqslant z_1^{\mathrm{T}} G_1 \alpha_1 + \underline{g}_1 \|z_1\|^2 b_1 \Phi_1 + \frac{1}{2\underline{g}_1} + z_1^{\mathrm{T}} G_1 z_2 - \frac{\underline{g}_1}{\gamma_1} \tilde{b}_1 \dot{\hat{b}}_1 \tag{10.98}$$

设计如下虚拟控制器 α_1 和自适应律 $\dot{\hat{b}}_1$：

$$\alpha_1 = -(k_1 + \hat{b}_1 \Phi_1) z_1 \tag{10.99}$$

$$\dot{\hat{b}}_1 = \gamma_1 \|z_1\|^2 \Phi_1 - \sigma_1 \hat{b}_1, \quad \hat{b}_1(0) \geqslant 0 \tag{10.100}$$

其中，$k_1 > 0$，$\gamma_1 > 0$，$\sigma_1 > 0$ 为设计参数；$\hat{b}_1(0) \geqslant 0$ 为任意选取的初始值。值得关注的是，对于任意的初始条件 $\hat{b}_1(0) \geqslant 0$，因为 $\gamma_1 \|z_1\|^2 \Phi_1 \geqslant 0$，所以 $\hat{b}(t) \geqslant 0$ 恒成立。

将定义于式（10.99）的虚拟控制器 α_1 代入 $z_1^{\mathrm{T}} G_1 \alpha_1$，有

$$z_1^{\mathrm{T}} G_1 \alpha_1 = -(k_1 + \hat{b}_1 \Phi_1) z_1^{\mathrm{T}} G_1 z_1 \tag{10.101}$$

结合假设 10.16，可知：

$$-z_1^{\mathrm{T}} G_1 z_1 \leqslant -\underline{g}_1 \|z_1\|^2 \tag{10.102}$$

则式（10.101）进一步表示为

$$z_1^{\mathrm{T}} G_1 \alpha_1 \leqslant -\underline{g}_1 (k_1 + \hat{b}_1 \Phi_1) \|z_1\|^2 \tag{10.103}$$

将其代入式（10.98），可得

$$\dot{V}_1 \leqslant -\underline{g}_1 k_1 \|z_1\|^2 + \underline{g}_1 \|z_1\|^2 \tilde{b}_1 \Phi_1 + \frac{1}{2\underline{g}_1} + z_1^{\mathrm{T}} G_1 z_2 - \frac{\underline{g}_1}{\gamma_1} \tilde{b}_1 \dot{\hat{b}}_1 \tag{10.104}$$

将定义于式（10.100）的自适应律 $\dot{\hat{b}}_1$ 代入式（10.104），有

$$\dot{V}_1 \leqslant -k_1 \underline{g}_1 \|z_1\|^2 + \underline{g}_1 \|z_1\|^2 \tilde{b}_1 \Phi_1 + z_1^{\mathrm{T}} G_1 z_2 + \frac{1}{2\underline{g}_1} + \frac{\sigma_1 \underline{g}_1}{\gamma_1} \tilde{b}_1 \hat{b}_1 - \underline{g}_1 \|z_1\|^2 \tilde{b}_1 \Phi_1 \\ \leqslant -k_1 \underline{g}_1 \|z_1\|^2 + z_1^{\mathrm{T}} G_1 z_2 + \frac{1}{2\underline{g}_1} + \frac{\sigma_1 \underline{g}_1}{\gamma_1} \tilde{b}_1 \hat{b}_1 \tag{10.105}$$

注意到

$$\frac{\sigma_1 \underline{g}_1}{\gamma_1} \tilde{b}_1 \hat{b}_1 = \frac{\sigma_1 \underline{g}_1}{\gamma_1} \tilde{b}_1 (b_1 - \tilde{b}_1) \leqslant \frac{\sigma_1 \underline{g}_1}{\gamma_1} b_1 \tilde{b}_1 - \frac{\sigma_1 \underline{g}_1}{\gamma_1} \tilde{b}_1^2 \leqslant -\frac{\sigma_1 \underline{g}_1}{2\gamma_1} \tilde{b}_1^2 + \frac{\sigma_1 \underline{g}_1}{2\gamma_1} b_1^2 \tag{10.106}$$

将其代入式（10.105），有

$$\dot{V}_1 \leqslant -k_1 \underline{g}_1 \|z_1\|^2 - \frac{\sigma_1 \underline{g}_1}{2\gamma_1} \tilde{b}_1^2 + z_1^{\mathrm{T}} G_1 z_2 + \Delta_1 \tag{10.107}$$

其中，$\Delta_1 = \dfrac{1}{2\underline{g}_1} + \dfrac{\sigma_1 \underline{g}_1}{2\gamma_1} b_1^2$，$z_1^{\mathrm{T}} G_1 z_2$ 项将在第 2 步处理。

第 2 步：根据系统模型（10.84）和式（10.87），z_2 导数可表示为

$$\dot{z}_2 = \dot{x}_2 - \dot{\alpha}_1 = F_2 + G_2 (z_3 + \alpha_2) - \dot{\alpha}_1 \tag{10.108}$$

根据定义于式（10.99）的虚拟控制器 α_1 可知，α_1 是变量 x_1、y_d、$\dot{y}_d$ 和 $\hat{b}_1$ 的函数，则

$$\dot{\alpha}_1 = \frac{\partial \alpha_1}{\partial x_1} \dot{x}_1 + \sum_{j=0}^{1} \frac{\partial \alpha_1}{\partial y_d^{(j)}} y_d^{(j+1)} + \frac{\partial \alpha_1}{\partial \hat{b}_1} \dot{\hat{b}}_1 \\ = \frac{\partial \alpha_1}{\partial x_1} (F_1 + G_1 x_2) + l_1 \tag{10.109}$$

其中，$l_1 = \displaystyle\sum_{k=0}^{1} \frac{\partial \alpha_1}{\partial y_d^{(k)}} y_d^{(k+1)} + \frac{\partial \alpha_1}{\partial \hat{b}_1} \dot{\hat{b}}_1$ 是可计算函数。因此，二次型函数 $\frac{1}{2} z_2^{\mathrm{T}} z_2$ 的导数为

$$z_2^{\mathrm{T}} \dot{z}_2 = z_2^{\mathrm{T}} G_2 z_3 + z_2^{\mathrm{T}} G_2 \alpha_2 + z_2^{\mathrm{T}} \left(F_2 - \frac{\partial \alpha_1}{\partial x_1} (F_1 + G_1 x_2) - l_1 \right) \tag{10.110}$$

选取如下函数：

$$V_{21} = V_1 + \frac{1}{2} z_2^{\mathrm{T}} z_2 \tag{10.111}$$

则结合式（10.107），V_{21} 的导数可表示为

$$\dot{V}_{21} \leqslant -k_1 \underline{g}_1 \|z_1\|^2 - \frac{\sigma_1 \underline{g}_1}{2\gamma_1} \tilde{b}_1^2 + z_2^{\mathrm{T}} G_2 \alpha_2 + \Delta_1 + z_2^{\mathrm{T}} G_2 z_3 + \Xi_2 \tag{10.112}$$

其中

$$\varXi_2 = z_1^{\mathrm{T}} G_1 z_2 + + z_2^{\mathrm{T}} \left(F_2 - \frac{\partial \alpha_1}{\partial x_1}(F_1 + G_1 x_2) - l_1 \right) \tag{10.113}$$

是总的非线性项。

根据假设 10.15 和假设 10.16，并利用 Young's 不等式，可得

$$z_2^{\mathrm{T}} F_2 \leqslant \left\| z_2^{\mathrm{T}} \right\| a_2 \varphi_2 \leqslant \underline{g}_2 \left\| z_2 \right\|^2 a_2^2 \varphi_2^2 + \frac{1}{4\underline{g}_2} \tag{10.114}$$

$$z_1^{\mathrm{T}} G_1 z_2 \leqslant \underline{g}_2 \left\| z_1 \right\|^2 \left\| z_2 \right\|^2 + \frac{\overline{g}_1^2}{4\underline{g}_2} \tag{10.115}$$

$$-z_2^{\mathrm{T}} \frac{\partial \alpha_1}{\partial x_1} G_1 x_2 \leqslant \underline{g}_2 \left\| \frac{\partial \alpha_1}{\partial x_1} \right\|^2 \left\| x_2 \right\|^2 \left\| z_2 \right\|^2 + \frac{\overline{g}_1^2}{4\underline{g}_2} \tag{10.116}$$

$$-z_2^{\mathrm{T}} \frac{\partial \alpha_1}{\partial x_1} F_1 \leqslant \left\| z_2 \right\| \left\| \frac{\partial \alpha_1}{\partial x_1} \right\| a_1 \varphi_1 \leqslant \underline{g}_2 \left\| z_2 \right\|^2 \left\| \frac{\partial \alpha_1}{\partial x_1} \right\|^2 a_1^2 \varphi_1^2 + \frac{1}{4\underline{g}_2} \tag{10.117}$$

$$-z_2^{\mathrm{T}} l_1 \leqslant \underline{g}_2 \left\| z_2 \right\|^2 l_1^2 + \frac{1}{4\underline{g}_2} \tag{10.118}$$

结合（10.114）～式（10.118），$\varXi_2$ 可放缩为

$$\varXi_2 \leqslant \underline{g}_2 b_2 \left\| z_2 \right\|^2 \varPhi_2 + \frac{3}{4\underline{g}_2} + \frac{\overline{g}_1^2}{2\underline{g}_2} \tag{10.119}$$

其中

$$b_2 = \max\left\{1, a_1^2, a_2^2\right\} \tag{10.120}$$

是未知虚拟参数；

$$\varPhi_2 = \left\| z_1 \right\|^2 + \varphi_2^2 + \left\| \frac{\partial \alpha_1}{\partial x_1} \right\|^2 \varphi_1^2 + \left\| \frac{\partial \alpha_1}{\partial x_1} \right\|^2 \left\| x_2 \right\|^2 + \left\| l_1 \right\|^2 \tag{10.121}$$

是可计算函数。则式（10.112）可写为

$$\dot{V}_{21} \leqslant -k_1 \underline{g}_1 \left\| z_1 \right\|^2 - \frac{\sigma_1 \underline{g}_1}{2\gamma_1} \tilde{b}_1^2 + z_2^{\mathrm{T}} G_2 \alpha_2 + \Delta_1 + z_2^{\mathrm{T}} G_2 z_3 + \underline{g}_2 b_2 \left\| z_2 \right\|^2 \varPhi_2 + \frac{3}{4\underline{g}_2} + \frac{\overline{g}_1^2}{2\underline{g}_2} \tag{10.122}$$

选取如下 Lyapunov 候选函数：

$$V_2 = V_{21} + \frac{\underline{g}_2}{2\gamma_2} \tilde{b}_2^2 \tag{10.123}$$

其中，$\gamma_2 > 0$ 为设计参数；$\tilde{b}_2 = b_2 - \hat{b}_2$ 为参数估计误差；$\hat{b}_2$ 为未知参数 b_2 的估计值。则 V_2 的导数为

$$\dot{V}_2 \leqslant -k_1 \underline{g}_1 \left\| z_1 \right\|^2 - \frac{\sigma_1 \underline{g}_1}{2\gamma_1} \tilde{b}_1^2 + z_2^{\mathrm{T}} G_2 \alpha_2 + \Delta_1 + z_2^{\mathrm{T}} G_2 z_3 + \underline{g}_2 b_2 \left\| z_2 \right\|^2 \varPhi_2$$
$$+ \frac{3}{4\underline{g}_2} + \frac{\overline{g}_1^2}{2\underline{g}_2} - \frac{\underline{g}_2}{\gamma_2} \tilde{b}_2 \dot{\hat{b}}_2 \tag{10.124}$$

设计虚拟控制器 α_2 和自适应律 $\dot{\hat{b}}_2$ 如下：

$$\alpha_2 = -(k_2 + \hat{b}_2 \Phi_2) z_2 \tag{10.125}$$

$$\dot{\hat{b}}_2 = \gamma_2 \|z_2\|^2 \Phi_2 - \sigma_2 \hat{b}_2, \quad \hat{b}_2(0) \geq 0 \tag{10.126}$$

其中，$k_2 > 0$，$\sigma_2 > 0$，$\gamma_2 > 0$ 为设计参数；$\hat{b}_2(0) \geq 0$ 为任意选取的初始值。

类似于式（10.101）～式（10.103），将虚拟控制器 α_2 代入 $z_2^{\mathrm{T}} G_2 \alpha_2$，可得

$$z_2^{\mathrm{T}} G_2 \alpha_2 \leq -\underline{g}_2 (k_2 + \hat{b}_2 \Phi_2) \|z_2\|^2 \tag{10.127}$$

因此，式（10.124）可进一步写为

$$\dot{V}_2 \leq -\sum_{j=1}^{2} k_j \underline{g}_j \|z_j\|^2 - \frac{\sigma_1 \underline{g}_1}{2\gamma_1} \tilde{b}_1^2 + \Delta_1 + z_2^{\mathrm{T}} G_2 z_3 + \underline{g}_2 \hat{b}_2 \|z_2\|^2 \Phi_2$$
$$+ \frac{3}{4\underline{g}_2} + \frac{\overline{g}_1^2}{2\underline{g}_2} - \frac{\underline{g}_2}{\gamma_2} \tilde{b}_2 \dot{\hat{b}}_2 \tag{10.128}$$

同样地，将定义于式（10.126）的自适应更新律 $\dot{\hat{b}}_2$ 代入式（10.128），有

$$\dot{V}_2 \leq -\sum_{j=1}^{2} k_j \underline{g}_j \|z_j\|^2 - \sum_{j=1}^{2} \frac{\sigma_2 \underline{g}_2}{2\gamma_2} \tilde{b}_2^2 + \Delta_2 + z_2^{\mathrm{T}} G_2 z_3 \tag{10.129}$$

其中，$\Delta_2 = \Delta_1 + \dfrac{3}{4\underline{g}_2} + \dfrac{\overline{g}_1^2}{2\underline{g}_2} + \dfrac{\sigma_2 \underline{g}_2}{2\gamma_2} b_2^2$ 是未知常数项；$z_2^{\mathrm{T}} G_2 z_3$ 将在之后处理。

第 $i(i = 3, 4, \cdots, n)$ 步：在虚拟控制器和真实控制器设计之前，为便于描述，特定义如下参数：

$$b_i = \max\{a_1^2, \cdots, a_i^2, 1\} \tag{10.130}$$

$$\tilde{b}_i = b_i - \hat{b}_i \tag{10.131}$$

其中，$\hat{b}_i$ 是未知参数 b_i 的估计；$\tilde{b}_i$ 是参数估计误差。

根据系统模型（10.84）和坐标变换（10.87），z_i 关于时间 t 的导数为

$$\dot{z}_i = \dot{x}_i - \dot{\alpha}_{i-1} = F_i + G_i z_{i+1} + G_i \alpha_i - \dot{\alpha}_{i-1} \tag{10.132}$$

需要注意的是，当 $i = n$ 时，$\alpha_n = u$，$z_{n+1} = 0$。根据分析可知，α_{i-1} 是变量 x_j、$\hat{b}_j (j = 0, 1, \cdots, i-1)$ 和 $y_d^{(k)} (k = 0, 1, \cdots, i-1)$ 的函数，则

$$\dot{\alpha}_{i-1} = \sum_{j=1}^{i-1} \frac{\partial \alpha_{i-1}}{\partial x_j} (F_j + G_j x_{j+1}) + \sum_{j=0}^{i-1} \frac{\partial \alpha_{i-1}}{\partial y_d^{(j)}} y_d^{(j+1)} + \sum_{j=1}^{i-1} \frac{\partial \alpha_{i-1}}{\partial \hat{b}_j} \dot{\hat{b}}_j$$
$$= \sum_{j=1}^{i-1} \frac{\partial \alpha_{i-1}}{\partial x_j} (F_j + G_j x_{j+1}) + l_{i-1} \tag{10.133}$$

其中，$l_{i-1} = \sum\limits_{j=0}^{i-1} \dfrac{\partial \alpha_{i-1}}{\partial y_d^{(j)}} y_d^{(j+1)} + \sum\limits_{j=1}^{i-1} \dfrac{\partial \alpha_{i-1}}{\partial \hat{b}_j} \dot{\hat{b}}_j$ 是可计算函数。进一步可得

$$z_i^{\mathrm{T}} \dot{z}_i = z_i^{\mathrm{T}} F_i + z_i^{\mathrm{T}} G_i z_{i+1} + z_i^{\mathrm{T}} G_i \alpha_i - z_i^{\mathrm{T}} \sum_{j=1}^{i-1} \frac{\partial \alpha_{i-1}}{\partial x_j} (F_j + G_j x_{j+1}) - z_i^{\mathrm{T}} l_{i-1} \tag{10.134}$$

构造如下 Lyapunov 候选函数：

$$V_i = V_{i-1} + \frac{1}{2}z_i^{\mathrm{T}}z_i + \frac{g_i}{2\gamma_i}\tilde{b}_i^2 \tag{10.135}$$

其中，$\gamma_i > 0$ 是设计参数。因此，结合式（10.129）和式（10.134），V_i 关于时间 t 的导数为

$$\dot{V}_i = \dot{V}_{i-1} + z_i^{\mathrm{T}}\dot{z}_i - \frac{g_i}{\gamma_i}\tilde{b}_i\dot{\hat{b}}_i \tag{10.136}$$

$$\leqslant -\sum_{j=1}^{i-1}k_j\underline{g}_j\|z_j\|^2 - \sum_{j=1}^{i-1}\frac{\sigma_j\underline{g}_j}{2\gamma_j}\tilde{b}_j^2 + \Delta_{i-1} + z_i^{\mathrm{T}}G_iz_{i+1} + z_i^{\mathrm{T}}G_i\alpha_i + \Xi_i - \frac{g_i}{\gamma_i}\tilde{b}_i\dot{\hat{b}}_i$$

其中

$$\Xi_i = z_{i-1}^{\mathrm{T}}G_{i-1}z_i + z_i^{\mathrm{T}}F_i - z_i^{\mathrm{T}}\sum_{j=1}^{i-1}\frac{\partial\alpha_{i-1}}{\partial x_j}(F_j + G_j x_{j+1}) - z_i^{\mathrm{T}}l_{i-1} \tag{10.137}$$

是非线性项。

根据假设 10.15 和假设 10.16，并利用 Young's 不等式，可得

$$z_i^{\mathrm{T}}F_i \leqslant \|z_i\|a_i\varphi_i \leqslant \underline{g}_i\|z_i\|^2 a_i^2\varphi_i^2 + \frac{1}{4\underline{g}_i} \tag{10.138}$$

$$z_{i-1}^{\mathrm{T}}G_iz_i \leqslant \underline{g}_i\|z_{i-1}\|^2\|z_i\|^2 + \frac{\overline{g}_{i-1}^2}{4\underline{g}_i} \tag{10.139}$$

$$-z_i^{\mathrm{T}}\sum_{j=1}^{i-1}\frac{\partial\alpha_{i-1}}{\partial x_j}F_j \leqslant \underline{g}_i\|z_i\|^2\sum_{j=1}^{i-1}\left\|\frac{\partial\alpha_{i-1}}{\partial x_j}\right\|^2 a_j^2\varphi_j^2 + \frac{i-1}{4\underline{g}_i} \tag{10.140}$$

$$-z_i^{\mathrm{T}}\sum_{j=1}^{i-1}\frac{\partial\alpha_{i-1}}{\partial x_j}G_j x_{j+1} \leqslant \underline{g}_i\|z_i\|^2\sum_{j=1}^{i-1}\left\|\frac{\partial\alpha_{i-1}}{\partial x_j}\right\|^2\|x_{j+1}\|^2 + \sum_{j=1}^{i-1}\frac{\overline{g}_j^2}{4\underline{g}_i} \tag{10.141}$$

$$-z_i^{\mathrm{T}}l_{i-1} \leqslant \underline{g}_i\|z_i\|^2\|l_{i-1}\|^2 + \frac{1}{4\underline{g}_i} \tag{10.142}$$

结合式（10.138）和式（10.142），Ξ_i 可放缩为

$$\Xi_i \leqslant \underline{g}_i b_i\|z_i\|^2\Phi_i + \frac{i+1}{4\underline{g}_i} + \frac{\overline{g}_{i-1}^2}{4\underline{g}_i} + \sum_{j=1}^{i-1}\frac{\overline{g}_j^2}{4\underline{g}_i} \tag{10.143}$$

其中，b_i 定义于式（10.130）；

$$\Phi_i = \|z_i\|^2 + \varphi_i^2 + \sum_{j=1}^{i-1}\left\|\frac{\partial\alpha_{i-1}}{\partial x_j}\right\|^2\varphi_j^2 + \sum_{j=1}^{i-1}\left\|\frac{\partial\alpha_{i-1}}{\partial x_j}\right\|^2\|x_{j+1}\|^2 + \|l_{i-1}\|^2 \tag{10.144}$$

是可计算函数。因此，式（10.136）可放缩为

$$\dot{V}_i \leqslant -\sum_{j=1}^{i-1}k_j\underline{g}_j\|z_j\|^2 - \sum_{j=1}^{i-1}\frac{\sigma_j\underline{g}_j}{2\gamma_j}\tilde{b}_j^2 + \Delta_{i-1} + z_i^{\mathrm{T}}G_iz_{i+1} + z_i^{\mathrm{T}}G_i\alpha_i$$

$$+ \underline{g}_i b_i\|z_i\|^2\Phi_i + \frac{i+1}{4\underline{g}_i} + \frac{\overline{g}_{i-1}^2}{4\underline{g}_i} + \sum_{j=1}^{i-1}\frac{\overline{g}_j^2}{4\underline{g}_i} - \frac{g_i}{\gamma_i}\tilde{b}_i\dot{\hat{b}}_i \tag{10.145}$$

设计如下虚拟控制器 α_i，真实控制器 u 和自适应律 $\dot{\hat{b}}_i$：

$$\alpha_i = -(k_i + \hat{b}_i \Phi_i) z_i \tag{10.146}$$

$$\dot{\hat{b}}_i = \gamma_i \|z_i\|^2 \Phi_i - \sigma_i \hat{b}_i, \quad \hat{b}_i(0) \geqslant 0 \tag{10.147}$$

$$u = \alpha_n \tag{10.148}$$

其中，$k_i > 0$ 和 $\sigma_j > 0$ 为设计参数；$\hat{b}_i(0) \geqslant 0$ 为任意选取的初始值。将式（10.146）的虚拟控制器 α_i 代入式（10.145）中，则

$$
\begin{aligned}
\dot{V}_i \leqslant &-\sum_{j=1}^{i} k_j \underline{g}_j \|z_j\|^2 - \sum_{j=1}^{i-1} \frac{\sigma_j \underline{g}_j}{2\gamma_j} \tilde{b}_j^2 + \Delta_{i-1} + z_i^{\mathrm{T}} G_i z_{i+1} \\
&+ \underline{g}_i \tilde{b}_i \|z_i\|^2 \Phi_i + \frac{i+1}{4\underline{g}_i} + \frac{\overline{g}_{i-1}^2}{4\underline{g}_i} + \sum_{j=1}^{i-1} \frac{\overline{g}_j^2}{4\underline{g}_i} - \frac{\underline{g}_i}{\gamma_i} \tilde{b}_i \dot{\hat{b}}_i
\end{aligned} \tag{10.149}
$$

同样地，将自适应律 $\dot{\hat{b}}_i$ 代入式（10.149）中，则

$$\dot{V}_i \leqslant -\sum_{j=1}^{i} k_j \underline{g}_j \|z_j\|^2 - \sum_{j=1}^{i} \frac{\sigma_j \underline{g}_j}{2\gamma_j} \tilde{b}_j^2 + \Delta_i + z_i^{\mathrm{T}} G_i z_{i+1} \tag{10.150}$$

其中，$\Delta_i = \Delta_{i-1} + \dfrac{i+1}{4\underline{g}_i} + \dfrac{\overline{g}_{i-1}^2}{4\underline{g}_i} + \sum\limits_{j=1}^{i-1} \dfrac{\overline{g}_j^2}{4\underline{g}_i} + \dfrac{\underline{g}_i \sigma_i}{2\gamma_i} b_i^2$ 是正的常数。

针对式（10.84）中描述的严格反馈 MIMO 非线性系统的自适应控制方案，提出以下定理。

定理 10.4 考虑严格反馈 MIMO 非线性系统（10.84），在满足假设 10.14～假设 10.17 条件下，提出的自适应控制方案不仅确保闭环系统所有信号有界，同时跟踪误差收敛到足够小的紧凑集合范围。

证明 当 $i = n$ 时，$z_{n+1} = 0$，则式（10.150）转换为

$$\dot{V}_n \leqslant -\sum_{j=1}^{n} k_j \underline{g}_j \|z_j\|^2 - \sum_{j=1}^{n} \frac{\sigma_j \underline{g}_j}{2\gamma_j} \tilde{b}_j^2 + \Delta_n \leqslant -\eta_1 V_n + \eta_2 \tag{10.151}$$

其中，$\eta_1 = \min\{2k_j \underline{g}_j, \sigma_j\}, j = 1, 2, \cdots, n$，$\eta_2 = \Delta_n$。

接下来，进行闭环系统稳定性分析。首先证明闭环系统内的所有信号均有界。根据式（10.151）可得，$z_i \in L_\infty$，$\hat{b}_i \in L_\infty$，$i = 1, 2, \cdots, n$。因为 $z_1 = x_1 - y_d$，可知 $x_1 \in L_\infty$，则 $\varphi_1 \in L_\infty$，$F_1(x_1) \in L_\infty$，$G_1 \in L_\infty$，$\Phi_1 \in L_\infty$。根据式（10.99）和式（10.100）可知，虚拟控制器 α_1 和自适应律 $\dot{\hat{b}}_1$ 有界，进一步得到 $\partial \alpha_1 / \partial x_1 \in L_\infty$，$\partial \alpha_1 / \partial y_d \in L_\infty$，$\partial \alpha_1 / \partial \dot{y}_d \in L_\infty$。根据虚拟误差 z_2 的定义表达式 $z_2 = x_2 - \alpha_1$，可确定 $x_2 \in L_\infty$，从而 $\varphi_2 \in L_\infty$，$F_2 \in L_\infty$，根据虚拟控制器 α_2 的定义，不难得出其有界性。采用类似分析，可以得到系统状态 $x_i \in L_\infty$，非线性函数 $F_i \in L_\infty$，控制增益 $G_i \in L_\infty$，虚拟控制器 $\alpha_{i-1} \in L_\infty$，真实控制器 $u \in L_\infty$，以及自适应律 $\dot{\hat{b}}_i \in L_\infty$。即闭环系统内的所有信号均有界。

其次，分析跟踪误差可收敛到足够小的紧凑集合范围内。式（10.151）可写为以下形式：

$$\dot{V}_n \leqslant -k_1 \underline{g}_1 \|z_1\|^2 + \eta_2 \tag{10.152}$$

当 $\|z_1\| > \sqrt{(\eta_2 + \mu)/(k_1\underline{g}_1)}$ 时，$\dot{V}_n$ 为负，其中 μ 是一个小常数，因此 $\|z_1\|$ 会进入并停留在紧凑集合 $\Omega_{z_1} \in \left\{ z_1 \in \mathbb{R}^m \left| \|z_1\| \leqslant \sqrt{(\eta_2 + \mu)/(k_1\underline{g}_1)} \right. \right\}$，由此看出，通过增加设计参数 k_1 可确保得到较好的跟踪效果。证明完毕。

10.4.3　数值仿真

仿真环境为 Windows-10 专业版 64 位操作系统，CPU 为 Intel Core i7-8650U @ 1.90GHz 2.11GHz，系统内存为 8GB，仿真软件为 MATLAB R2012a。本节采用二阶机器人系统验证算法的有效性。机器人系统模型中 H、N_g、G_g、τ_d 的具体表达式为[11]

$$H(q,p) = \begin{bmatrix} p_1 + p_2 + 2p_3\cos(q_2) & p_2 + p_3\cos(q_2) \\ p_2 + p_3\cos(q_2) & p_2 \end{bmatrix} \tag{10.153}$$

$$N_g(q,\dot{q},p) = \begin{bmatrix} -p_3\dot{q}_2\sin(q_2) & -p_3(\dot{q}_1 + \dot{q}_2)\sin(q_2) \\ p_3\dot{q}_1\sin(q_2) & 0 \end{bmatrix} \tag{10.154}$$

$$G_g(q,p) = \begin{bmatrix} p_4g\cos(q_1) + p_5g\cos(q_1 + q_2) \\ p_5g\cos(q_1 + q_2) \end{bmatrix} \tag{10.155}$$

$$\tau_d = p_6(\tanh(p_7\dot{q}) - \tanh(p_8\dot{q})) + p_9\tanh(p_{10}\dot{q}) + p_{11}\dot{q} \tag{10.156}$$

其中，系统参数为 $p_1 = 0.29$，$p_2 = 0.76$，$p_3 = 0.87$，$p_4 = 3.04$，$p_5 = 0.87$，$p_6 = 0.5$，$p_7 = 0.6$，$p_8 = 0.8$，$p_9 = 0.4$，$p_{10} = 0.1$，$p_{11} = 0.1$。为了便于仿真描述，定义 $q = x_1$，$\dot{q} = x_2$。

在仿真中，系统初始值选取为 $x_1(0) = [1.5,1]^T$，$x_2(0) = [-1,-1]^T$，$\hat{b}_2(0) = 0$，参考信号选取为 $y_d = [\sin(t),\sin(t)]^T$；设计参数选取为 $k_1 = 20$，$k_2 = 80$，$\gamma_2 = 0.1$，$\sigma_2 = 0.8$；仿真结果见图 10.2～图 10.8。图 10.2 和图 10.3 是系统输出跟踪参考信号的运行轨迹图，输出跟踪误差见图 10.4 和图 10.5，除此之外，控制输入以及参数估计运行轨迹见图 10.6～图 10.8，从中可以看出所有信号都是有界的。

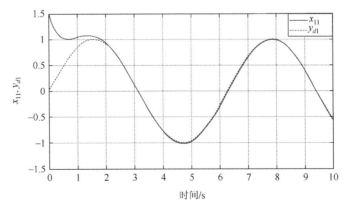

图 10.2　系统输出 x_{11} 和参考信号 y_{d1} 运行轨迹图

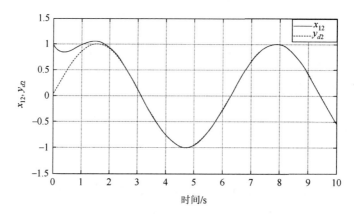

图 10.3　系统输出 x_{12} 和参考信号 y_{d2} 运行轨迹图

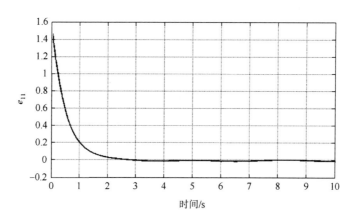

图 10.4　系统跟踪误差 e_{11} 运行轨迹图

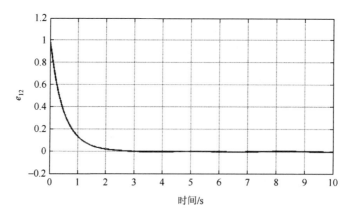

图 10.5　系统跟踪误差 e_{12} 运行轨迹图

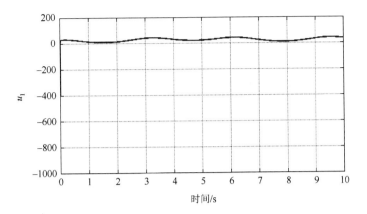

图 10.6　控制输入 u_1 运行轨迹图

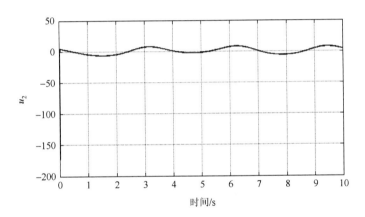

图 10.7　控制输入 u_2 运行轨迹图

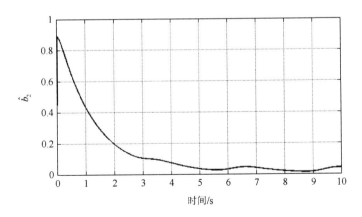

图 10.8　参数估计 $\hat{b}_2$ 运行轨迹图

10.5　本　章　小　结

本章主要介绍了 MIMO 非线性系统的跟踪控制问题，通过利用核心函数方法和 Lyapunov 稳定性理论，设计了针对标准型和严格反馈型 MIMO 非线性系统的鲁棒自适应跟踪控制算法，不仅保证了闭环系统的有界性，而且确保跟踪误差收敛到足够小的范围。此外，本章还介绍了典型的机器人非线性系统的跟踪控制设计。

需要说明的是，当 MIMO 系统的执行器出现故障时，该系统的控制问题将变得非常复杂。因为 MIMO 系统的控制增益是矩阵形式，SISO 系统的容错控制算法不能直接拓展到 MIMO 系统，因此，设计具有容错能力的 MIMO 非线性系统容错控制算法值得大家研究。

此外，多数物理系统都存在约束因素，如状态约束、执行器饱和、输入量化等。因此，在考虑非线性系统稳定性基础之上，考虑满足诸多约束因素的先进控制算法是将来的研究方向。

习　　题

10.1　若 MIMO 系统控制增益矩阵不满足正定对称属性，该如何处理该问题？

10.2　针对标准型 MIMO 系统而言，若采用滤波误差方法设计控制器，该如何提高系统跟踪性能？

10.3　若标准型 MIMO 非线性系统控制方向未知，利用 Nussbaum-类型函数设计一套有效的控制算法，并利用 MATLAB 软件仿真验证其有效性。

10.4　结合第 8 章预定性能控制方法，设计一套针对 10.3 节机器人系统的预定性能控制算法。

10.5　结合神经网络在紧凑集合内的逼近能力，设计一套针对严格反馈型 MIMO 非线性系统的跟踪控制算法，并利用 MATLAB 软件仿真验证其有效性。

参 考 文 献

[1] Liu Y J, Gong M Z, Liu L, et al. Fuzzy observer constraint based on adaptive control for uncertain nonlinear MIMO systems with time-varying state constraints[J]. IEEE Transactions on Cybernetics，2021，51（3）：1380-1389.

[2] Boulkroune A, Tadjine M, M'Saad M, et al. Fuzzy adaptive controller for MIMO nonlinear systems with known and unknown control direction[J]. Fuzzy Sets and Systems，2010，161（6）：797-820.

[3] Chen M, Ge S S, How B. Robust adaptive neural network control for a class of uncertain MIMO nonlinear systems with input nonlinearities[J]. IEEE Transactions on Neural Networks，2010，21（5）：796-812.

[4] Shi W. Adaptive fuzzy control for MIMO nonlinear systems with nonsymmetric control gain matrix and unknown control direction[J]. IEEE Transactions on Fuzzy Systems，2013，22（5）：1288-1300.

[5] Jin X. Fault tolerant nonrepetitive trajectory tracking for MIMO output constrained nonlinear systems using iterative learning control[J]. IEEE Transactions on Cybernetics，2018，49（8）：3180-3190.

[6] Zhao K, Song Y D, Zhang Z R. Tracking control of MIMO nonlinear systems under full state constraints：A single-parameter

adaptation approach free from feasibility conditions[J]. Automatica，2019，55（9）：52-60.

[7]　Zhao K，Chen J W. Adaptive neural quantized control of MIMO nonlinear systems under actuation faults and time-varying output constraints[J]. IEEE Transactions on Neural Networks and Learning Systems，2019，31（9）：3471-3481.

[8]　Krstic M，Kokotovic P V，Kanellakopoulos I. Nonlinear and Adaptive Control Design[M]. New York：John Wiley，1995.

[9]　Song Y D，Zhang B B，Zhao K. Indirect neuroadaptive control of unknown MIMO systems tracking uncertain target under sensor failures[J]. Automatica，2017，77：103-111.

[10]　Zhao K，Song Y D，Qian J Y，et al. Zero-error tracking control with pre-assignable convergence mode for nonlinear systems under nonvanishing uncertainties and unknown control direction[J]. Systems & Control Letters，2018，115：34-40.

[11]　Zhao K，Song Y D，Ma T D，et al. Prescribed performance control of uncertain Euler-Lagrange systems subject to full-state constraints[J]. IEEE Transactions on Neural Networks and Learning Systems，2018，29（8）：3478-3489.

[12]　He W，Chen Y H，Yin Z. Adaptive neural network control of an uncertain robot with full-state constraints[J]. IEEE Transactions on Cybernetics，2016，46（3）：620-629.

[13]　He W，Huang H F，Ge S S. Adaptive neural network control of a robotic manipulator with time-varying output constraints[J]. IEEE Transactions on Cybernetics，2017，47（10）：3136-3148.

[14]　Song Y D. Adaptive motion tracking control of robot manipulators-non-regressor based approach[J]. International Journal of Control，1996，63（1）：41-54.

[15]　Slotine E J J，Li W P. Composite adaptive control of robot manipulators[J]. Automatica，1989，25（4）：509-519.

[16]　Patre P M，MacKunis W，Makkar C，et al. Asymptotic tracking for systems with structured and unstructured uncertainties[J]. IEEE Transactions on Control Systems Technology，2008，16（2）：373-379.